劉延俊、薛剛 編著

海洋智慧裝備
液壓技術

崧燁文化

 智 慧 製 造

前言

　　液壓技術的應用已有 200 餘年的歷史。 1795 年，世界上第一臺水壓機問世。
然而，直到 20 世紀 30 年代，液壓傳動才真正得到推廣應用。 液壓傳動具有剛性
好、結構緊湊、承載能力強、功率重量比大、響應速度快、遠距離控制靈活等特點，
十分適合在海洋裝備中進行應用。 液壓技術在海洋方面最開始應用於艦載火砲的回
轉、俯仰以及操舵裝置。 第二次世界大戰後，液壓技術開始應用到漁船的絞車等裝
置上。 隨着海洋活動的增加和液壓產品性能的提升，液壓技術逐漸應用到各種船
舶、海洋鑽井平臺、深海探測器以及新能源開發裝置等海洋裝備中。

　　海洋環境的特殊性給液壓技術帶來了新的技術問題，如遠距離控制、密封與潤
滑、壓力補償、防腐蝕、失效與故障診斷等。 這些問題的解決對液壓技術在海洋裝
備中的應用有重要意義。

　　筆者近年來一直從事液壓系統的比例與伺服控制（流體動力控制）、海洋可再生
能源、深海裝備開發利用技術、機械系統智能控制與動態檢測技術的研究工作，在
海洋工程和液壓傳動交叉技術領域積累了大量的科研成果和工程經驗，對液壓系統
在海洋裝備中的應用有較爲深入和全面的瞭解。 因此，爲了推動中國海洋工程裝備
的發展，普及液壓技術的相關知識，促進其在海洋中的可靠廣泛應用，基於筆者的
專業積累，編著此書。

　　本書全面介紹了液壓流體力學基礎、主要液壓元器件、液壓基本迴路、液壓伺
服系統及其在海洋中的應用，總共分爲 10 章。 第 1 章爲緒論，主要介紹了海洋裝備
液壓傳動的發展概況、液壓傳動的工作原理及其組成部分，海洋裝備液壓傳動的特
點及應用概況。 第 2 章主要介紹了海洋裝備中液壓系統的流體力學基礎知識，包括
液壓油、靜力學、動力學、流動阻力和能量損失、孔口和縫隙流量、空穴現象和液壓
衝擊等。 第 3~6 章分別介紹了液壓泵和液壓馬達、液壓缸、液壓控制閥及液壓輔
助裝置的分類、特點、計算和應用等。 第 7 章介紹了幾種液壓基本迴路，並補充了

深海壓力補償技術。 第8章介紹了幾種典型的海洋裝備液壓系統，是筆者近三十年在液壓技術和海洋工程交叉領域科研、設計、製造、調試方面所做的相關工作，如120kW漂浮式液壓海浪發電站、「蛟龍號」液壓系統、海底底質聲學現場探測設備液壓系統等，這些實例旨在提高讀者對海洋裝備液壓技術的認識，啓發我們探索更多更可靠更先進的技術。 第9章給出了海洋裝備液壓系統的設計和計算步驟及實例。 第10章介紹了液壓伺服系統及其在海洋裝備中的應用。

感謝本書編寫過程中給予大力支持的單位和個人。 由於筆者學識水平有限，書中不足之處在所難免，懇請廣大讀者和從事相關研究的專家及同行們批評指正。

目錄

53 第3章 液壓泵及液壓馬達

79　第 4 章　液壓缸

101　第 5 章　液壓控制閥

137 第 6 章 液壓輔助裝置

158 第 7 章　海洋液壓基本迴路

200 第 8 章　海洋裝備典型液壓系統

216　第 9 章　海洋裝備液壓系統的設計與計算

237　第 10 章　液壓伺服系統

254　附錄

276　參考文獻

第1章

緒　論

1.1 海洋裝備液壓傳動的發展概況

海洋占地球總面積的 71%，蘊藏着豐富的資源，具有重要的戰略意義。隨着科學技術的進步和陸地資源的日益匱乏，世界各國逐漸重視海洋資源的開發利用。發展海洋裝備技術是開發利用海洋資源的重中之重。

液壓傳動相對機械傳動來説，是一門新的技術。1795 年，世界上第一臺水壓機問世，至今已有 200 餘年的歷史。然而，液壓傳動直到 20 世紀 30 年代才真正得到推廣應用。液壓傳動具有剛性好、結構緊湊、承載能力強、功率重量比大、響應速度快、遠距離控制靈活等特點，在海洋裝備上得到廣泛的應用。

液壓傳動技術在海洋方面最開始應用於艦載火砲的回轉、俯仰以及操舵裝置。第二次世界大戰之後，液壓傳動技術開始應用到漁船的絞車等裝置上。隨着海洋活動的增加和液壓產品性能的提升，液壓傳動技術逐漸廣泛應用到各種船舶、海洋鑽井平臺、深海探測器等裝置中。

海洋環境對液壓系統正常工作的最大危害是對液壓元件的腐蝕。海水是含有生物、懸浮泥沙、溶解氣體、腐爛有機物和多種鹽類的複雜溶液，它對金屬的腐蝕受諸多因素的影響，其中主要有海水中的溶氧濃度、海水溫度、流速和生物活性等。

在有些情況下液壓元件要同海水直接接觸，如液壓缸活塞桿，它是完全浸泡在海水中工作的，如果海水通過缸蓋進入液壓缸，會引起系統性能變差，甚至使系統失效，因此，如何防止海水進入液壓元件、如何設計系統的密封也是海洋裝備液壓系統設計中的一個重要方面。

有些液壓系統是在深水中工作的，如水下機器人、深潛器等，因此，就要求液壓元件能承受高壓，而許多液壓元件並不具有抗外壓能力，如電液伺服閥、力矩電動機的防護殼。

當液壓執行器在深水中工作，而液壓動力源又在海面上時，工作介質必須通過幾百米長的軟管輸送，從而引起較大的壓力損失，影響系統的工作性能與效率。

另外，在海洋環境下，電控元件不能直接裸露工作，以免引起短路。

所以，海洋環境的特殊性給液壓控制技術提出了許多新的要求、新的課題，而這些問題的解決具有廣泛的實際意義。

1.2　液壓傳動的工作原理及其組成部分

1.2.1　液壓傳動的工作原理

① 液壓傳動是依靠運動着的液體的壓力能來傳遞動力的，它與依靠液體的動能來傳遞動力的「液力傳動」不同。

② 液壓系統工作時，液壓泵將機械能轉變爲壓力能；執行元件（液壓缸等）將壓力能轉變爲機械能。

③ 液壓傳動系統中的油液是在受調節、控制的狀態下進行工作的，液壓傳動與控制難以截然分開。

④ 液壓傳動系統必須滿足它所驅動的工作部件（工作檯）在力和速度方面的要求。

⑤ 液壓傳動是以液體作爲工作介質來傳遞訊號和動力的。

1.2.2　液壓傳動系統的組成與圖形符號

（1）系統的組成及其功用

在液壓傳動與控制的機械設備或裝置中，其液壓系統大部分使用具有連續流動性的液壓油等工作介質，通過液壓泵將驅動泵的原動機的機械能轉換成液體的壓力能，經過壓力、流量、方向等各種控制閥，送至執行器（液壓缸、液壓馬達或擺動液壓馬達）中，轉換爲機械能去驅動負載。這樣的液壓系統一般都是由動力裝置、執行裝置、控制閥、液壓輔件及液壓工作介質等幾部分組成的，各部分功能作用見表 1.1。

表 1.1　液壓系統的組成部分及功用

組成部分		功能作用
動力裝置	原動機（電動機或內燃機）和液壓泵	將原動機產生的機械能轉變爲液體的壓力能，輸出具有一定壓力的油液
執行裝置	液壓缸、液壓馬達和擺動液壓馬達	將液體的壓力能轉變爲機械能，用以驅動工作機構的負載做功，實現往復直線運動、連續回轉運動或擺動

續表

組成部分		功能作用
控制閥	壓力、流量、方向控制閥及其他控制元件	控制調節液壓系統中從泵到執行器的油液壓力、流量和方向，以保證執行器驅動的主機工作機構完成預定的運動規律
液壓輔件	油箱、管件、過濾器、熱交換器、蓄能器及指示儀表等	用來存放、提供和回收液壓介質，實現液壓元件之間的連接及傳輸載能液壓介質，濾除液壓介質中的雜質，保持系統正常工作所需的介質清潔度，系統加熱或散熱，儲存、釋放液壓能或吸收液壓脈動和衝擊，顯示系統壓力、油溫等
液壓工作介質	各類液壓油（液）	作爲系統的載能介質，在傳遞能量的同時起潤滑冷卻作用

（2）液壓系統的圖形符號

圖 1.1 所示是一種半結構式的液壓系統的工作原理，直觀性強，容易理解，但繪製起來比較麻煩，系統中元件數量多時更是如此。對於這些液壓系統中的各種元件，中國國家標準 GB/T 786.1—2009 對其圖形符號作出了規定。採用圖形符號（圖 1.2），既可簡化液壓元件及液壓系統原理圖的繪製，又可簡單明瞭地反映和分析系統的組成、油路聯繫和工作原理。

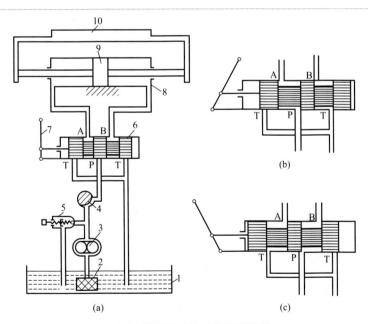

圖 1.1 簡單機床的液壓傳動系統

1—油箱；2—過濾器；3—液壓泵；4—節流閥；5—溢流閥；
6—換向閥；7—手柄；8—液壓缸；9—活塞；10—工作檯

必須指出，用圖形符號繪製的液壓系統圖並不能表示各元件的具體結構及其實際安裝位置和管道布置[1]。

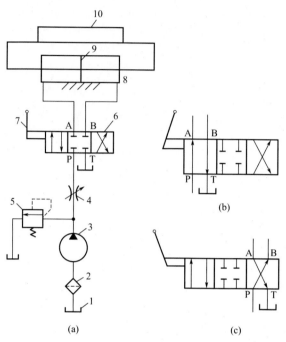

圖 1.2　簡單機床的液壓傳動系統（用職能符號表示）

1—油箱；2—過濾器；3—液壓泵；4—節流閥；5—溢流閥；

6—換向閥；7—手柄；8—液壓缸；9—活塞；10—工作檯

1.3　海洋裝備液壓傳動的優缺點

1.3.1　海洋裝備液壓傳動的優點

液壓傳動系統重量功率比和重量扭矩比較小，能容量大，這是海洋裝備減小體積和重量所需要的。在相同功率下，電動機比液壓馬達重 12～25 倍，氣動馬達也比液壓馬達重 3～7 倍；在相同扭矩下，電動機比液壓馬達重 12～150 倍，氣動馬達也比液壓馬達重 3～50 倍。

液壓傳動系統容易獲得較大的力或力矩。一般機械傳動欲獲得很大的力或力矩，要通過一系列複雜的減速，不但結構龐雜、效率低，成本也高。氣體傳動由

於使用單位壓力較低，要獲得很大的力或力矩需要龐大的氣缸，同樣不經濟。而液壓傳動由於比較容易使工作液體獲得高的單位壓力，因而成爲工業上需要很大的力或力矩的機械所必需的傳動方式。用於海洋開發的大噸位起重機、千噸以上自升式石油鑽井平臺的升降裝置，往往採用這樣的液壓傳動。

液壓傳動系統能在較大範圍內實現無級調速。當液壓傳動用於主傳動時，一般用變量液壓泵進行速度調節，速度可從零調節至額定轉速（如 $0\sim1500$r/min）；用於輔助傳動（如液壓缸進給）時，以調速閥進行無級調節，流量可從 0.02L/min 調節至 100L/min 以上，調速比可達 5000 甚至更高。這正是深海裝備（如液壓機械手等）所需要的特性。

用壓力補償的變量液壓泵，容易在較大範圍內實現恆功率調節，在同等功率下，可以有效地提高工作效率、減少輔助時間。壓力補償的自動變量液壓泵的特點是：當負載增大時，液壓泵可以自動減少排油量，同時提高工作壓力，以適應負載的增大；當負載減小時，又可以自動增大排油量，以加快動作完成過程。即在 pv 值（即壓力與速度的乘積）基本恆定的情況下，自動適應工作負荷經常變化的需要。在不增加輔助裝置的條件下，恆功率調節範圍可達 3 倍以上，因此在海洋裝備負荷經常變化的場合下使用，可以有效地提高工作效率、減少動力消耗。

液壓傳動系統易於實現慢速轉動、直線運動、往復運動和擺動以及由這些運動組合的各種複雜動作，是實現強力機械自動化最好的手段。當需要慢速大扭矩的轉動時，用機械傳動就需要龐雜的減速機構，而用液壓傳動只需要一個低速大力矩液壓馬達就可以了。當需要直線運動、往復運動或擺動時，用機械傳動除需要龐雜的減速機構外，還需要諸如螺旋、凸輪、四連桿機構等以實現直線運動、往復運動、擺動等動作，而液壓傳動則僅需要簡單的直線或擺動液壓缸就可以了。海洋裝備的運動正需要有這樣的特點。

液壓傳動系統傳遞運動平穩、均勻，無衝擊，運動慣性小。由於液壓馬達體積小、重量輕，並且有油液吸收衝擊，因此，它的運動慣性質量不超過同功率電動機的 10%。啓動中等功率電動機需要 $1\sim2$s，而啓動同功率液壓馬達不超過 0.1s。在高速換向（$50\sim60$m/min）時用液壓換向，衝擊大爲減少。這些特點對於提高海中作業機械動作的準確性、靈敏度和效率有利。

液壓傳動系統易於防止過載，避免機械、人身事故。由於液壓傳動可用溢流閥調節和控制最高壓力，在負荷（壓力）達到最高時，油液便安全溢流回油箱，可避免超載和由此引起的事故，這一點對於海中工作的遙控機械顯得更重要。

液壓傳動油缸與高壓壓縮空氣並聯，形成一強彈性體，可在大噸位和大行程（500t 以上負荷和 10m 以上行程）的範圍作運動補償。這正是在惡劣海況下進行石油鑽井、海上提吊重物及輸送人員或物資所配備壓力補償或恆張力裝置所必

需的。

液壓傳動比機械傳動更容易按不同位置和空間布局。例如機械傳動需要萬向軸、錐齒輪、鏈條等；而液壓傳動則只要按實際需要將液壓執行器（液壓缸、液壓馬達等）放在理想位置，然後用軟管連接就可以了。

液壓傳動系統操縱性好。操縱性的好壞是看它是否便於操縱，便於控制力和速度、控制運動和停止，且控制力小（即操縱靈活輕巧）等。由於液壓傳動可以方便地採用以電磁閥爲先導的液動換向等放大裝置，因此它是當今任何強力機械進行控制和操縱都不可缺少的環節，這是它突出的優點之一，也是當今海洋裝備普遍採用的操縱控制所必需的。

液壓傳動大都用油或水基添加潤滑防蝕劑爲工作介質，自潤滑性能好，工作元件壽命較長。

液壓元件通用性強，容易實現標準化、系列化和通用化，便於組織批量生產，從而可以大大節約成本，減少開支。

液壓傳動與無線電、電力、氣動相配合，可以創造出各方面性能良好、自動化程度較高的傳動和控制系統，是採用微處理機實現遙控、自動控制、程序控制、數控等不可缺少的重要的組成軀幹。

液壓傳動與電驅動相比，在海洋環境中特別是在海水中易於實現密封、易於防腐蝕和防爆，也不會像電驅動那樣滲入海水會造成短路等故障，因而廣泛應用於在海中或海底的工作機械、甲板機械和在石油天然氣開發的防爆區工作的機械。

1.3.2 海洋裝備液壓傳動的缺點

液壓傳動難以避免出現泄漏。近年來，由於密封結構的改進，液壓傳動的外泄漏已有明顯的減少，甚至可以完全避免，但内泄漏是難以避免的。由於泄漏引起容積損失，因此影響了效率。

由於油的黏度隨溫度變化會引起工作狀態不穩定，在高溫或超低溫條件下工作時，需用特殊流體介質。此外，油易於氧化，必須定期（一般爲半年）換油。但近年來採用水基的潤滑、防蝕添加劑作爲液壓傳動介質，不但降低了成本，還在某種程度上提高了性能。

液壓元件製造精密，使用維修技術條件要求較高；空氣易滲入液壓系統，可能引起系統的振動、爬行、雜訊等不良現象；由於液壓傳動有明顯的壓力損失，因此不能用於遠距離的傳動。

基於油壓的海洋設備液壓技術的研究還需要以下幾點內容的進步與提升：

① 適用於全海深的大功率、大流量高壓泵、閥及其相關元件的研發；

② 適合深海作業服役環境的液壓系統關鍵元件的研究與製造技術；

③ 超深海作業時的液壓系統滲漏問題有待進一步解決；

④ 多數海洋裝備布局規劃與尺寸有限，因此需要減輕液壓系統與元件重量、減小尺寸與製造維護成本；

⑤ 液壓系統的密封與壓力補償技術有待加強。

1.4 液壓傳動在海洋裝備中的應用

1.4.1 液壓傳動與海洋油氣資源開發裝備

海洋油氣資源開發不同於陸地，它一般以海洋平臺爲載體。液壓系統承擔了平臺上幾乎全部的重負荷工作，包括平臺的升降、井架的移動、鑽井採油過程等等。

一個地點的油氣開採完成後，需要進行平臺拆除。平臺與海床固定的導管架樁腿部分的拆除需要用到挖泥排泥設備。如圖 1.3 所示，將設備吊放至導管架根部附近的海床，然後由上部控制系統控制液壓缸、液壓馬達搭載挖泥鉸刀、排泥管在空間運動，完成排泥工作。在水下設備主體上的極限位置布置行程開關傳感器，利用 PLC 控制器對行程開關的訊號進行處理和反饋，實現自動控制。

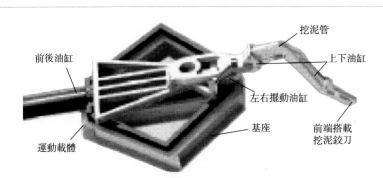

圖 1.3 平臺拆除用挖泥排泥設備

平臺導管架調平和灌漿時需要用到液壓夾樁器。其液壓控制系統如圖 1.4 所示，由水下、水上兩部分組成。水下部分將隨導管架及群樁套筒沉入海底；控制終端位於導管架小平臺上，其進、出油管線通過導管架大腿與夾樁器上的進、出油口相連。夾樁時，液壓油通過單向閥進入液壓缸的壓油腔，推動液壓缸活塞桿夾住鋼樁，活塞桿和鋼樁間的摩擦力克服導管架重力（包括其上輔助設備），使導管架保持水平和穩定。

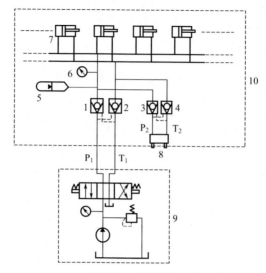

圖 1.4　導管架夾樁器液壓控制系統

1~4—液控單向閥；5—充氣式蓄能器；6—壓力表；7—液壓缸；
8—ROV 快速接頭；9—控制終端；10—水下部分

　　開採的石油和天然氣往往混合有沙、氣、水等雜質。對於深海油氣資源開採，在水下完成分離除雜工作，可以降低油氣井回壓，提高油氣產量；減少水面上水處理設備的數量，降低海底管線的流量；減小靜水壓頭和流動阻力，從而允許使用小直徑的輸送管道和立管，降低設備成本。由於氣體、液體分開，既避免了立管中產生嚴重段塞流，又可以使用常規離心泵來舉升液體，提高輸送效率。

1.4.2　液壓傳動與海洋新能源利用裝備

　　液壓傳動在海洋新能源方面的利用主要體現在海流能和波浪能發電方面。液壓系統具有蓄能穩壓作用，可以有效調節海浪能的波動，改善發電品質，是海洋新能源未來發展必不可少的技術裝備。

　　基於液壓傳動的海流能蓄能穩壓獨立發電系統利用蓄能器吸收由瞬變海流流速引起的壓力和流量波動，可以實現低於額定海流流速時的最大能量追蹤和高於額定海流流速時的輸出功率穩定。

1.4.3　液壓傳動與水下航行器

　　在複雜的海洋環境下，水下航行器能夠承載科學工作者與各種監測裝置、特種設備進行監測考察以及深海搜救捕撈等，是開發穌利用海洋資源的重要技術手

段。液壓技術在水下航行器中的應用包括：設備前進和升降，液壓馬達推進器、液壓舵機、隨動機械手、載人航行器艙室的啓閉裝置以及其他裝置。水下航行器的基本功能一般包括：壓載浮力調節系統、外部耐壓系統、生命支持系統、控制系統、通信系統以及供科研使用的設備系統。液壓系統一般裝在耐壓殼體的外面，處於受外壓和有腐蝕的工作環境，與其他應用相對比，深潛器液壓系統有些特定的要求，主要包括：各部件承受工作水深的海水外壓、密封性與液壓油潤滑性、壓力補償裝置、液壓油黏度隨溫度的動態變化、耐蝕性、尺寸小、質量輕以及易於更換保養等。

第2章

海洋液壓流體力學基礎

2.1 海洋裝備液壓油

在海洋液壓系統中，液壓油是傳遞動力和訊號的工作介質。同時它還起到潤滑、冷却和防鏽、防腐蝕的作用。海洋液壓系統能否可靠、高效地工作在很大程度上取決於液壓油的性能。因此，在研究海洋裝備液壓技術之前，首先瞭解一下應用於海洋裝備的液壓油。

2.1.1 海洋裝備液壓油的種類

海洋裝備液壓油包括石油型和難燃型兩大類。

石油型的液壓油是以精煉後的機械油爲基料，按需要加入適當的添加劑而成的。這種油液的潤滑性好，但抗燃性差。這種液壓油包括機械油、汽輪機油、通用液壓油和專用液壓油等。

難燃型液壓油是以水爲基底，加入添加劑（包括乳化劑、抗磨劑、防鏽劑、防氧化腐蝕劑和殺菌劑等）而成的。其主要特點是：價廉、抗燃、省油、易得、易儲運，但潤滑性差、黏度低、易產生氣蝕等。這種油液包括乳化液、水-乙二醇液、磷酸酯液、氯碳氫化合物、聚合脂肪酸酯液等。

目前，直接用海水作爲工作介質的海水液壓傳動技術已成爲當今國際海洋作業裝備動力驅動系統的發展方向，並被西方發達國家多年的實際應用證明爲最佳的動力驅動方式。

2.1.2 海水液壓油的優缺點

地球上水資源十分豐富，若以海水爲工作介質，不僅費用低廉、使用方便，而且介質的泄漏和排放不會對環境造成污染，因此它是一種非常有研究價值的「綠色工作介質」。與傳統的液壓油相比，海水的優勢體現在以下幾個方面。

① 環保性好。海水是一種環境友好的工作介質。

② 安全性高。海水是難燃型液體，可在高溫環境下工作，也可以用來滅火，

能消除火災危險，對人體健康也沒有影響。

③ 經濟性好。海水在海洋中隨處可取，既能節約能源，又節省了購買、運輸、倉儲以及廢油處理等所帶來的一系列費用和麻煩。

④ 易維護保養，維護成本低。

⑤ 性能穩定。海水液壓系統不存在由於工作介質被其他液體侵入而影響工作可靠性的問題，工作性能比較穩定。

但是，由於海水的理化性能不同於礦物油，海水介質具有黏度低、潤滑性差、導電性強、汽化壓力高等特點，因此將海水用作液壓系統介質時存在許多問題。

① 腐蝕問題。海水具有較強的腐蝕性，海水的硬度、pH 值及其中的微生物都會對元器件產生不良影響。

② 磨損問題。由於海水是一種弱潤滑劑，因此摩擦副中很難形成液體潤滑，材料容易因磨損而受到破壞。

③ 氣蝕問題。水的飽和蒸氣壓比油的高，從理論上講，更容易產生氣蝕，從而產生壓力波動、振動和雜訊等一系列問題。

④ 絕緣問題。海水是一種弱電解質，具有導電性，因此要求液壓系統具有更好的絕緣性。

⑤ 密封問題。水的黏度只有礦物油的 $1/50\sim1/40$，在同等壓力下，海水介質通過相同密封件的泄漏量是礦物油介質的 30 倍以上。

2.1.3 液壓油的性質

1）密度

單位體積液體的質量稱爲液體的密度。通常用 ρ 表示，其單位爲 kg/m^3。

$$\rho=\frac{m}{V} \tag{2.1}$$

式中 　V——液體的體積，m^3；

　　　m——液體的質量，kg。

密度是液體的一個重要物理參數，主要用密度表示液體的質量。常用液壓油的密度約爲 $900kg/m^3$，在實際使用中可認爲密度不受溫度和壓力的影響。

2）可壓縮性

液體的體積隨壓力的變化而變化的性質稱爲液體的可壓縮性。其大小用體積壓縮係數 k 表示。

$$k=-\frac{1}{dp}\times\frac{dV}{V} \tag{2.2}$$

即單位壓力變化時，所引起體積的相對變化率稱爲液體的體積壓縮係數。由於壓力增大時液體的體積減小，即 $\mathrm{d}p$ 與 $\mathrm{d}V$ 的符號始終相反，因此爲保證 k 爲正值，在上式的右邊加一負號。k 值越大液體的可壓縮性越大，反之液體的可壓縮性越小。

液體體積壓縮係數的倒數稱爲液體的體積彈性模量，用 K 表示。

$$K = \frac{1}{k} = -\frac{V}{\mathrm{d}V}\mathrm{d}p \tag{2.3}$$

K 表示液體產生單位體積相對變化量所需要的壓力增量，可用其説明液體抵抗壓縮能力的大小。在常溫下，純淨液壓油的體積彈性模量 $K = (1.4 \sim 2.0) \times 10^{3}\,\mathrm{MPa}$，數值很大，故一般可以認爲液壓油是不可壓縮的。若液壓油中混入空氣，其抵抗壓縮能力會顯著下降，並嚴重影響液壓系統的工作性能。因此，在分析液壓油的可壓縮性時，必須綜合考慮液壓油本身的可壓縮性、混在油中空氣的可壓縮性以及盛放液壓油的封閉容器（包括管道）的容積變形等因素的影響，常用等效體積彈性模量表示，在工程計算中常取液壓油的體積彈性模量 $K = 0.7 \times 10^{3}\,\mathrm{MPa}$。

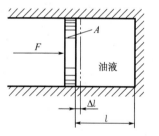

圖 2.1　油液彈簧剛度計算

在變動壓力下，海洋裝備液壓油的可壓縮性作用極像一個彈簧，外力增大，體積減小；外力減小，體積增大。當作用在封閉容器內液體上的外力發生 ΔF 的變化時，如液體承壓面積 A 不變，則液柱的長度必有 Δl 的變化（圖 2.1）。在這裏，體積變化爲 $\Delta V = A\Delta l$，壓力變化爲 $\Delta p = \Delta F / A$，此時液體的體積彈性模量爲：

$$K = -\frac{V\Delta F}{A^{2}\Delta l}$$

液壓彈簧剛度 k_{h} 爲：

$$k_{\mathrm{h}} = -\frac{\Delta F}{\Delta l} = \frac{A^{2}}{V}K \tag{2.4}$$

海洋裝備液壓油的可壓縮性對液壓傳動系統的動態性能影響較大，但當海洋裝備液壓傳動系統在靜態（穩態）下工作時，一般可以不予考慮。

3）黏性

（1）黏性的定義

液體在外力作用下流動（或具有流動趨勢）時，分子間的內聚力要阻止分子間的相對運動而產生一種內摩擦力，這種現象稱爲液體的黏性。黏性是液體固有

的屬性，只有在流動時才能表現出來。

液體流動時，由於液體和固體壁面間的附着力以及液體本身的黏性會使液體各層間的速度大小不等。如圖 2.2 所示，在兩塊平行平板間充滿液體，其中一塊板固定，另一塊板以速度 u_0 運動。結果發現兩平板間各層液體速度按線性規律變化。最下層液體的速度爲零，最上層液體的速度爲 u_0。實驗表明，液體流動時相鄰液層間的內摩擦力 F_f 與液層接觸面積 A 成正比，與液層間的速度梯度 du/dy 成正比，並且與液體的性質有關，即

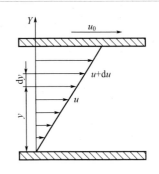

圖 2.2　液體的黏性

$$F_f = \mu A \frac{du}{dy} \tag{2.5}$$

式中　μ——動力黏度，由液體性質決定的係數，Pa·s；

　　　A——接觸面積，m^2；

　du/dy——速度梯度，s^{-1}。

其應力形式爲：

$$\tau = \mu \frac{du}{dy} \tag{2.6}$$

式中　τ——摩擦應力或切應力。

這就是著名的牛頓內摩擦定律。

（2）黏度

液體黏性的大小用黏度表示。常用的表示方法有三種，即動力黏度、運動黏度和相對黏度。

① 動力黏度（或絕對黏度）μ　動力黏度就是牛頓內摩擦定律中的 μ，由式（2.5）可得：

$$\mu = \frac{F_f}{A \dfrac{du}{dy}} \tag{2.7}$$

式（2.7）表示了動力黏度的物理意義，即液體在單位速度梯度下流動或有流動趨勢時，相接觸的液層間單位面積上產生的內摩擦力。在國際單位制中的單位爲 Pa·s（N·s/m^2），工程上用的單位是 P（泊）或 cP（厘泊），1Pa·s = 10P = 10^3cP。

② 運動黏度 ν　液體的動力黏度 μ 與其密度 ρ 的比值稱爲液體的運動黏度：

$$\nu = \frac{\mu}{\rho} \tag{2.8}$$

液體的運動黏度沒有明確的物理意義，但在工程實際中經常用到。因爲它的單位只有長度和時間的量綱，所以被稱爲運動黏度。在國際單位制中的單位爲 m^2/s，工程上用的單位是 cm^2/s（斯托克斯 St）或 mm^2/s（厘斯 cSt），$1m^2/s = 10^4 St = 10^6 cSt$。

液壓油的牌號，常由它在某一溫度下的運動黏度的平均值來表示。中國把 40℃ 時運動黏度以厘斯（cSt）爲單位的平均值作爲液壓油的牌號。例如 46 號液壓油，就是在 40℃ 時運動黏度的平均值爲 46cSt。

③ 相對黏度　動力黏度與運動黏度都很難直接測量，所以在工程上常用相對黏度。所謂相對黏度就是採用特定的黏度計在規定的條件下測量出來的黏度。由於測量的條件不同，各國採用的相對黏度也不同，中國、俄羅斯、德國用恩氏黏度，美國用賽氏黏度，英國用雷氏黏度。

恩式黏度用恩式黏度計測定，即將 200mL、溫度爲 t（℃）的被測液體裝入黏度計的容器內，由其下部直徑爲 2.8mm 的小孔流出，測出流盡所需的時間 t_1（s），再測出 200mL、20℃ 蒸餾水在同一黏度計中流盡所需的時間 t_2（s），這兩個時間的比值就稱爲被測液體的恩式黏度：

$$°E = \frac{t_1}{t_2} \tag{2.9}$$

恩氏黏度與運動黏度的關係爲：

$$\nu = (7.31°E - \frac{6.31}{°E}) \times 10^{-6} (m^2/s) \tag{2.10}$$

（3）黏度與壓力的關係

液體所受的壓力增大時，其分子間的距離將減小，内摩擦力增大，黏度也隨之增大。對於一般的液壓系統，當壓力在 20MPa 以下時，壓力對黏度的影響不大，可以忽略不計；當壓力較高或壓力變化較大時，黏度的變化則不容忽略。

$$\nu_p = \nu_0 (1 + 0.003p) \tag{2.11}$$

式中　ν_p——油液在壓力 p 時的運動黏度；

　　　ν_0——油液在（相對）壓力爲零時的運動黏度。

（4）黏度與溫度的關係

油液的黏度對溫度的變化極爲敏感，溫度升高，油的黏度顯著降低。油的黏度隨溫度變化的性質稱爲黏溫特性。不同種類的液壓油有不同的黏溫特性，黏溫特性較好的液壓油，其黏度隨溫度的變化較小，因而油溫變化對液壓系統性能的

影響較小。液壓油的黏度與溫度的關係可用式(2.12) 表示：

$$\mu_t = \mu_0 e^{-\lambda(t-t_0)} \tag{2.12}$$

式中　μ_t——溫度為 t 時的動力黏度；

　　　μ_0——溫度為 t_0 的動力黏度；

　　　λ——油液的黏溫係數。

油液的黏溫特性可用黏度指數 VI 來表示，VI 值越大，表示油液黏度隨溫度的變化越小，即黏溫特性越好。一般液壓油要求 VI 值在 90 以上，精製的液壓油及有添加劑的液壓油，其值可大於 100。

4）其他性質

其他性質包括穩定性（抗熱、水解、氧化、剪切性）、抗泡沫性、抗乳化性、防鏽性、潤滑性和相容性等。這些性能對液壓油的選擇和應用有重要影響[2]。

2.1.4　對海洋裝備液壓油的要求

不同的液壓傳動系統、不同的使用情況對液壓油的要求有很大的不同。為了更好地傳遞動力，同時適應海洋惡劣的環境，海洋裝備液壓系統使用的海洋裝備液壓油應具備如下性能。

① 合適的黏度，較好的黏溫特性；

② 潤滑性能好；

③ 質地純淨，雜質少；

④ 具有良好的相容性；

⑤ 具有良好的穩定性（抗熱、水解、氧化、剪切性）；

⑥ 具有良好的抗泡沫性、抗乳化性、防鏽性，腐蝕性小；

⑦ 體脹係數低，比熱容大；

⑧ 流動點和凝固點低，閃點和燃點高；

⑨ 對人體無害，成本低；

⑩ 對海洋生物環境沒有污染以及廢液再生處理問題。

2.1.5　海洋裝備液壓油的選擇

正確合理地選擇海洋裝備液壓油，對保證海洋裝備液壓系統正常工作、延長海洋裝備液壓系統和海洋裝備液壓元件的使用壽命、提高海洋裝備液壓系統的工作可靠性等都有重要影響。在海洋環境下，許多海洋設備的工作週期非常長，且工作期間無法進行維護和修理，因此正確地選擇液壓油在海洋液壓裝備中顯得尤為重要。

　　海洋裝備液壓油的選用，首先應根據液壓系統的工作環境和工作條件選擇合適的液壓油類型，然後再選擇液壓油的牌號。

　　對液壓油牌號的選擇，主要是對油液黏度等級的選擇，這是因爲黏度對液壓系統的穩定性、可靠性、效率、溫升以及磨損都有很大的影響。在選擇黏度時應注意以下幾方面情況。

　　(1) 海洋裝備液壓系統的工作壓力

　　工作壓力較高的液壓系統宜選用黏度較大的液壓油，以便於密封，減少泄漏；反之，可選用黏度較小的液壓油。

　　(2) 環境溫度

　　環境溫度較高時宜選用黏度較大的液壓油，主要目的是減少泄漏，因爲環境溫度高會使液壓油的黏度下降；反之，選用黏度較小的液壓油。

　　(3) 運動速度

　　當工作部件的運動速度較高時，爲減少液流的摩擦損失，宜選用黏度較小的液壓油；反之，爲了減少泄漏，應選用黏度較大的液壓油。

　　在海洋裝備液壓系統中，液壓泵對液壓油的要求最嚴格，因爲泵內零件的運動速度最高，承受的壓力最大，且承壓時間長、溫升大，所以，常根據液壓泵的類型及其要求來選擇液壓油的黏度。各類液壓泵適用的黏度範圍如表 2.1 所示。

表 2.1　各類液壓泵適用黏度範圍　　　　　單位：mm^2/s

液壓泵類型 \ 黏度		40℃ 黏度	50℃ 黏度	40℃ 黏度	50℃ 黏度
環境溫度/℃		5～40		40～80	
齒輪泵		30～70	17～40	54～110	58～98
葉片泵	$p<7MPa$	30～50	17～29	43～77	25～44
	$p\geqslant7MPa$	54～70	31～40	65～95	35～55
柱塞泵	軸向式	43～77	25～44	70～172	40～98
	徑向式	30～128	17～62	65～270	37～154

2.1.6　海洋裝備液壓油的污染與防治

　　海洋裝備液壓油的污染，常常是系統發生故障的主要原因。因此，海洋裝備液壓油的正確使用、管理和防污是保證液壓系統正常可靠工作的重要方面，必須給予重視。

1) 液壓油的污染

　　所謂污染就是油中含有水分、空氣、微小固體物、橡膠黏狀物等。

（1）污染的危害

① 堵塞過濾器，使泵吸油困難，產生雜訊。

② 堵塞元件的微小孔道和縫隙，使元件動作失靈；加速零件的磨損，使元件不能正常工作；擦傷密封件，增加泄漏量。

③ 水分和空氣的混入使液壓油的潤滑能力降低並使它加速氧化變質；產生氣蝕，使液壓元件加速腐蝕；使液壓系統出現振動、爬行等現象。

（2）污染的原因

① 潛在污染：製造、儲存、運輸、安裝、維修過程中的殘留物。

② 侵入污染：空氣、海水的侵入。

③ 再生污染：工作過程中發生反應後的生成物。

2）污染的防治（措施）

液壓油污染的原因很複雜，而且不可避免。爲了延長液壓元件的壽命，保證液壓系統可靠地工作，必須採取一些措施。

① 使液壓油在使用前保持清潔。

② 使液壓系統在裝配後、運轉前對設備進行串油等處理，並保持油路清潔。

③ 使液壓油在工作中保持清潔。

④ 採用合適的過濾器。

⑤ 定期更換液壓油。

⑥ 控制液壓油的工作溫度。

2.2 液體靜力學

靜力學的任務就是研究平衡液體內部的壓力分佈規律，確定靜壓力對固體表面的作用力以及上述規律在工程上的應用。

所謂平衡是指液體質點之間的相對位置不變，而整個液體可以是相對靜止的，如做等速直線運動、等加速直線運動或者等角速轉動等。由於液體質點間無相對運動，因此沒有內摩擦力，即液體的黏性不被表現。所以靜力學的一切結論對於理想流體和實際流體都是適用的[3]。

2.2.1 靜壓力及其特性

（1）靜壓力的定義

爲了使液體平衡，必須作用以平衡的外力係。這時外力的作用並不改變液體質點的空間位置，而只改變液體內部的壓力分佈。由於外力的作用而在平衡液體

內部產生的壓力，稱爲流體的靜壓力。靜壓力是一種表面力，用單位面積上的力來度量，亦稱爲靜壓強，通常用 p 來表示。

當液體面積 ΔA 上作用有法向力 ΔF 時，液體某點處的壓力即爲：

$$p = \lim_{\Delta A \to 0} \frac{\Delta F}{\Delta A} \tag{2.13}$$

靜壓力是作用點的空間位置的連續函數，即 $p = p(x, y, z)$。

（2）靜壓力特性

① 靜壓力的方向永遠是指向作用面的內法線方向，即只能是壓力。

② 作用在任一點上靜壓力的大小只決定於作用點在空間的位置和液體的種類，而與作用面的方向無關。

由上述性質可知，靜止液體總是處於受壓狀態，並且其內部的任何質點都是受平衡壓力作用的。

2.2.2　重力作用下靜止液體中的壓力分佈（靜力學基本方程）

如圖 2.3(a) 所示，密度爲 ρ 的液體，外加壓力爲 p_0，在容器內處於靜止狀態。爲求任意深度 h 處的壓力 p，可以假想從液面往下選取一個垂直液柱作爲研究對象。設液柱的底面積爲 ΔA，高爲 h，如圖 2.3(b) 所示。由於液柱處於平衡狀態，於是有：

$$p\Delta A = p_0 \Delta A + \rho g h \Delta A$$

由此得：

$$p = p_0 + \rho g h \tag{2.14}$$

式(2.14) 稱爲液體靜力學基本方程式。由式(2.14) 可知，重力作用下的靜止液體，其壓力分佈有如下特點：

① 靜止液體內任一點處的壓力由兩部分組成：一部分是液面上的壓力 p_0，另一部分是液柱自重產生的壓力 $\rho g h$。當液面上只受大氣壓力 p_a 作用時，液體內任一點處的壓力爲 $p = p_a + \rho g h$。

② 靜止液體內的壓力隨液體深度按線性規律分佈。

③ 離液面深度相同處各點的壓力都相等（壓力相等各點組成的面稱爲等壓面。在重力作用下靜止液體中的等壓面是一個水平面）。

例 2.1　如圖 2.4 所示，一種海水液壓系統的容器內盛有海水。已知海水的密度 $\rho = 1025\text{kg}/\text{m}^3$，活塞上的作用力 $F = 1000\text{N}$，活塞的面積 $A = 1 \times 10^{-3}\,\text{m}^2$，假設活塞的重量忽略不計。問活塞下方深度爲 $h = 0.5\text{m}$ 處的壓力等於多少？

解　活塞與液體接觸面上的壓力爲：

$$p_0 = \frac{F}{A} = \frac{1000}{1 \times 10^{-3}}\text{N}/\text{m}^2 = 10^6\,\text{N}/\text{m}^2$$

根據式(2.14)，深度爲 h 處的海水壓力爲：

$$p = p_0 + \rho g h = (10^6 + 1025 \times 9.8 \times 0.5) \mathrm{N/m^2} = 1.0050225 \times 10^6 \, \mathrm{N/m^2} \approx 10^6 \, \mathrm{Pa}$$

從本例可以看出，海水在受外界壓力作用的情況下，由海水自重所形成的那部分壓力 $\rho g h$ 相對很小，在液壓傳動系統中可以忽略不計，因而可以近似地認爲液體內部各處的壓力是相等的。以後我們在分析海洋裝備液壓傳動系統的壓力時，一般都採用此結論。

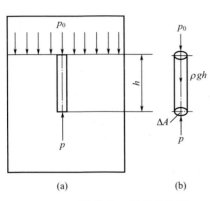

(a)　　　　(b)

圖 2.3　重力作用下的靜止液體

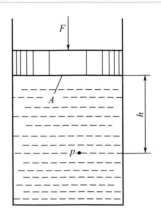

圖 2.4　例 2.1 圖

2.2.3　壓力的表示方法和單位

1）壓力的表示方法

壓力有兩種表示方法，即絕對壓力和相對壓力。以絕對真空爲基準來進行度量的壓力叫作絕對壓力；以大氣壓爲基準來進行度量的壓力叫作相對壓力。大多數測壓儀表都受大氣壓的作用，所以，儀表指示的壓力都是相對壓力，故相對壓力又稱爲表壓。在液壓與氣壓傳動中，如不特別說明，所提到的壓力均指相對壓力。如果液體中某點處的絕對壓力小於大氣壓力，則比大氣壓小的那部分數值稱爲這點的真空度。

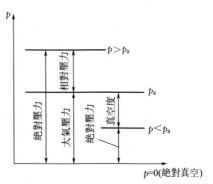

圖 2.5　絕對壓力、相對壓力和真空度

由圖 2.5 可知，以大氣壓爲基準計算壓力時，基準以上的正值是表壓力；基

準以下的負值就是真空度。

2）壓力的單位

在工程實踐中用來衡量壓力的單位很多，最常用的有三種：

（1）用單位面積上的力來表示

國際單位制中的單位爲：$Pa(N/m^2)$、MPa。

$$1MPa=10^6Pa$$

（2）用（實際壓力相當於）大氣壓的倍數來表示

在液壓傳動中使用的是工程大氣壓，記做 at。

$$1at=1kgf/cm^2=1bar(巴)$$

（3）用液柱高度來表示

由於液體內某一點處的壓力與它所在位置的深度成正比，因此亦可用液柱高度來表示其壓力大小，單位爲 m 或 cm。

這三種單位之間的關係是：

$$1at=9.8\times10^4Pa=10mH_2O=760mmHg$$

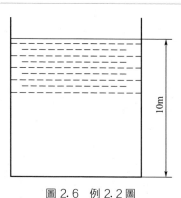

圖 2.6　例 2.2 圖

例 2.2　圖 2.6 所示的容器内充入 10m 高的海水。試求容器底部的相對壓力（海水的密度 $\rho=1025kg/m^3$）。

解　容器底部的壓力爲 $p=p_0+\rho gh$，其相對壓力爲 $p_r=p-p_a$，而這裏 $p_0=p_a$，故有：

$$p_r=\rho gh=(1025\times9.81\times10)Pa$$
$$=100552.5Pa$$

例 2.3　海水中某點的絕對壓力爲 0.7×10^5Pa，試求該點的真空度（大氣壓取爲 1×10^5Pa）。

解　該點的真空度爲：

$$p_v=p_a-p=(1\times10^5-0.7\times10^5)Pa=0.3\times10^5Pa$$

該點的相對壓力爲：

$$p_r=p-p_a=(0.7\times10^5-1\times10^5)Pa=-0.3\times10^5Pa$$

即真空度就是負的相對壓力。

2.2.4　靜止液體中壓力的傳遞（帕斯卡原理）

設靜止液體的部分邊界面上的壓力發生變化，而液體仍保持其原來的靜止狀

態不變，則由 $p=p_0+\rho gh$ 可知，如果 p_0 增加 Δp 值，則液體中任一點的壓力均將增加同一數值 Δp。這就是靜止液體中壓力傳遞原理（著名的帕斯卡原理），亦即：施加於靜止液體部分邊界上的壓力將等值傳遞到整個液體內。

如圖 2.4 所示，活塞上的作用力 F 是外加負載，A 爲活塞橫截面面積，根據帕斯卡原理，容器內液體的壓力 p 與負載 F 之間總是保持着正比關係：

$$p=\frac{F}{A}$$

可見，液體內的壓力是由外界負載作用所形成的，即系統的壓力大小取決於負載，這是液壓傳動中的一個非常重要的基本概念。

例 2.4 圖 2.7 所示爲相互連通的兩個液壓缸，已知大缸內徑 $D=0.1\mathrm{m}$，小缸內徑 $d=0.02\mathrm{m}$，大活塞上放置物體的質量爲 $5000\mathrm{kg}$，問在小活塞上所加的力 F 爲多大時，才能將重物頂起？

解 根據帕斯卡原理，由外力產生的壓力在兩缸中相等，即

$$\frac{F}{\frac{\pi}{4}d^2}=\frac{G}{\frac{\pi}{4}D^2}$$

G 爲物體的重力：$G=mg$

故爲了頂起重物，應在小活塞上加的力爲：

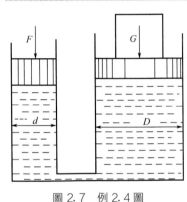

圖 2.7 例 2.4 圖

$$F=\frac{d^2}{D^2}G=\frac{d^2}{D^2}mg=\left(\frac{0.02^2}{0.1^2}\times5000\times9.8\right)\mathrm{N}=1960\mathrm{N}$$

本例說明了液壓千斤頂等液壓起重機械的工作原理，體現了液壓裝置對力的放大作用。

2.2.5 液體靜壓力作用在固體壁面上的力

在液壓傳動中，由於不考慮由液體自重產生的那部分壓力，液體中各點的靜壓力可看作是均勻分佈的。液體和固體壁面相接觸時，固體壁面將受到總液壓力的作用。當固體壁面爲一平面時，靜止液體對該平面的總作用力 F 等於液體壓力 p 與該平面面積 A 的乘積，其方向與該平面垂直，即

$$F=pA \tag{2.15}$$

當固體壁面爲曲面時，曲面上各點所受的靜壓力的方向是變化的，但大小相等。如圖 2.8 所示液壓缸缸筒，爲求壓力油對右半部缸筒內壁在 X 方向上的作

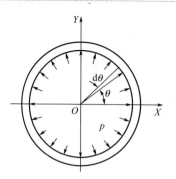

圖 2.8　液體作用在缸體內壁面上的力

用力，可在內壁面上取一微小面積 $dA = l\,ds = lr\,d\theta$（這裏 l 和 r 分別爲缸筒的長度和半徑），則壓力油作用在這塊面積上的力 dF 的水平分量 dF_x 爲：

$$dF_x = dF\cos\theta = plr\cos\theta\,d\theta$$

由此得壓力油對缸筒內壁在 X 方向上的作用力爲：

$$F_x = \int_{-\frac{\pi}{2}}^{\frac{\pi}{2}} dF_x = \int_{-\frac{\pi}{2}}^{\frac{\pi}{2}} plr\cos\theta\,d\theta = 2plr = pA_x$$

式中，A_x 爲缸筒右半部內壁在 X 方向的投影面積，$A_x = 2rl$。

由此可知，曲面在某一方向上所受的液壓力，等於曲面在該方向的投影面積和液體壓力的乘積，即

$$F_x = pA_x \tag{2.16}$$

2.3　液體動力學

本節主要討論液體流動時的運動規律、能量轉換和流動液體對固體壁面的作用力等問題，具體要介紹液體流動時的三大基本方程，即連續性方程、伯努利方程（能量方程）和動量方程。這三大方程對解決液壓技術中有關液體流動的各種問題極爲重要。

2.3.1　基本概念

1）流場

從數學上我們知道，如果某一空間中的任一點都有一個確定的量與之對應，則這個空間就叫作「場」。現在假定在我們所研究的空間內充滿運動着的流體，那麼每一個空間點上都有流體質點的運動速度、加速度等運動要素與之對應。這樣一個被運動流體所充滿的空間就叫作「流場」。

2）運動要素、定常流動和非定常流動（恆定流動和非恆定流動）、一維流動、二維流動、三維流動

（1）運動要素

運動要素是用來描寫流體運動狀態的各個物理量，如速度 u、加速度 a、位

移 s、壓力 p 等。

　流場中運動要素是空間點在流場中的位置和時間的函數，即 $u(x,y,z,t)$、$a(x,y,z,t)$、$s(x,y,z,t)$、$p(x,y,z,t)$ 等。

（2）定常流動和非定常流動（恆定流動和非恆定流動）

　如果在一個流場中，各點的運動要素均與時間無關，即

$$\frac{\partial u}{\partial t}=\frac{\partial a}{\partial t}=\frac{\partial s}{\partial t}=\frac{\partial p}{\partial t}=\cdots=0$$

這時的流動稱爲定常流動（恆定流動），否則稱爲非定常流動（非恆定流動）。

（3）一維流動、二維流動、三維流動

一維流動：流場中各運動要素均隨一個坐標和時間變化。

二維流動：流場中各運動要素均隨兩個坐標和時間變化。

三維流動：流場中各運動要素均隨三個坐標和時間變化。

3）迹線和流線

（1）迹線

迹線是指流體質點的運動軌迹。

（2）流線

　流線是用來表示某一瞬時一群流體質點的流速方向的曲線。即流線是一條空間曲線，其上各點處的瞬時流速方向與該點的切線方向重合，如圖 2.9 所示。根據流線的定義，可以看出流線具有以下性質。

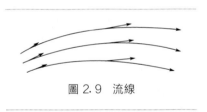

圖 2.9　流線

　① 除速度等於零點外，過流場內的一點不能同時有兩條不相重合的流線。即在零點以外，兩條流線不能相交。

　② 對於定常流動，流線和迹線是一致的。

　③ 流線只能是一條光滑的曲線，而不能是折線。

4）流管和流束

（1）流管

　在流場中經過一封閉曲線上各點作流線所組成的管狀曲面稱爲流管。由流線的性質可知：流體不能穿過流管表面，而只能在流管內部或外部流動，如圖 2.10 所示。

（2）流束

　過空間一封閉曲線圍成曲面上各點作流線所組成的流線束稱爲流束，如圖 2.11 所示。

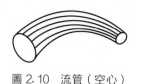
圖 2.10　流管（空心）

圖 2.11　流束（實心）

5）過流斷面、流量和平均流速

（1）過流斷面

過流斷面是流束的一個橫斷面，在這個斷面上所有各點的流線均在此點與這個斷面正交，即過流斷面就是流束的垂直橫斷面。過流斷面可能是平面，也可能是曲面，如圖 2.12 所示，A 和 B 均爲過流斷面。

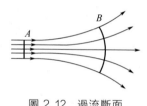
圖 2.12　過流斷面

（2）流量

單位時間內流過過流斷面的流體體積和質量稱爲體積流量和質量流量。在流體力學中，一般把體積流量簡稱爲流量（圖 2.13）。流量在國際單位制中的單位爲 m^3/s，在工程上的單位爲 $\mathrm{L/min}$。

$$q = \frac{V}{t} = \int_A u\,\mathrm{d}A \qquad (2.17)$$

（3）平均流速

流量 q 與過流斷面面積 A 的比值，叫作這個過流斷面上的平均流速（圖 2.13），即

$$v = \frac{q}{A} = \frac{\int_A u\,\mathrm{d}A}{A} \qquad (2.18)$$

用平均流速代替實際流速，只在計算流量時是合理而精確的，在計算其他物理量時就可能產生誤差。

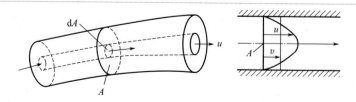
圖 2.13　流量和平均流速

6) 流動液體的壓力

靜止液體內任意點處的壓力在各個方向上都是相等的，可是在流動液體內，由於慣性力和黏性力的影響，任意點處在各個方向上的壓力並不相等，但在數值上相差甚微。當慣性力很小且把液體當作理想液體時，流動液體內任意點處的壓力在各個方向上的數值仍可以看作是相等的。

2.3.2 連續性方程

根據質量守恆定律和連續性假定，來建立運動要素之間的運動學聯繫。

設在流動的液體中取一控制體積 V，如圖 2.14 所示，其密度爲 ρ，則其內部的質量 $m=\rho V$。單位時間內流入、流出的質量流量分別爲 q_{m1}、q_{m2}。根據質量守恆定律，經 dt 時間，流入、流出控制體積的淨質量應等於控制體積內質量的變化，即

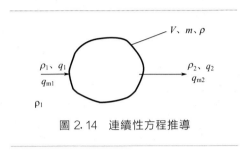

圖 2.14 連續性方程推導

$$(q_{m1}-q_{m2})dt=dm$$

$$q_{m1}-q_{m2}=\frac{dm}{dt}$$

而

$$q_{m1}=\rho_1 q_1 \,;\, q_{m2}=\rho_2 q_2 \,;\, m=\rho V$$

故

$$\rho_1 q_1 - \rho_2 q_2 = \frac{d(\rho V)}{dt} = V\frac{d\rho}{dt}+\rho\frac{dV}{dt} \tag{2.19}$$

這就是液體流動時的連續性方程。其中 $V\dfrac{d\rho}{dt}$ 是控制體積中液體因壓力變化引起密度變化而增補的質量；$\rho\dfrac{dV}{dt}$ 是因控制體積的變化而增補的液體質量。

在液壓傳動中經常遇到的是一維流動的情況，下面我們就來研究一下一維定常流動時的連續性方程。

如圖 2.15 所示，液體在不等截面的管道內流動，取截面 1 和 2 之間的管道部分爲控制體積。設截面 1 和 2 的面積分別爲 A_1 和 A_2，平均流速分別爲 v_1 和 v_2。在這裏，控制體積不隨時間而變，即 $\dfrac{dV}{dt}=0$；定常流動時 $\dfrac{d\rho}{dt}=0$。於是有：

$$\rho_1 q_1 - \rho_2 q_2 = 0$$

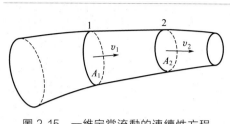

圖 2.15　一維定常流動的連續性方程

即

$$\rho_1 A_1 v_1 = \rho_2 A_2 v_2 \qquad (2.20)$$

亦即　　$\rho A v = \text{const}$(常數)

對於不可壓縮性流體 $\rho = \text{const}$，則有：

$$A_1 v_1 = A_2 v_2 \qquad (2.21)$$

即　　$q = A v = \text{const}$(常數)

這就是液體一維定常流動時的連續性方程。它説明流過各截面的不可壓縮性流體的流量是相等的，而液流的流速和管道流通截面的大小成反比。

2.3.3　伯努利方程

伯努利方程表明了液體流動時的能量關係，是能量守恆定律在流動液體中的具體體現。

要説明流動液體的能量問題，必須先説明液流的受力平衡方程，亦即它的運動微分方程。由於問題比較複雜，我們先進行幾點假定：

① 流體沿微小流束流動。所謂微小流束是指流束的過流面面積非常小，我們可以把這個流束看成一條流線。這時流體的運動速度和壓力只沿流束改變，在過流斷面上可認為是一個常值。

② 流體是理想不可壓縮的。

③ 流動是定常的。

④ 作用在流體上的質量力是有勢的（所謂有勢就是存在力勢函數 W，使得 $\dfrac{\partial W}{\partial x} = X$；$\dfrac{\partial W}{\partial y} = Y$；$\dfrac{\partial W}{\partial z} = Z$ 存在，而我們所研究的是質量力只有重力的情況）。

1）理想流體的運動微分方程

某一瞬時 t，在流場的微小流束中取出一段流通面積為 $\text{d}A$、長度為 $\text{d}s$ 的微元體積 $\text{d}V$，$\text{d}V = \text{d}A\,\text{d}s$。流體沿微小流束的流動可以看作是一維流動，其上各點的流速和壓力只隨 s 和 t 變化，即 $u = u(s,t)$，$p = p(s,t)$。對理想流體來説，作用在微元體上的外力有以下兩種。

（1）壓力在兩端截面上所產生的作用力（截面 1 上的壓力為 p，則截面 2 上的壓力為 $p + \dfrac{\partial p}{\partial s}\text{d}s$）

$$p\,\text{d}A - \left(p + \frac{\partial p}{\partial s}\text{d}s\right)\text{d}A = -\frac{\partial p}{\partial s}\text{d}s\,\text{d}A$$

（2）質量力只有重力

$$mg = (\rho \, dA \, ds) g$$

根據牛頓第二定律有：

$$-\frac{\partial p}{\partial s} ds \, dA - mg \cos\theta = ma \qquad (2.22)$$

其中：

$$\cos\theta = dz / ds = \frac{\partial z}{\partial s}$$

$$ma = \rho \, dA \, ds \, \frac{du}{dt} = \rho \, dA \, ds \left(\frac{\partial u}{\partial s} \times \frac{ds}{dt} + \frac{\partial u}{\partial t} \right) = \rho \, dA \, ds \left(u \, \frac{\partial u}{\partial s} + \frac{\partial u}{\partial t} \right)$$

代入式（2.22）得：

$$-\frac{\partial p}{\partial s} ds \, dA - \rho g \, ds \, dA \, \frac{\partial z}{\partial s} = \rho \, ds \, dA \left(u \, \frac{\partial u}{\partial s} + \frac{\partial u}{\partial t} \right)$$

即

$$-g \, \frac{\partial z}{\partial s} - \frac{1}{\rho} \times \frac{\partial p}{\partial s} = u \, \frac{\partial u}{\partial s} + \frac{\partial u}{\partial t} \qquad (2.23)$$

這就是理想流體在微小流束上的運動微分方程，也稱為歐拉方程。

2）理想流體微小流束定常流動的伯努利方程

要在圖 2.16 所示的微小流束上，尋找它各處的能量關係。將運動微分方程的兩邊同乘 ds，並從流線 s 上的截面 1 積分到截面 2，即：

$$\int_1^2 \left(-g \, \frac{\partial z}{\partial s} - \frac{1}{\rho} \times \frac{\partial p}{\partial s} \right) ds = \int_1^2 \left(u \, \frac{\partial u}{\partial s} + \frac{\partial u}{\partial t} \right) ds - g \int_1^2 \frac{\partial z}{\partial s} ds - \frac{1}{\rho} \int_1^2 \frac{\partial p}{\partial s} ds$$

$$= \int_1^2 \frac{\partial}{\partial s} \left(\frac{u^2}{2} \right) ds + \int_1^2 \frac{\partial u}{\partial t} ds$$

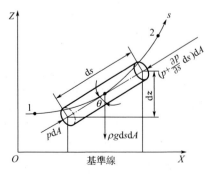

圖 2.16　理想流體一維流動伯努利方程推導

$$-g(z_2 - z_1) - \frac{1}{\rho}(p_2 - p_1) = \left(\frac{u_2^2}{2} - \frac{u_1^2}{2}\right) + \int_1^2 \frac{\partial u}{\partial t} \mathrm{d}s$$

上式兩邊各除以 g，移項後整理得：

$$z_1 + \frac{p_1}{\rho g} + \frac{u_1^2}{2g} = z_2 + \frac{p_2}{\rho g} + \frac{u_2^2}{2g} + \frac{1}{g}\int_1^2 \frac{\partial u}{\partial t} \mathrm{d}s \tag{2.24}$$

對於定常流動來說：

$$\frac{\partial u}{\partial t} = 0$$

故式(2.24)變爲：

$$z_1 + \frac{p_1}{\rho g} + \frac{u_1^2}{2g} = z_2 + \frac{p_2}{\rho g} + \frac{u_2^2}{2g} \tag{2.25}$$

即

$$z + \frac{p}{\rho g} + \frac{u^2}{2g} = \mathrm{const} \tag{2.26}$$

這就是理想流體在微小流束上定常流動時的伯努利方程。下面我們來看看這個方程的物理意義。

z 表示單位重量流體所具有的勢能（比位能）。

$p/\rho g$ 表示單位重量流體所具有的壓力能（比壓能）。

$u^2/2g$ 表示單位重量流體所具有的動能（比動能）。

理想流體定常流動時，流束任意截面處的總能量均由位能、壓力能和動能組成。三者之和爲定值，這正是能量守恆定律的體現。

3) 理想流體總流定常流動的伯努利方程

(1) 對流動的進一步簡化

總流的過流斷面較大，p、v 等運動要素是在斷面上位置的分佈函數。爲了克服這個困難，需對流動做進一步的簡化。

① 緩變流動和急變流動　滿足下面條件的流動稱爲緩變流動：在某一過流斷面附近，流線之間夾角很小，即流線近乎平行；在同一過流斷面上，所有流線的曲率半徑都很大，即流線近乎是一些直線。

也就是說，如果流束的流線在某一過流斷面附近是一組「近乎平行的直線」，則流動在這個過流斷面上是緩變的。如果在各斷面上均符合緩變的條件，則說明流體在整個流束上是緩變的。

不滿足上述條件的流動稱爲急變流動。

在圖 2.17 所示的流束中，1、2、3 斷面處是緩變流動。液體在緩變過流斷面上流動時，慣性力很小，滿足 $z + \dfrac{p}{\rho g} = \mathrm{const}$，即符合靜力學的壓力分佈規律。

② 動量和動能修正係數　由前面可知，用平均流速 v 寫出的流量和用真實流速 u 寫出的流量是相等的，但用平均流速寫出其他與速度有關的物理量時，則與其實際的值不一定相同。爲此我們引入一個修正係數來加以修正。

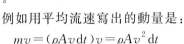

圖 2.17　緩變流動與急變流動

例如用平均流速寫出的動量是：

$$mv = (\rho A v \, dt)v = \rho A v^2 \, dt$$

而真實動量爲：

$$\int_A \rho \, dA u \, dt u = \rho \, dt \int_A u^2 \, dA$$

因此動量修正係數 β 爲：真實動量與用平均流速寫出的動量的比值。
即

$$\beta = \frac{\int_A u^2 \, dA}{v^2 A} \tag{2.27}$$

同樣動能修正係數 α 爲：真實動能與用平均流速寫出的動能的比值。
即

$$\alpha = \frac{\int_A u^3 \, dA}{v^3 A} \tag{2.28}$$

α 和 β 是由速度在過流斷面上分佈的不均性所引起的大於 1 的係數。其值通常是由實驗來確定，而在一般情況下，常取爲 1。

(2) 理想流體總流定常流動的伯努利方程

液體沿圖 2.18 所示流束作定常流動，並假定在 1、2 兩斷面上的流動是緩變的。設過流斷面 1 的面積爲 A_1，過流斷面 2 的面積爲 A_2。在總流中任取一個微小流束，過流面積分別爲 dA_1 和 dA_2；壓力分別爲 p_1 和 p_2；流速分別爲 u_1 和 u_2；斷面中心的幾何高度分別爲 z_1 和 z_2。對這個微小流束可列出伯努利方程和連續性方程：

$$z_1 + \frac{p_1}{\rho g} + \frac{u_1^2}{2g} = z_2 + \frac{p_2}{\rho g} + \frac{u_2^2}{2g}$$

$$u_1 \, dA_1 = u_2 \, dA_2$$

因此：

$$\left(z_1 + \frac{p_1}{\rho g} + \frac{u_1^2}{2g}\right)u_1 \, dA_1 = \left(z_2 + \frac{p_2}{\rho g} + \frac{u_2^2}{2g}\right)u_2 \, dA_2$$

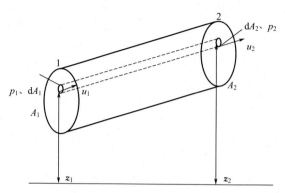

圖 2.18　理想流體總流定常流動的伯努利方程推導

　　由於在 A_1 和 A_2 中 dA_1 和 dA_2 是一一對應的，因此上式兩端分別在 A_1 和 A_2 上積分後，仍然相等，即

$$\int_{A_1}\left(z_1+\frac{p_1}{\rho g}+\frac{u_1^2}{2g}\right)u_1 dA_1 = \int_{A_2}\left(z_2+\frac{p_2}{\rho g}+\frac{u_2^2}{2g}\right)u_2 dA_2 \tag{2.29}$$

$$\int_{A_1}\left(z_1+\frac{p_1}{\rho g}\right)u_1 dA_1 + \int_{A_1}\frac{u_1^3}{2g}dA_1 = \int_{A_2}\left(z_2+\frac{p_2}{\rho g}\right)u_2 dA_2 + \int_{A_2}\frac{u_2^3}{2g}dA_2$$

　　因流動在 1、2 斷面上是緩變的，故 $z+p/\rho g=\text{const}$。同時考慮到動能修正係數，並令 A_1 上的動能修正係數為 α_1，A_2 上的動能修正係數為 α_2，則有：

$$\left(z_1+\frac{p_1}{\rho g}\right)q+\frac{\alpha_1 v_1^3}{2g}A_1 = \left(z_2+\frac{p_2}{\rho g}\right)q+\frac{\alpha_2 v_2^3}{2g}A_2 \tag{2.30}$$

消去流量 q 得：

$$z_1+\frac{p_1}{\rho g}+\frac{\alpha_1 v_1^2}{2g}=z_2+\frac{p_2}{\rho g}+\frac{\alpha_2 v_2^2}{2g} \tag{2.31}$$

此即為理想流體總流定常流動的伯努利方程。

4）實際流體的伯努利方程

實際流體的伯努利方程變為：

$$z_1+\frac{p_1}{\rho g}+\frac{\alpha_1 v_1^2}{2g}=z_2+\frac{p_2}{\rho g}+\frac{\alpha_2 v_2^2}{2g}+h_\omega \tag{2.32}$$

其適用條件與理想流體的伯努利方程相同，不同的是多了一項 h_ω，它表示兩斷面間的單位能量損失。h_ω 為長度量綱，單位是 m。

　　如果在上式兩端同乘 ρg，則方程變為：

$$\rho g z_1+p_1+\frac{1}{2}\alpha\rho v_1^2 = \rho g z_2+p_2+\frac{1}{2}\alpha\rho v_2^2+\rho g h_\omega \tag{2.33}$$

式中，$\rho g h_w = \Delta p$ 表示兩斷面間的壓力損失。

在液壓系統中，油管的高度 z 一般不超過 10m，管內油液的平均流速也較低，除局部油路外，一般不超過 7m/s。因此油液的位能和動能相對於壓力能來說微不足道。例如設一個液壓系統的工作壓力爲 $p=5$MPa，油管高度 $z=10$m，管內油液的平均流速 $v=7$m/s，則壓力能 $p=5$MPa；動能 $p_v=(1/2)\rho v^2=0.022$MPa；位能 $p_z=\rho g z=0.09$MPa。可見，在液壓系統中，壓力能要比動能和位能之和大得多。所以在液壓傳動中，動能和位能忽略不計，主要依靠壓力能來做功，這就是「液壓傳動」這個名稱的來由。據此，伯努利方程在液壓傳動中的應用形式就是 $p_1=p_2+\Delta p$ 或 $p_1-p_2=\Delta p$。

由此可見，液壓系統中的能量損失表現爲壓力損失或壓力降 Δp。

5) 伯努利方程的應用

(1) 應用條件

① 流體流動必須是定常的。

② 所取的有效斷面必須符合緩變流動條件。

③ 流體流動沿程流量不變。

④ 適用於不可壓縮性流體的流動。

⑤ 在所討論的兩有效斷面間必須沒有能量的輸入或輸出。

(2) 應用實例

例 2.5 計算圖 2.19 所示的液壓泵吸油口處的真空度。

解 對油箱液面 1—1 和泵吸油口截面 2—2 列伯努利方程，則有：

$$p_1+\rho g z_1+\frac{1}{2}\rho \alpha_1 v_1^2=$$
$$p_2+\rho g z_2+\frac{1}{2}\rho \alpha_2 v_2^2+\Delta p_w$$

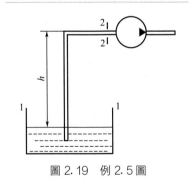

圖 2.19　例 2.5 圖

如圖 2.19 所示油箱液面與大氣接觸，故 p_1 爲大氣壓力，即 $p_1=p_a$；v_1 爲油箱液面下降速度，v_2 爲泵吸油口處液體的流速，它等於液體在吸油管內的流速，由於 $v_1 \ll v_2$，故 v_1 可近似爲零；$z_1=0$，$z_2=h$；Δp_w 爲吸油管路的能量損失。因此，上式可簡化爲：

$$p_a=p_2+\rho g h+\frac{1}{2}\rho \alpha_2 v_2^2+\Delta p_w$$

所以泵吸油口處的真空度爲：

$$p_a - p_2 = \rho g h + \frac{1}{2}\rho \alpha_2 v_2^2 + \Delta p_\omega$$

由此可見，液壓泵吸油口處的真空度由三部分組成：把油液提升到高度 h 所需的壓力，將靜止液體加速到 v_2 所需的壓力，吸油管路的壓力損失。

2.3.4　動量方程

由理論力學知道，任意質點系運動時，其動量對時間的變化率等於作用在該

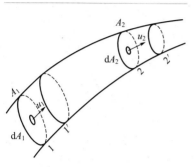

圖 2.20　動量方程推導

質點系上全部外力的合力。我們用向量 $\vec{I}$ 表示質點系的動量，而用 ΣF_i 表示外力的合力，則有：

$$\frac{\mathrm{d}\vec{I}}{\mathrm{d}t} = \Sigma \vec{F}_i \qquad (2.34)$$

現在我們考慮理想流體沿流束的定常流動。如圖 2.20 所示，設流束段 1-2 經 $\mathrm{d}t$ 時間運動到 $1'-2'$，由於流動是定常的，因此流束段 $1'-2$ 在 $\mathrm{d}t$ 時間內在空間的位置、形狀等運動要素都沒有改變。故經 $\mathrm{d}t$ 時間，流束段 1-2 的動量改變爲：

$$\mathrm{d}\vec{I} = \vec{I}_{1'2'} - \vec{I}_{12} = \vec{I}_{22'} - \vec{I}_{11'} \qquad (2.35)$$

而

$$\vec{I}_{22'} = \int_{A_2} \rho u_2\,\mathrm{d}t\,\mathrm{d}A_2\,\vec{u}_2 = \rho\,\mathrm{d}t\int_{A_2} u_2^2\,\mathrm{d}A_2 = \rho\,\mathrm{d}t\beta_2 v_2^2 A_2 = \rho q\,\mathrm{d}t\beta_2\,\vec{v}_2$$

同理：

$$\vec{I}_{11'} = \rho q\,\mathrm{d}t\beta_1\,\vec{v}_1$$

故

$$\mathrm{d}\vec{I} = \rho q\,\mathrm{d}t(\beta_2\,\vec{v}_2 - \beta_1\,\vec{v}_1)$$

式中，β_1 和 β_2 爲斷面 1 和 2 上的動量修正係數。

於是得到：

$$\frac{\mathrm{d}\vec{I}}{\mathrm{d}t} = \rho q(\beta_2\,\vec{v}_2 - \beta_1\,\vec{v}_1) = \Sigma \vec{F} \qquad (2.36)$$

式中，$\Sigma \vec{F}$ 是作用在該流束段上所有質量力和所有表面力之和。

式(2.36) 即爲理想流體定常流動的動量方程。此式爲向量形式，在使用時應將其化成標量形式（投影形式）：

$$\rho q\,(\beta_2 v_{2x} - \beta_1 v_{1x}) = \sum F_x \qquad (2.37)$$

$$\rho q\,(\beta_2 v_{2y} - \beta_1 v_{1y}) = \sum F_y \qquad (2.38)$$

$$\rho q\,(\beta_2 v_{2z} - \beta_1 v_{1z}) = \sum F_z \qquad (2.39)$$

注：由 1 斷面指向 2 斷面的力取爲「＋」，由 2 斷面指向 1 斷面的力取爲「－」。

例 2.6 求圖 2.21 中滑閥閥芯所受的軸向穩態液動力。

解 取閥進出口之間的液體爲研究體積，閥芯對液體的作用力爲 F_x，方向向左，則根據動量方程得：

$$F_x = \rho q\,[\beta_2 v_2\,(-\cos\theta) - \beta_1 v_1 \cos 90°]$$

取 $\beta_2 = 1$，得：

$$F_x = -\rho q v_2 \cos\theta$$

而閥芯所受的軸向穩態液動力爲：

$$F_x' = -F_x = \rho q v_2 \cos\theta$$

方向向右。即這時液流有一個試圖使閥口關閉的力。

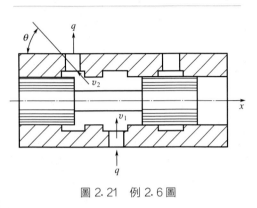

圖 2.21　例 2.6 圖

例 2.7 如圖 2.22 所示，已知噴嘴擋板式伺服閥中工作介質爲海水，其密度 $\rho = 1000\,\mathrm{kg/m^3}$，若中間室直徑 $d_1 = 3\times10^{-3}\,\mathrm{m}$，噴嘴直徑 $d_2 = 5\times10^{-4}\,\mathrm{m}$，流量 $q = \pi\times4.5\times10^{-6}\,\mathrm{m^3/s}$，動能修正係數與動量修正係數均取爲 1。試求：

① 不計損失時，系統向該伺服閥提供的壓力 p_1。

② 作用於擋板上的垂直作用力。

解 ① 根據連續性方程有：

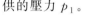

圖 2.22　例 2.7 圖

$$v_1 = \frac{q}{\frac{\pi}{4}d_1^2} = \frac{\pi\times4.5\times10^{-6}}{\frac{\pi}{4}\times(3\times10^{-3})^2}\,\mathrm{m/s} = 2\,\mathrm{m/s}$$

$$v_2 = \frac{q}{\frac{\pi}{4}d_2^2} = \frac{\pi\times4.5\times10^{-6}}{\frac{\pi}{4}\times(5\times10^{-4})^2}\,\mathrm{m/s} = 72\,\mathrm{m/s}$$

根據伯努利方程有（用相對壓力列伯努利方程）：

$$\frac{p_1}{\rho g} + \frac{v_1^2}{2g} = \frac{v_2^2}{2g}$$

$$p_1 = \frac{1}{2}\rho\,(v_2^2 - v_1^2) = \left[\frac{1}{2}\times1000\times(72^2 - 2^2)\right]\mathrm{Pa} = 2.59\,\mathrm{MPa}$$

② 取噴嘴與擋板之間的液體爲研究對象列動量方程有：

$$\rho q(0-v_2)=F$$

$$F=\rho q v_2=(1000\times\pi\times4.5\times10^{-6}\times72)\text{N}=1.02\text{N}$$

式中，F 爲擋板對水的作用力，水對擋板的作用力爲其反力（大小相等方向相反）。

2.4 流動阻力和能量損失（壓力損失）

在上一節中我們講了實際流體的伯努利方程，即

$$z_1+\frac{p_1}{\rho g}+\frac{\alpha_1 v_1^2}{2g}=z_2+\frac{p_2}{\rho g}+\frac{\alpha_2 v_2^2}{2g}+h_\omega$$

這裏 h_ω 表示單位重量流體的能量損失，那麼 h_ω 如何求呢？這就是這節要解決的問題。即本節討論實際流體（黏性流體）運動時的流動阻力及能量損失（壓力損失），以及黏性流體在管道中的流動特性。

2.4.1 流動阻力及能量損失（壓力損失）的兩種形式

實際流體是具有黏性的。當流體微團之間有相對運動時，相互間必產生切應力，對流體運動形成阻力，稱爲流動阻力。要維持流動就必須克服阻力，從而消耗能量，使機械能轉化爲熱能而損耗掉。這種機械能的消耗稱爲能量損失。能量損失多半是以壓力降低的形式體現出來的，因此又叫壓力損失。下面我們就來介紹一下流動阻力形成的物理原因及計算公式。

流體本身具有黏性是流動阻力形成的根本原因。但是，同是黏性流體，由於流動的邊界條件不同，其阻力形成的過程也不同。

（1）沿程阻力、沿程壓力損失 Δp_λ

① 產生的原因：黏性。主要是由於流體與壁面、流體質點與質點間存在着摩擦力，阻礙着流體的運動，這種摩擦力是在流體的流動過程中不斷地作用於流體表面的。流程越長，這種作用的累積效果也就越大。也就是説這種阻力的大小與流程的長短成正比，因此，這種阻力稱爲沿程阻力。由於沿程阻力直接由流體的黏性引起，因此，流體的黏性越大，沿程阻力也就越大。

② 發生的邊界：發生在沿流程邊界形狀變化不很大的區域，一般在緩變流動區域，如直管段。

③ 計算公式（達西公式）：由因次分析法得出管道流動中的沿程壓力損失 Δp_λ 與管長 l、管徑 d、平均流速 v 的關係如下。

$$\Delta p_\lambda = \lambda \frac{l}{d} \times \frac{\rho v^2}{2} \tag{2.40}$$

式中，λ 爲沿程阻力係數；ρ 爲流體的密度。

(2) 局部阻力、局部壓力損失 Δp_ξ

① 產生的原因：流態突變。在流態發生突變地方的附近，質點間發生撞擊或形成一定的漩渦，由於黏性作用，質點間發生劇烈地摩擦和動量交換，必然要消耗流體的一部分能量。這種能量的消耗就構成了對流體流動的阻力，這種阻力一般只發生在流道的某一個局部，因此叫作局部阻力。實驗表明，局部阻力的大小主要取決於流道變化的具體情況，而幾乎和流體的黏性無關。

② 發生的邊界：發生在流道邊界形狀急劇變化的地方，一般在急變流區域，如彎管、過流截面突然擴大或縮小、閥門等處。

③ 計算公式：由大量的實驗知 Δp_ξ 與流速的平方成正比，即

$$\Delta p_\xi = \xi \frac{\rho v^2}{2} \tag{2.41}$$

式中，ξ 爲局部阻力係數；ρ 爲流體的密度。

流體流過各種閥類的局部壓力損失，亦可以用式(2.41) 計算。但因閥內的通道結構複雜，按此公式計算比較困難，故閥類元件局部壓力損失 Δp_v 的實際計算常用下列公式：

$$\Delta p_v = \Delta p_n \left(\frac{q}{q_n}\right)^2 \tag{2.42}$$

式中，q_n 爲閥的額定流量；q 爲通過閥的實際流量；Δp_n 爲閥在額定流量 q_n 下的壓力損失（可從閥的產品樣本或設計手冊中查出）。

(3) 管路中的總的壓力損失

整個管路系統的總壓力損失應爲所有沿程壓力損失和所有局部壓力損失之和，即

$$\sum \Delta p = \sum \Delta p_\lambda + \sum \Delta p_\xi + \sum \Delta p_v = \sum \lambda \frac{l}{d} \times \frac{\rho v^2}{2} + \sum \xi \frac{\rho v^2}{2} + \sum \Delta p_n \left(\frac{q}{q_n}\right)^2 \tag{2.43}$$

從計算壓力損失的公式可以看出，減小流速、縮短管道長度、減少管道截面的突變、提高管道內壁的加工品質等，都可以使壓力損失減小。其中以流速的影響爲最大，故液體在管路系統中的流速不應過高。但流速太低，也會使管路和閥類元件的尺寸加大，並使成本增高。

2.4.2　流體的兩種流動狀態

實踐表明，流體的能量損失（壓力損失）與流體的流動狀態有密切的關係。

英國物理學家雷諾（Reynolds）於 1883 年發表了他的實驗成果。他通過大量的實驗發現，實際流體運動存在着兩種狀態，即層流和紊流；並且測定了流體的能量損失（壓力損失）與兩種狀態的關係。此即著名的雷諾實驗。

　　雷諾實驗的裝置如圖 2.23 所示。水箱 1 由進水管不斷供水，並保持水箱水面高度恆定。水杯 5 內盛有紅顏色的水，將開關 6 打開後，紅色水即經細導管 2 流入水平玻璃管 3 中。調節閥門 4 的開度，使玻璃管中的液體緩慢流動，這時，紅色水在管 3 中呈一條明顯的直線，這條紅線和清水不相混雜，這表明管中的液流是分層的，層與層之間互不干擾，液體的這種流動狀態稱爲層流。調節閥門 4，使玻璃管中的液體流速逐漸增大，當流速增大至某一值時，可看到紅線開始抖動而呈波紋狀，這表明層流狀態受到破壞，液流開始紊亂。若使管中流速進一步增大，紅色水流便和清水完全混合，紅線便完全消失，這表明管道中液流完全紊亂，這時液體的流動狀態稱爲紊流。如果將閥門 4 逐漸關小，就會看到相反的過程。

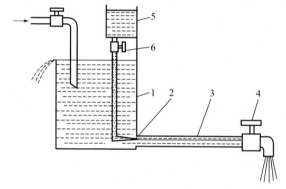

圖 2.23　雷諾實驗裝置

1—水箱；2—細導管；3—水平玻璃管；4—閥門；5—水杯；6—開關

（1）層流和紊流

層流：液體的流動呈線性或層狀，各層之間互不干擾，即只有縱向運動。

紊流：液體質點的運動雜亂無章，除了有縱向運動外，還存在着劇烈的橫向運動。

層流時，液體流速較低，質點受黏性制約，不能隨意運動，黏性力起主導作用；液體的能量主要消耗在摩擦損失上，它直接轉化爲熱能，一部分被液體帶走，一部分傳給管壁。

紊流時，液體流速較高，黏性的制約作用減弱，慣性力起主導作用；液體的能量主要消耗在動能損失上，這部分損失使流體攪動混合，產生漩渦、尾流，造

成氣穴，撞擊管壁，引起振動和雜訊，最後化作熱能消散掉。

（2）雷諾數 Re

雷諾通過大量實驗證明，液體在圓管中的流動狀態不僅與管內的平均流速 v 有關，還和管道內徑 d、液體的運動黏度 ν 有關。實際上，判定液流狀態的是上述三個參數所組成的一個無量綱數 Re：

$$Re = \frac{vd}{\nu} \tag{2.44}$$

式中，Re 爲雷諾數。即對流通截面相同的管道來說，若雷諾數 Re 相同，它們的流動狀態就相同。

液流由層流轉變爲紊流時的雷諾數和由紊流轉變爲層流的雷諾數是不同的，後者的數值較前者小，所以一般都用後者作爲判斷液流流動狀態的依據，稱爲臨界雷諾數，記作 Re_c。當液流的實際雷諾數 Re 小於臨界雷諾數 Re_c 時，爲層流；反之，爲紊流。常見液流管道的臨界雷諾數由實驗求得，如表 2.2 所示。

表 2.2　常見液流管道的臨界雷諾數

管道	Re_c	管道	Re_c
光滑金屬圓管	2320	帶環槽的同心環狀縫隙	700
橡膠軟管	1600～2000	帶環槽的離心環狀縫隙	400
光滑的同心環狀縫隙	1100	圓柱形滑閥閥口	260
光滑的離心環狀縫隙	1000	錐閥閥口	20～100

式（2.44）中的 d 代表了圓管的特徵長度，對於非圓截面的流道，可用水力直徑（等效直徑）d_H 來代替，即

$$Re = \frac{vd_H}{\nu} \tag{2.45}$$

$$d_H = 4R \tag{2.46}$$

$$R = \frac{A}{\chi} \tag{2.47}$$

式中　R——水力半徑；

　　　A——流通面積；

　　　χ——濕周長度（流通截面上與液體相接觸的管壁周長）。

水力半徑 R 綜合反映了流通截面上 A 與 χ 對阻力的影響。對於具有同樣濕周 χ 的兩個流通截面，A 越大，液流受到壁面的約束就越小；對於具有同樣流通面積 A 的兩個流通截面，χ 越小，液流受到壁面的阻力就越小。綜合這兩個因素可知，$R = \dfrac{A}{\chi}$ 越大，液流受到的壁面阻力作用越小，即使流通面積很小也不

易堵塞。

2.4.3　圓管層流

　　液體在圓管中的層流運動是液壓傳動中最常見的現象，在設計和使用液壓系統時，就希望管道中的液流保持這種狀態。

　　圖 2.24 所示爲液體在等徑水平圓管中作層流流動時的情況。在圖中的管內取出一段半徑爲 r、長度爲 l、與管軸相重合的小圓柱體，作用在其兩端面上的壓力分別爲 p_1 和 p_2，作用在其側面上的內摩擦力爲 F_f。液流作勻速運動時處於受力平衡狀態，故有：

$$(p_1 - p_2)\pi r^2 = F_f$$

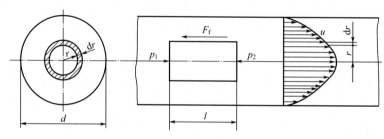

圖 2.24　圓管中的層流

　　根據內摩擦定律有：$F_f = -2\pi r l \mu \dfrac{du}{dr}$（因 du/dr 爲負值，故前面加負號）。令 $\Delta p = p_1 - p_2$，將這些關係式代入上式得：

$$\frac{du}{dr} = -\frac{\Delta p}{2\mu l}r$$

即

$$du = -\frac{\Delta p}{2\mu l}r\,dr$$

積分並考慮到當 $r = R$ 時，$u = 0$ 得：

$$u = \frac{\Delta p}{4\mu l}(R^2 - r^2) \tag{2.48}$$

可見管內流速隨半徑按拋物線規律分佈，最大流速發生在軸線上，其值爲 $u_{max} = \dfrac{\Delta p}{4\mu l}R^2$。

　　在半徑 r 處取出一厚爲 dr 的微小圓環（如圖 2.24 所示），通過此環形面積的流量爲 $dq = u2\pi r\,dr$，對此式積分，得通過整個管路的流量 q：

$$q = \int_0^R dq = \int_0^R u \, 2\pi r \, dr = \int_0^R \frac{2\pi \Delta p}{4\mu l}(R^2 - r^2) r \, dr = \frac{\pi R^4}{8\mu l} \Delta p = \frac{\pi d^4}{128\mu l} \Delta p$$

$$(2.49)$$

這就是哈根-泊肅葉公式。當測出除 μ 以外的各有關物理量後，應用此式便可求出流體的黏度 μ。

圓管層流時的平均流速 v 爲：

$$v = \frac{q}{\pi R^2} = \frac{\Delta p R^2}{8\mu l} = \frac{\Delta p d^2}{32\mu l} = \frac{u_{max}}{2} \qquad (2.50)$$

同樣可求出其動能修正係數 $\alpha = 2$，動量修正係數 $\beta = 4/3$。

現在我們再來看看沿程壓力損失 Δp_λ，由平均流速表達式可求出 Δp_λ：

$$\Delta p_\lambda = \frac{32\mu l v}{d^2} = \frac{32 \times 2}{\underset{\mu}{\underbrace{\frac{\rho v d}{\mu}}}} \times \frac{l}{d} \times \frac{\rho v^2}{2} = \frac{64}{Re} \times \frac{l}{d} \times \frac{\rho v^2}{2} \qquad (2.51)$$

把此式與 $\Delta p_\lambda = \lambda \frac{l}{d} \times \frac{\rho v^2}{2}$ 比較得：沿程阻力係數 $\lambda = 64/Re$。

由此可看出，層流流動的沿程壓力損失 Δp_λ 與平均流速 v 的平方成正比，沿程阻力係數 λ 只與 Re 有關，與管壁面粗糙度無關。這一結論已被實驗所證實。但實際上流動中還夾雜着油溫變化的影響，因此油液在金屬管道中流動時宜取 $\lambda = 75/Re$，在橡膠軟管中流動時則取 $\lambda = 80/Re$。

2.4.4　圓管紊流

在實際工程中常遇到紊流運動，但由於紊流運動的複雜性，雖然近幾十年來許多學者做了大量研究工作，仍未得到滿意的結果，尚需進一步探討，目前所用的計算方法常常依賴於實驗。

（1）脈動現象和時均化

在雷諾實驗中可以觀察到，在紊流運動中，流體質點的運動是極不規則的，它們不但與鄰層的流體質點互相摻混，而且在某一固定的空間點上，其運動要素（壓力、速度等）的大小和方向也隨時間變化，並始終圍遶某個「平均值」上下脈動，如圖 2.25 所示。

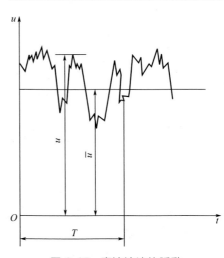

圖 2.25　紊流流速的脈動

如取時間間隔 T（時均週期），瞬時速度在 T 時間內的平均值稱爲時間平均速度，簡稱時均速度，可表示爲：

$$\overline{u} = \frac{\int_0^T u\,\mathrm{d}t}{T} \tag{2.52}$$

同樣，某點的時均壓力可表示爲：

$$\overline{p} = \frac{\int_0^T p\,\mathrm{d}t}{T} \tag{2.53}$$

圖 2.26 所示爲圓管中的紊流。

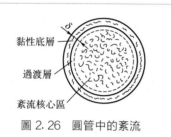

黏性底層

過渡層

紊流核心區

圖 2.26　圓管中的紊流

由以上討論可知，紊流運動總是非定常的，但如果流場中各空間點的運動要素的時均值不隨時間變化，就可以認爲是定常流動。因此對於紊流的定常流動，是指時間平均的定常流動。在工程實際的一般問題中，只需研究各運動要素的時均值，用運動要素的時均值來描述紊流運動即可，使問題大大簡化。但在研究紊流的物理實質時，例如研究紊流阻力時，就必須考慮脈動的影響。

（2）黏性底層（層流邊界層）、水力光滑管與水力粗糙管

流體作紊流運動時，由於黏性的作用，管壁附近的一薄層流體受管壁的約束，仍保持爲層流狀態，形成一極薄的黏性底層（層流邊界層）。離管壁越遠，管壁對流體的影響越小，經一過渡層後，才形成紊流。即管中的紊流運動沿橫截面可分爲三部分：黏性底層、過渡層和紊流核心區，如圖 2.26 所示。過渡層很薄，通常和紊流核心區合稱爲紊流部分。黏性底層的厚度 δ 也很薄，通常只有幾分之一毫米，它與主流的紊動程度有關，紊動越劇烈，δ 就越小。δ 與 Re 成反比，可用式（2.54）來求。

$$\delta = \frac{32.8d}{Re\sqrt{\lambda}} \tag{2.54}$$

式中，d 爲管徑；λ 爲沿程阻力係數；Re 爲雷諾數。

根據黏性底層的厚度 δ 與管內壁絕對粗糙度 ε 之間的關係，可以把作紊流運動的管道分爲水力光滑管和水力粗糙管。

水力光滑管：$\delta \geqslant \varepsilon/0.3$，如圖 2.27(a) 所示。

水力粗糙管：$\delta \leqslant \varepsilon/6$，如圖 2.27(b) 所示。

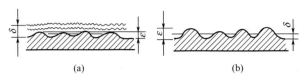

圖 2.27　水力光滑管與水力粗糙管

　　水力光滑管與水力粗糙管的概念是相對的，隨着流動情況的改變，Re 會變化，δ 也相應地會變化。所以同一管道（其 ε 是固定不變的），Re 變小時，可能是光滑管；而 Re 變大時，又可能是粗糙管了。

（3）截面速度分佈

　　對於充分的紊流流動來説，其流通截面上流速的分佈如圖 2.28 所示。由圖可見，紊流中的流速分佈是比較均匀的。其最大流速 $u_{max}=(1\sim1.3)v$，動能修正係數 $\alpha\approx1.05$，動量修正係數 $\beta\approx1.04$，因而這兩個係數均可近似地取爲 1。

　　由半經驗公式推導可知，對於光滑圓管内的紊流來説，其截面上的流速分佈遵循對數規律。在雷諾數爲 $3\times10^3\sim10^5$ 的範圍内，它符合 1/7 次方的規律，即

$$u=u_{max}\left(\frac{y}{R}\right)^{1/7} \tag{2.55}$$

式中符號的意義如圖 2.28 所示。

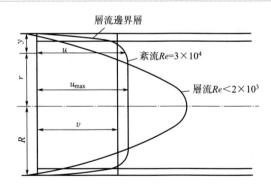

圖 2.28　紊流時圓管中的速度分佈

2.4.5　沿程阻力係數 λ

　　對於層流，沿程阻力係數 λ 值的公式已經導出，並被實驗所證實。對於紊流，尚無法完全從理論上求得，只能藉助於管道阻力試驗來解決。一般來説，在

壓力管道中的 λ 值與 Re 和管壁相對粗糙度 ε/d 有關,即

$$\lambda = f\left(Re, \frac{\varepsilon}{d}\right)$$

下面就簡單介紹一下尼古拉茲(J. Nikuradse)對於人工粗糙管所進行的水流阻力試驗結果。

尼古拉茲用不同粒徑的均勻砂粒黏貼在管內壁上,製成各種相對粗糙度的管子,實驗時測出 v、Δp_λ,然後代入公式 $\Delta p_\lambda = \lambda \dfrac{l}{d} \times \dfrac{\rho v^2}{2}$,在各種相對粗糙度 ε/d 的管道下,得出 λ 和 Re 的關係曲線,如圖 2.29 所示。這些曲線可分為五個區域。

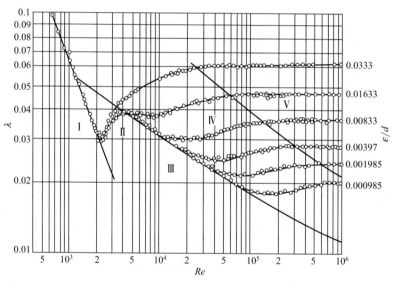

圖 2.29　尼古拉茲實驗曲線

Ⅰ為層流區:$Re < 2320$,各管道的實驗點均落在同一直線上。λ 只與 Re 有關,與粗糙度無關。$\lambda = 64/Re$,與理論公式相同。

Ⅱ為過渡區:$2320 < Re < 4000$,為層流向紊流的過渡區,不穩定,範圍小。對它的研究較少,一般按下述水力光滑管處理。

Ⅲ為紊流光滑管區:$4000 < Re < 26.98\,(d/\varepsilon)^{8/7}$,各種相對粗糙度管道的實驗點又都落在同一條直線(Ⅲ和Ⅳ的交界線)上。λ 值只與 Re 有關,與 ε/d 無關。這是因為黏性底層掩蓋了粗糙度。但是隨着 ε/d 值的不同,各種管道離開此區的實驗點的位置不同,ε/d 越大離開此區越早。

關於此區的 λ 有以下計算公式：

$4000 < Re < 10^5$ 時，可用布拉休斯公式：

$$\lambda = \frac{0.3164}{Re^{0.25}} \qquad (2.56)$$

$10^5 < Re < 3 \times 10^6$ 時，可用尼古拉茲公式：

$$\lambda = 0.0032 + \frac{0.221}{Re^{0.237}} \qquad (2.57)$$

Ⅳ爲光滑管至粗糙管過渡區：$26.98(d/\varepsilon)^{8/7} < Re < 4160(d/2\varepsilon)^{0.85}$，又稱爲第二過渡區。在此區，隨着 Re 的增大，黏性底層變薄，管壁粗糙度對流動阻力的影響亦逐漸明顯。λ 值與 ε/d 和 Re 均有關。曲線形狀與工業管道的偏差較大，一般用如下公式計算：

$$\frac{1}{\sqrt{\lambda}} = 1.74 - 2\lg\left(\frac{2\varepsilon}{d} + \frac{18.7}{\sqrt{\lambda}} \times \frac{1}{Re}\right) \qquad (2.58)$$

Ⅴ爲紊流粗糙管區：$Re > 4160(d/2\varepsilon)^{0.85}$。在此區，$\lambda = f(\varepsilon/d)$，紊流已充分發展，$\lambda$ 值與 Re 無關，表現爲一水平線。λ 值的計算公式爲：

$$\lambda = \frac{1}{\left(1.74 + 2\lg\dfrac{d}{2\varepsilon}\right)^2} \qquad (2.59)$$

因 λ 與 Re 無關，可知 $\Delta p_\lambda \propto v^2$，故此區又稱爲阻力平方區。

尼古拉茲實驗結果適用於人工粗糙管，對於工業管道不是很適用。後來莫迪對工業管道進行了大量實驗，作出了工業管道的阻力係數圖，即莫迪圖，爲工業管道的計算提供了很大方便。

2.4.6 局部阻力係數 ξ

局部壓力損失 $\Delta p_\xi = \xi\dfrac{\rho v^2}{2}$，它的計算關鍵在於對局部阻力係數 ξ 的確定。

由於流動情況的複雜，只有極少數情況可用理論推導求得，一般都只能依靠實驗來測得（或利用實驗得到的經驗公式求得）。

下面我們就以截面突然擴大的情況爲例，來講一下局部阻力係數的推導過程。如圖 2.30 所示，由於過流斷面突然擴大，流線與邊界分離，并發生渦旋撞擊，從而造成局部損失。

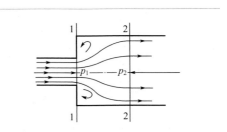

圖 2.30 流通截面突然擴大處的局部損失

以管軸爲基準面，對截面 1—1、2—2 列伯努利方程有：

$$\frac{p_1}{\rho g}+\frac{v_1^2}{2g}=\frac{p_2}{\rho g}+\frac{v_2^2}{2g}+h_\xi$$

式中，h_ξ 爲局部損失，$h_\xi=\frac{\Delta p_\xi}{\rho g}=\xi\frac{v^2}{2g}$。

由此得：

$$h_\xi=\frac{p_1-p_2}{\rho g}+\frac{v_1^2-v_2^2}{2g} \tag{2.60}$$

取截面 1—1、2—2 及兩截面之間的管壁爲控制面，對控制面內的流體沿管軸方向列動量方程，略去管側壁面的摩擦切應力時有：

$$p_1A_1-p_2A_2+p(A_2-A_1)=\rho q(v_2-v_1)$$

式中，p 爲渦流區環形面積（A_2-A_1）上的平均壓力；p_1、p_2 分別爲截面 1—1、2—2 上的壓力。實驗證明 $p\approx p_1$，於是上式可寫成爲：

$$(p_1-p_2)A_2=\rho v_2A_2(v_2-v_1)$$

即

$$\frac{p_1-p_2}{\rho g}=\frac{v_2}{g}(v_2-v_1)=\frac{1}{2g}(2v_2^2-2v_1v_2) \tag{2.61}$$

將式（2.61）代入式（2.60）得：

$$h_\xi=\frac{(v_1-v_2)^2}{2g}$$

按連續性方程有 $v_1A_1=v_2A_2$，於是上式可改寫成：

$$h_\xi=\left(1-\frac{A_1}{A_2}\right)^2\frac{v_1^2}{2g}=\xi_1\frac{v_1^2}{2g} \tag{2.62}$$

或

$$h_\xi=\left(\frac{A_2}{A_1}-1\right)^2\frac{v_2^2}{2g}=\xi_2\frac{v_2^2}{2g} \tag{2.63}$$

式中，$\xi_1=\left(1-\frac{A_1}{A_2}\right)^2$ 對應小截面的速度 v_1；$\xi_2=\left(\frac{A_2}{A_1}-1\right)^2$ 對應大截面的速度 v_2。

由此可見，對應不同的速度（變化前和變化後的速度），局部阻力係數是不同的。一般情況下，用的是變化後的速度，即

$$h_\xi=\xi\frac{v_2^2}{2g}\text{或}\Delta p_\xi=\xi\frac{\rho v_2^2}{2}$$

2.5 **孔口和縫隙流量**

本節主要介紹液流經過小孔和縫隙的流量公式。在研究節流調速及分析計算液壓元件的泄漏時，它們是重要的理論基礎。

2.5.1 **孔口流量**

液體流經孔口的水力現象稱爲孔口出流。它可分爲三種：當孔口的長徑比 $l/d \leqslant 0.5$ 時，稱爲薄壁孔；當 $l/d > 4$ 時，稱爲細長孔；當 $0.5 < l/d \leqslant 4$ 時，稱爲短孔。當液體經孔口流入大氣中時，稱爲自由出流；當液體經孔口流入液體中時，稱爲淹沒出流。

（1）薄壁小孔

在液壓傳動中，經常遇到的是孔口淹沒出流問題，所以我們就用前面學過的理論來研究一下薄壁小孔淹沒出流時的流量計算問題。薄壁小孔的邊緣一般都做成刃口形式，如圖 2.31 所示（各種結構形式的閥口就是薄壁小孔的實際例子）。由於慣性作用，液流通過小孔時要發生收縮現象，在靠近孔口的後方出現收縮最大的流通截面。對於薄壁圓孔，當孔前通道直徑

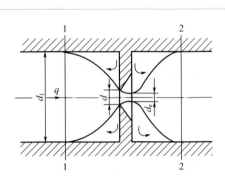

圖 2.31 薄壁小孔的液流

與小孔直徑之比 $d_1/d \geqslant 7$ 時，流束的收縮作用不受孔前通道內壁的影響，這時的收縮稱爲完全收縮；反之，當 $d_1/d < 7$ 時，孔前通道對液流進入小孔起導向作用，這時的收縮稱爲不完全收縮。

現對孔前、後通道斷面 1—1、2—2 之間的液體列伯努利方程，並設動能修正係數 $\alpha = 1$，則有：

$$\frac{p_1}{\rho g} + \frac{v_1^2}{2g} = \frac{p_2}{\rho g} + \frac{v_2^2}{2g} + \sum h_\xi$$

式中，$\sum h_\xi$ 爲液流流經小孔的局部能量損失，它包括兩部分：液流經斷面突然縮小時的 $h_{\xi 1}$ 和突然擴大時的 $h_{\xi 2}$。$h_{\xi 1} = \xi \dfrac{v_e^2}{2g}$；$h_{\xi 2} = \left(1 - \dfrac{A_e}{A_2}\right)^2 \dfrac{v_e^2}{2g}$。由於

$A_e \ll A_2$，因此，$\sum h_\xi = h_{\xi 1} + h_{\xi 2} = (\xi + 1)\dfrac{v_e^2}{2g}$。注意到 $A_1 = A_2$ 時，$v_1 = v_2$，得出：

$$v_e = \frac{1}{\sqrt{\xi + 1}}\sqrt{\frac{2}{\rho}(p_1 - p_2)} = C_v \sqrt{\frac{2\Delta p}{\rho}}$$

式中，C_v 爲速度係數，它反映了局部阻力對速度的影響，$C_v = \dfrac{1}{\sqrt{\xi + 1}}$；$\Delta p = p_1 - p_2$ 爲小孔前後的壓差。

經過薄壁小孔的流量爲：

$$q = A_e v_e = C_c A_T v_e = C_c C_v A_T \sqrt{\frac{2\Delta p}{\rho}} = C_q \sqrt{\frac{2\Delta p}{\rho}} \tag{2.64}$$

式中　A_T——小孔截面積，$A_T = \pi d^2/4$；

　　　　A_e——收縮斷面面積，$A_e = \pi d_e^2/4$；

　　　　C_c——斷面收縮係數，$C_c = A_e/A_T = d_e^2/d^2$；

　　　　C_q——流量係數，$C_q = C_v C_c$。

流量係數 C_q 的大小一般由實驗確定，在液流完全收縮（$d_1/d \geqslant 7$）的情況下，$C_q = 0.60 \sim 0.61$（可認爲是不變的常數）；在液流不完全收縮（$d_1/d < 7$）時，由於管壁對液流進入小孔起導向作用，C_q 可增至 $0.7 \sim 0.8$。

(2) 短孔

短孔的流量表達式與薄壁小孔的相同，即 $q = C_q \sqrt{\dfrac{2\Delta p}{\rho}}$。但流量係數 C_q 增大了，Re 較大時，C_q 基本穩定在 0.8 左右。C_q 增大的原因是：液體經過短孔出流時，收縮斷面發生在短孔內，這樣在短孔內形成了真空，產生了吸力，結果使得短孔出流的流量增大。由於短孔比薄壁小孔容易加工，因此短孔常用作固定節流器。

(3) 細長孔

流經細長孔的液流，由於黏性的影響，流動狀態一般爲層流，因此細長孔的流量可用液流流經圓管的流量公式，即 $q = \dfrac{\pi d^4}{128\mu l}\Delta p$。從此式可看出，液流經過細長孔的流量和孔前後壓差 Δp 成正比，而和液體黏度 μ 成反比，因此流量受液體溫度影響較大，這是和薄壁小孔不同的。

縱觀各小孔流量公式，可以歸納出一個通用公式：

$$q = KA_T \Delta p^m \tag{2.65}$$

式中　K——由孔口的形狀、尺寸和液體性質決定的係數，對於細長孔 $K = d^2/$

$(32\mu l)$，對於薄壁孔和短孔 $K = C_q\sqrt{2/\rho}$；

A_T——孔口的過流斷面面積；

Δp——孔口兩端的壓力差；

m——由孔口的長徑比決定的指數，薄壁孔 $m = 0.5$，細長孔 $m = 1$。

這個孔口的流量通用公式常用於分析孔口的流量壓力特性。

2.5.2 縫隙流量

所謂的縫隙就是兩固壁間的間隙，與其寬度和長度相比小得多。液體流過縫隙時，會產生一定的泄漏，這就是縫隙流量。由於縫隙通道狹窄，液流受壁面的影響較大，因此縫隙流動的流態基本爲層流。

縫隙流動分爲三種情況：一種是壓差流動（固壁兩端有壓差）；一種是剪切流動（兩固壁間有相對運動）；還有一種是前兩種的組合，即壓差剪切流動（兩固壁間既有壓差又有相對運動）。

（1）平行平板縫隙流量（壓差剪切流動）

如圖 2.32 所示的平行平板縫隙，縫隙的高度爲 h、長度爲 l、寬度爲 b，$l \gg h$，$b \gg h$。在液流中取一個微元體 $\mathrm{d}x\mathrm{d}y$（寬度方向取爲 1，即單位寬度），其左右兩端面所受的壓力爲 p 和 $p + \mathrm{d}p$，上下兩面所受的切應力爲 $\tau + \mathrm{d}\tau$ 和 τ，則微元體在水平方向上的受力平衡方程爲：

$$p\,\mathrm{d}y + (\tau + \mathrm{d}\tau) = (p + \mathrm{d}p) + \tau\,\mathrm{d}x$$

整理後得：

$$\frac{\mathrm{d}\tau}{\mathrm{d}y} = \frac{\mathrm{d}p}{\mathrm{d}x} \qquad (2.66)$$

根據牛頓內摩擦定律有：

$$\tau = \mu\frac{\mathrm{d}u}{\mathrm{d}y}$$

故式（2.66）可變爲：

$$\frac{\mathrm{d}^2 u}{\mathrm{d}y^2} = \frac{1}{\mu}\times\frac{\mathrm{d}p}{\mathrm{d}x} \qquad (2.67)$$

將式（2.67）對 y 積分兩次得：

$$u = \frac{1}{2\mu}\times\frac{\mathrm{d}p}{\mathrm{d}x}y^2 + C_1 y + C_2$$

$$(2.68)$$

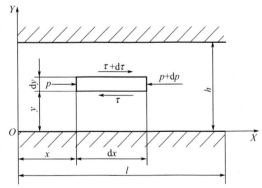

圖 2.32 平行平板縫隙流量

當 $y = 0$ 時，$u = 0$，得 $C_2 = 0$；當 $y = h$ 時，$u = u_0$，得 $C_1 = \dfrac{u_0}{h} - \dfrac{1}{2\mu}\times\dfrac{\mathrm{d}p}{\mathrm{d}x}h$。

此外，液流作層流運動時 p 只是 x 的線性函數，即 $\dfrac{\mathrm{d}p}{\mathrm{d}x}=\dfrac{p_2-p_1}{l}=-\dfrac{\Delta p}{l}$

（$\Delta p=p_1-p_2$），將這些關係式代入式（2.68）並考慮到運動平板有可能反向運動得：

$$u=\frac{y(h-y)}{2\mu l}\Delta p\pm\frac{u_0}{h}y \qquad (2.69)$$

由此得通過平行平板縫隙的流量爲：

$$q=\int_0^h ub\,\mathrm{d}y=\int_0^h\left[\frac{y(h-y)}{2\mu l}\Delta p\pm\frac{u_0}{h}y\right]b\,\mathrm{d}y=\frac{bh^3\Delta p}{12\mu l}\pm\frac{u_0}{2}bh \qquad (2.70)$$

很明顯，只有在 $u_0=-h^2\Delta p/(6\mu l)$ 時，平行平板縫隙間才不會有液流通過。對於式（2.70）中的「$\pm$」號是這樣確定的：當動平板移動的方向和壓差方向相同時，取「$+$」號；方向相反時，取「$-$」號。

當平行平板間沒有相對運動（$u_0=0$）時，爲純壓差流動，其流量爲：

$$q=\frac{bh^3\Delta p}{12\mu l} \qquad (2.71)$$

當平行平板兩端沒有壓差（$\Delta p=0$）時，爲純剪切流動，其流量爲：

$$q=\frac{u_0}{2}bh \qquad (2.72)$$

從以上各式可以看到，在壓差作用下，流過平行平板縫隙的流量與縫隙高度的三次方成正比，這説明液壓元件內縫隙的大小對其泄漏量的影響是非常大的。

（2）圓環縫隙流量

在液壓元件中，某些相對運動零件，如柱塞與柱塞孔、圓柱滑閥閥芯與閥體孔之間的間隙爲圓環縫隙，根據兩者是否同心可分爲同心圓環縫隙和離心圓環縫隙兩種。

① 同心圓環縫隙　如圖 2.33 所示的同心圓環縫隙，如果將環形縫隙沿圓周方向展開，就相當於一個平行平板縫隙。因此只要使 $b=\pi d$ 代入平行平板縫隙流量公式就可以得到同心圓環縫隙的流量公式，即：

$$q=\frac{\pi dh^3}{12\mu l}\Delta p\pm\frac{\pi dh}{2}u_0 \qquad (2.73)$$

若無相對運動，即 $u_0=0$，則同心圓環縫隙的流量公式爲：

$$q=\frac{\pi dh^3}{12\mu l}\Delta p \qquad (2.74)$$

② 離心圓環縫隙　把離心圓環縫隙（圖 2.34）簡化爲平行平板縫隙，然後利用平行平板縫隙的流量公式進行積分，就得到了離心圓環縫隙的流量公式：

$$q = \frac{\pi dh^3 \Delta p}{12\mu l}(1+1.5\varepsilon^2) \pm \frac{\pi dh}{2}u_0 \qquad (2.75)$$

式中　ε——相對離心率，$\varepsilon = e/h$；

　　　h——內外圓同心時半徑方向的縫隙值；

　　　e——離心距。

當內外圓之間沒有軸向相對移動時，即 $u_0 = 0$ 時，其流量爲：

$$q = \frac{\pi dh^3 \Delta p}{12\mu l}(1+1.5\varepsilon^2) \qquad (2.76)$$

由式(2.76) 可以看出，當 $\varepsilon = 0$ 時，它就是同心圓環縫隙的流量公式；當離心距 $e = h$，即 $\varepsilon = 1$（最大離心狀態）時，其通過的流量是同心圓環縫隙流量的 2.5 倍。因此在液壓元件中，有配合的零件應盡量使其同心，以減小縫隙泄漏量。

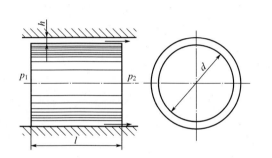

圖 2.33　同心圓環縫隙間液流

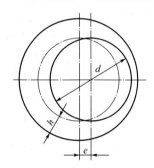

圖 2.34　離心圓環縫隙間液流

2.6　空穴現象和液壓衝擊

在液壓傳動中，空穴現象和液壓衝擊都會給液壓系統的正常工作帶來不利影響，因此需要瞭解這些現象產生的原因，並採取相應的措施以減少其危害。

2.6.1　空穴現象

在流動的液體中，由於壓力的降低，使溶解於液體中的空氣分離出來（壓力低於空氣分離壓）或使液體本身汽化（壓力低於飽和蒸氣壓），而產生大量氣泡

的現象，稱爲空穴現象。

空穴多發生在閥口和液壓泵的進口處。由於閥口的通道狹窄，液流的速度增大，壓力則下降，容易產生空穴；泵的安裝高度過高、吸油管直徑太小、吸油管阻力太大或泵的轉速過高，都會造成進口處真空度過大，而產生空穴。此外，慣性大的油缸和馬達突然停止或換向時，也會產生空穴（見 2.6.2 節）。

（1）空穴現象的危害

降低油的潤滑性能；使油的壓縮性增大（使液壓系統的容積效率降低）；破壞壓力平衡、引起強烈的振動和雜訊；加速油的氧化；產生氣蝕和氣塞現象。

氣蝕：溶解於油中的氣泡隨液流進入高壓區後急劇破滅，高速衝向氣泡中心的高壓油互相撞擊，動能轉化爲壓力能和熱能，產生局部高溫高壓。如果發生在金屬表面上，將加劇金屬的氧化腐蝕，使鍍層脫落，形成麻坑，這種由於空穴引起的損壞稱爲氣蝕。

氣塞：溶解於油液中的氣泡分離出來以後，互相聚合，體積膨大，形成具有相當體積的氣泡，引起流量的不連續。當氣泡達到管道最高點時，會造成斷流，這種現象稱爲氣塞。

（2）減少空穴現象的措施

空穴現象的產生，對液壓系統是非常不利的，必須加以預防。一般採取如下一些措施。

① 減小閥孔或其他元件通道前後的壓力降，一般使壓力比 $p_1/p_2 < 3$。

② 盡量降低液壓泵的吸油高度，採用內徑較大的吸油管並少用彎頭，吸油管端的過濾器容量要大，以減小管道阻力。必要時可採用輔助泵供油。

③ 各元件的連接處要密封可靠，防止空氣進入。

④ 對容易產生氣蝕的元件，如泵的配油盤等，要採用抗腐蝕能力強的金屬材料，增強元件的機械強度。

要計算產生空穴的可能程度，要規定判別允許的和不允許的空穴界限。到目前爲止，還沒有判別空穴界限的通用標準，例如，對液壓泵吸油口的空穴、油缸和液壓馬達中的空穴、壓力脈動所引起的空穴，都有各自的專用判別係數，我們在此就不討論了。

2.6.2　液壓衝擊

在輸送海洋裝備液壓油的管路中，由於流速的突然變化，常伴有壓力的急劇增大或降低，並引起強烈的振動和劇烈的撞擊聲。這種現象稱爲液壓衝擊。

（1）液壓衝擊的危害

液壓衝擊的危害有：引起振動、雜訊；使管接頭鬆動，密封裝置破壞，產生

泄漏；或使某些工作元件產生誤動作；在壓力降低時，會產生空穴現象。

（2）液壓衝擊產生的原因

在閥門突然關閉或運動部件快速制動等情況下，液體在系統中的流動會突然受阻。這時，由於液流的慣性作用，液體就從受阻端開始，迅速將動能逐層轉換為壓力能，因而產生了壓力衝擊波；此後，這個壓力波又從該端開始反向傳遞，將壓力能逐層轉化為動能，這使得液體又反向流動；然後，在另一端又再次將動能轉化為壓力能，如此反覆地進行能量轉換。由於這種壓力波的迅速往復傳播，便在系統內形成壓力振盪。這一振盪過程中，由於液體受到摩擦力以及液體和管壁的彈性作用不斷消耗能量，因此振盪過程逐漸衰減而趨於穩定。

（3）衝擊壓力

假設系統正常工作的壓力為 p，產生壓力衝擊時的最大壓力為：

$$p_{max} = p + \Delta p \tag{2.77}$$

式中 Δp——衝擊壓力的最大升高值。

由於液壓衝擊是一種非定常流動，動態過程非常複雜，影響因素很多，因此精確計算 Δp 值是很困難的。下面介紹兩種液壓衝擊情況下的 Δp 值的近似計算公式。

① 管道閥門關閉時的液壓衝擊 設管道截面積為 A，產生衝擊的管長為 l，壓力衝擊波第一波在 l 長度內傳播的時間為 t_1，液體的密度為 ρ，管中液體的流速為 v，閥門關閉後的流速為零，則由動量方程得：

$$\Delta p A = \rho A l \frac{v}{t_1}$$

即

$$\Delta p = \rho \frac{l}{t_1} v = \rho c v \tag{2.78}$$

式中，c 為壓力波在管中的傳播速度，$c = l/t_1$。

應用式（2.78）時，需先知道 c 值的大小，而 c 不僅和液體的體積彈性模量 K 有關，還和管道材料的彈性模量 E、管道的內徑 d 及壁厚 δ 有關，c 值可按式（2.79）計算：

$$c = \frac{\sqrt{K/\rho}}{\sqrt{1 + Kd/E\delta}} \tag{2.79}$$

在液壓傳動中，c 值一般為 $900 \sim 1400 m/s$。

若流速 v 不是突然降為零，而是降為 v_1，則式（2.78）可寫成：

$$\Delta p = \rho c (v - v_1) \tag{2.80}$$

設壓力衝擊波在管中往復一次的時間為 t_c，$t_c = 2l/c$。當閥門關閉時間 $t <$

t_c 時，壓力峰值很大，稱爲直接衝擊，其 Δp 值可按式(2.78)或式(2.80)計算；當 $t > t_c$ 時，壓力峰值較小，稱爲間接衝擊，這時 Δp 值可按式(2.81)計算：

$$\Delta p = \rho c (v - v_1) \frac{t_c}{t} \tag{2.81}$$

② 運動的工作部件突然制動或換向時，因工作部件的慣性而引起的液壓衝擊　以液壓缸爲例進行說明，設運動部件的總質量爲 $\sum m$，減速制動時間爲 Δt，速度的減小值爲 Δv，液壓缸有效工作面積爲 A，則根據動量定理可求得系統中的衝擊壓力的近似值 Δp 爲：

$$\Delta p = \frac{\sum m \Delta v}{A \Delta t} \tag{2.82}$$

式(2.82)中因忽略了阻尼和泄漏等因素，計算結果比實際值要大，但偏於安全，因而具有實用價值。

(4) 減小液壓衝擊的措施

分析前面各式中 Δp 的影響因素，可以歸納出減小液壓衝擊的主要措施如下。

① 延長閥門關閉和運動部件制動、換向的時間。在液壓傳動中採用換向時間可調的換向閥就可做到這一點。

② 正確設計閥口，限制管道流速及運動部件速度，使運動部件制動時速度變化比較均勻。

③ 加大管徑或縮短管道長度。加大管徑不僅可以降低流速，而且可以減小壓力衝擊波速度 c 值；縮短管道長度的目的是減小壓力衝擊波的傳播時間 t_c。

④ 設置緩衝用蓄能器或用橡膠軟管。

⑤ 裝設專門的安全閥。

第3章

液壓泵及液壓馬達

3.1 液壓泵概述

在海洋裝備液壓傳動系統中，能源裝置是爲整個液壓系統提供能量的，就如同人的心臟爲人體各部分輸送血液一樣，在整個液壓系統中起着極其重要的作用。液壓泵就是一種能量轉換裝置，它將驅動電動機的機械能轉換爲油液的壓力能，以滿足執行機構驅動外負載的需要[4]。

3.1.1 液壓泵的基本工作原理

海洋液壓系統中使用的液壓泵，其工作原理幾乎都是一樣的，就是靠液壓密封的工作腔的容積變化來實現吸油和壓油的，因此稱爲容積式液壓泵。

容積式液壓泵的工作原理很簡單，以單柱塞式液壓泵爲例，就像我們常見的醫用注射器一樣，再配以自動配流裝置即可。如圖 3.1 所示的就是單柱塞式容積式液壓泵工作原理。柱塞 2 是靠離心凸輪 1 的旋轉而上下移動的，當柱塞下移時，工作腔 4 容積變大，產生真空，此時，單向閥 6 關閉，油箱中的油液通過單向閥 5 被吸入工作腔內；反之，當柱塞上移時，工作腔容積變小，腔內的油液壓力升高，此時，單向閥 5 關閉，油液便通過單向閥 6 被輸送到系統當中去，離心凸輪的連續旋轉使得泵不斷地吸油和壓油。由此可見，液壓泵輸出油液流量的大小取決於工作腔容積的變化量。

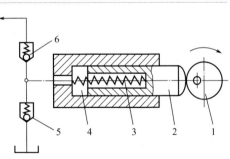

圖 3.1　容積式液壓泵工作原理圖
1—凸輪；2—柱塞；3—彈簧；4—工作腔；
5—單向閥（吸油）；6—單向閥（壓油）

由上所述，一個容積式液壓泵必須具備的條件是：

① 具有若干個容積能夠不斷變化的密封工作腔；

② 相應的配流裝置。在上面的例子中，配流是以兩個單向閥的開啓在泵外面實現的，稱爲閥式配流；而有的泵本身就帶有配流裝置，如葉片泵的配流盤、柱塞泵的配流軸等，稱爲確定式配流。

3.1.2　液壓泵的分類

① 按液壓泵單位時間内輸出油液的體積能否變化分爲定量泵和變量泵。

定量泵：單位時間内輸出的油液體積不能變化。

變量泵：單位時間内輸出油液的體積能夠變化。

② 按泵的結構來分主要有：

齒輪泵：分爲内嚙合齒輪泵和外嚙合齒輪泵。

葉片泵：分爲單作用式葉片泵和雙作用式葉片泵。

柱塞泵：分爲徑向柱塞泵和軸向柱塞泵。

螺桿泵：分爲單螺桿泵、雙螺桿泵、三螺桿泵和五螺桿泵。

液壓泵按其組成還可以分爲單泵和複合泵。

3.1.3　液壓泵的圖形符號

液壓泵的圖形符號見圖 3.2。

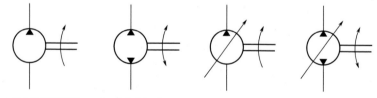

(a) 單向定量液壓泵　　(b) 雙向定量液壓泵　　(c) 單向變量液壓泵　　(d) 雙向變量液壓泵

圖 3.2　液壓泵的圖形符號

3.1.4　液壓泵的主要性能參數

(1) 液壓泵的壓力

① 工作壓力：是指液壓泵在實際工作時輸出的油液壓力，也就是説要克服外負載所必須建立起來的壓力，可見其大小取決於外負載。

② 額定壓力：是指液壓泵在正常工作狀態下，連續使用中允許達到的最高壓力，一般情況下，就是液壓泵出廠時標牌上所標出的壓力。

（2）液壓泵的排量

海洋液壓泵的排量是指該泵在沒有泄漏的情況下每轉一轉所輸出的油液的體積。它與液壓泵的幾何尺寸有關，用 V 來表示。

（3）液壓泵的流量

海洋液壓泵的流量分爲理論流量、實際流量和額定流量：

① 理論流量是指該泵在沒有泄漏的情況下單位時間內輸出油液的體積，可見，它等於排量和轉速的乘積，即 $q_t = Vn$，流量的單位爲 m^3/s，實際應用中也常用 L/min 來表示。

② 實際流量 q 是指泵在單位時間內實際輸出油液的體積，也就是說泵在有壓的情況下存在着油液的泄漏，使實際輸出流量小於理論流量，詳見下面分析。

③ 額定流量是指泵在額定轉速和額定壓力下輸出的流量，即在正常工作條件下按試驗標準規定必須保證的流量。

（4）功率

① 輸入功率　液壓泵的輸入功率就是電動機驅動液壓泵軸的機械功率，它等於輸入轉矩乘以角速度。

$$P_i = T\omega (\text{W}) \tag{3.1}$$

式中　T——液壓泵的輸入轉矩，N·m；

　　　ω——液壓泵的角速度，rad/s。

② 輸出功率　液壓泵的輸出功率就是液壓泵輸出的液壓功率，它等於泵輸出的壓力乘以輸出流量。

$$P_o = pq (\text{W}) \tag{3.2}$$

式中　p——液壓泵的輸出壓力，Pa；

　　　q——液壓泵的實際輸出流量，m^3/s。

如果不考慮損失的話，輸出功率等於輸入功率。但是任何機械在能量轉換過程中都有能量的損失，液壓泵也同樣，由於能量損失的存在，其輸出功率總是小於輸入功率。

（5）效率

液壓泵的效率是由容積效率和機械效率兩部分所組成的。

① 容積效率　液壓泵的容積效率是由容積損失（流量損失）來決定的。容積損失就是指流量上的損失，主要是由泵內高壓引起油液泄漏所造成的，壓力越高，油液的黏度越小，其泄漏量就越大。在液壓傳動中，一般用容積效率 η_v 來表示容積損失，如果設 q_t 爲液壓泵在沒有泄漏情況下的流量，稱爲理論流量；而 q 爲液壓泵的實際輸出流量，則液壓泵的容積效率可表示爲：

$$\eta_v = \frac{q}{q_t} = \frac{q_t - \Delta q}{q_t} = 1 - \frac{\Delta q}{q_t} \qquad (3.3)$$

式中　Δq——液壓泵的流量損失，即泄漏量。

②　機械效率　海洋液壓泵的機械效率是由機械損失所決定的。機械損失是指液壓泵在轉矩上的損失，主要原因是液體因黏性而引起的摩擦轉矩損失及泵內機件相對運動引起的摩擦損失。在液壓傳動中，以機械效率 η_m 來表示機械損失，設 T_t 爲液壓泵的理論轉矩；而 T 爲液壓泵的實際輸入轉矩，則液壓泵的機械效率可表示爲：

$$\eta_m = \frac{T_t}{T} = \frac{T_t}{T_t + \Delta T} \qquad (3.4)$$

式中　ΔT——液壓泵的機械損失。

③　液壓泵的總效率　液壓泵的總效率等於泵的輸出功率與輸入功率的比值，也等於泵的機械效率和容積效率的乘積，即

$$\eta = \frac{P_o}{P_i} = \eta_v \eta_m \qquad (3.5)$$

一般情況下，在液壓系統設計計算中，常常需要計算液壓泵的輸入功率以確定所需電動機的功率。根據前面的推導，液壓泵的輸入功率可用式(3.6) 計算：

$$P_i = \frac{P_o}{\eta} = \frac{pq}{\eta} = \frac{pVn}{\eta_m} \qquad (3.6)$$

3.1.5　液壓泵特性及檢測

海洋液壓泵的性能是衡量液壓泵優劣的技術指標，主要包括液壓泵的壓力-流量特性、泵的容積效率曲線、泵的總效率曲線等。檢測一個液壓泵的性能可用如圖 3.3 所示系統。

在檢測泵的上述性能中，首先將壓力閥置於額定壓力下，再將節流閥全部打開，使泵的負載爲零（此時，由於管路的壓力損失，壓力表的顯示並不是零），在流量計上讀出流量值來。一般情況下，都是以此時的流量（即空載流量）作爲理論流量 q_t 的。然後再逐漸升高壓力值（通過調節節流閥閥口來實現），讀出每次調定壓力（即工作壓力）後的流量值 q。根據上述操作得到的數據即可繪出被測泵的壓力-流量曲線，根據公式(3.3) 即可算出各調定壓力點的容積效率 η_v。如果在輸入軸上測得轉矩及轉速，則可根據公式(3.1) 計算出泵的輸入功率 P_i，再利用公式(3.2) 算出泵的輸出功率 P_o，則可將液壓泵的總效率 η 算出，根據上面的數據繪出如圖 3.4 所示的泵的特性曲線來。

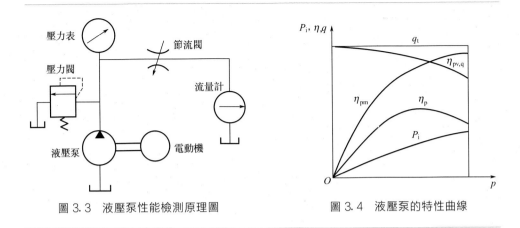

圖 3.3　液壓泵性能檢測原理圖　　　　圖 3.4　液壓泵的特性曲線

　　目前，隨着傳感技術及電腦技術的發展，在液壓檢測方面已廣泛應用電腦輔助檢測技術（CAT）。電腦輔助檢測系統的使用大大提高了檢測精度及效率，尤其是虛擬儀器技術的應用，更是簡化了檢測系統，實現了人工檢測無法實現的檢測項目，使液壓元件性能的檢測更加科學化。

　　為確保在海水環境中的長時間正常工作，水下液壓系統還採取了一系列的安全措施，主要是設置各種傳感器和報警裝置。

　　水泄漏傳感器是水下液壓系統中必不可少的傳感器，特別是電動機箱，其絕緣要求很高，即使電動機箱內滲入少量海水，也會使絕緣等級急劇降低，直接影響電動機的正常工作。泵箱內若滲入海水，海水會隨着液壓油循環到液壓系統的各個部分，從而導致液壓元件的腐蝕。閥箱內通常還設置有各種控制電路，一旦海水滲入，電路將無法正常工作。水泄漏傳感器安裝在電動機箱、泵箱及閥箱中，由兩個相距較近的探頭組成，兩個探頭之間加一定的直流電壓，當海水滲入時，探頭間的阻抗急劇下降，利用探頭間的漏電電流即可驅動放大電路，產生報警訊號。

　　壓力補償器是水下液壓系統中的重要元件，壓力補償器的工作狀態能為水下液壓系統的故障診斷和分析提供依據。補償量傳感器就是用來監測壓力補償器工作狀態的傳感器，它通過檢測補償活塞的位置來計算補償量，當系統發生泄漏時，壓力補償器會自動向系統補油；當補償量達到極限時，壓力補償器便失去壓力補償的功能，此時通過補償量傳感器就可以判斷出壓力補償器的狀態，從而為系統的故障診斷和分析提供依據。

　　水下液壓系統中還設置有壓力傳感器，用於監測系統的工作狀態，通常有低壓傳感器和高壓傳感器。低壓傳感器設置在泵箱內，用於檢測泵箱內的壓力，由於壓力補償作用，泵箱內的壓力與外界海水壓力相等。水下作業設備通常還帶有

深度傳感器，用於檢測水下作業深度，深度傳感器顯示的深度應與低壓傳感器顯示的壓力一致，否則極有可能由於系統洩漏過多導致壓力補償器達到最大補償量，從而造成泵箱吸空。爲確保水下液壓系統正常工作，應隨時監測低壓傳感器、深度傳感器及補償量傳感器的值，當補償量達到極值或低壓傳感器顯示的壓力與深度傳感器顯示的深度不一致時發出報警，並讓液壓系統停止工作。高壓傳感器設置在液壓泵出口，由於壓力傳感器測量的是絕對壓力，因此水下液壓系統的系統壓力也即液壓泵兩端的壓差是通過高、低壓傳感器的壓力值作差而得到的，由此可以獲得液壓系統的工作狀態。

水下液壓系統雖然工作在溫度較低的海水中，但由於是封閉結構，循環的液壓油較少，且結構緊湊，因此有必要在泵箱中設置油溫傳感器，油溫過高時發出報警。

3.2　齒輪泵

齒輪泵是海洋液壓泵中最常見的一種泵，可分爲外嚙合齒輪泵和內嚙合齒輪泵兩種，無論是哪一種，都屬於定量泵。

3.2.1　外嚙合齒輪泵的結構及工作原理

外嚙合齒輪泵一般都是三片式，主要由一對相互嚙合的齒輪、泵體及齒輪兩端的兩個端蓋所組成，其工作原理如圖 3.5 所示。

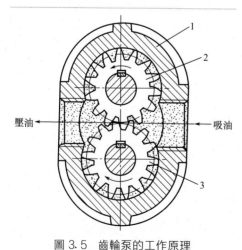

壓油　　　吸油

圖 3.5　齒輪泵的工作原理

1—泵體；2—主動齒輪；3—從動齒輪

外嚙合齒輪泵的工作腔是齒輪上每相鄰兩個齒的齒間槽、殼體與兩端蓋之間形成的密封空間。當齒輪按圖 3.5 所示方向旋轉時，其右側吸油腔的相互嚙合着的輪齒逐漸脫開，使得工作腔容積增大，形成部分真空，油箱中的油在大氣壓作用下被壓入吸油腔內。隨着齒輪的旋轉，工作腔中的油液被帶入左側壓油區，這時，由於齒輪的兩個輪齒逐漸進行嚙合，密封工作腔容積不斷減小，壓力增高，油便通過壓油口被擠壓出去。從圖 3.5 中可見，吸油區和壓油區是通過

相互嚙合的輪齒和泵體隔開的。

3.2.2　外嚙合齒輪泵的流量計算

外嚙合齒輪泵的排量就是齒輪每轉一轉齒間工作腔從吸油區帶入壓油區的油液的容積的總和，其精確的計算要根據齒輪的嚙合原理來進行，計算過程比較複雜。一般情況下用近似計算來考慮，認爲齒間槽的容積近似於齒輪輪齒的體積。因此，設齒輪齒數爲 z，節圓直徑爲 D，齒高爲 h，模數爲 m，齒寬爲 b，泵的排量近似計算公式爲：

$$V = \pi D h b = 2 \pi z m^2 b \tag{3.7}$$

但實際上，泵的齒間槽的容積要大於輪齒的體積，所以，將 2π 修正爲 6.66。齒輪泵的流量通常計算爲：

$$q = nV = 6.66 z m^2 n b \tag{3.8}$$

式(3.8) 計算的只是齒輪泵的平均流量，實際上齒輪嚙合過程中瞬時流量是脈動的（這是因爲壓油腔容積變化率是不均勻的）。設最大流量和最小流量爲 q_{max}、q_{min}，則流量脈動率爲：

$$\sigma = \frac{q_{max} - q_{min}}{q} \tag{3.9}$$

在齒輪泵中，外嚙合齒輪泵的流量脈動率要高於內嚙合齒輪泵，並且隨着齒數的減少而增大，最高可達 20％以上。液壓泵的流量脈動對泵的正常使用有較大影響，它會引起液壓系統的壓力脈動，從而使管道、閥等元件產生振動和雜訊，同時，也影響工作部件的運動平穩性，特別是對精密機床的液壓傳動系統更爲不利。因此，在使用時要特別注意。

3.2.3　齒輪泵結構中存在的問題及解決措施

(1) 泄漏問題

前面講過，液壓泵在工作中其實際輸出流量比理論流量要小，主要原因是泄漏。齒輪泵從高壓腔到低壓腔的油液泄漏主要通過三個管道：一是通過齒輪兩側面與兩面側蓋板之間的間隙；二是通過齒輪頂圓與泵體內孔之間的徑向間隙；三是通過齒輪嚙合處的間隙。其中，第一種間隙爲主要泄漏管道，大約占泵總泄漏量的 75％～85％。正是由於這個原因，使得齒輪泵的輸出壓力上不去，影響了齒輪泵的使用範圍。所以，要解決齒輪泵輸出壓力低的問題，就要從解決端面泄漏入手。一些廠家採用在齒輪兩側面加浮動軸套或彈性擋板，將齒輪泵輸出的壓力油引到浮動軸套或彈性擋板外部，增加對齒輪側面的壓力，以減小齒側間隙，達到減少泄漏的目的，目前不少廠家生產的高壓齒輪泵都是採用這種措施。

（2）徑向不平衡力的問題

在齒輪泵中，作用於齒輪外圓上的壓力是不相等的，在吸油腔中壓力最低，而在壓油腔中壓力最高，在整個齒輪外圓與泵體內孔的間隙中，壓力是不均勻的，存在着壓力的逐漸升級，因此，對齒輪的輪軸及軸承產生了一個徑向不平衡力。這個徑向不平衡力不僅加速了軸承的磨損，影響了它的使用壽命，還可能使齒輪軸變形，造成齒頂與泵體內孔的摩擦，損壞泵體，使得泵不能正常工作。解決的辦法一種是可以開壓力平衡槽，將高壓油引到低壓區，但這會造成泄漏增加，影響容積效率；另一種是採用縮小壓油腔的辦法，使作用於輪齒上的壓力區域減小，從而減小徑向不平衡力。

（3）困油問題

爲了使齒輪泵能夠平穩地運轉及連續均勻地供油，在設計上就要保證齒輪嚙合的重疊係數大於 1（$\varepsilon > 1$），也就是說，齒輪泵在工作時，在嚙合區有兩對齒輪同時嚙合，形成封閉的容腔，如果此時既不與吸油腔相通，又不與壓油腔相通，便使油液困在其中，如圖 3.6 所示。齒輪泵在運轉中，封閉腔的容積不斷地變化，當封閉腔容積變小時，油液受到很高的壓力，從各處縫隙擠壓出去，造成油液發熱，並使機件承受額外負載。而當封閉腔容積增大時，又會造成局部真空，使油液中溶解的氣體分離出來，並使油液本身汽化，加劇流量不均勻，兩者都會造成強烈的振動與雜訊，降低泵的容積效率，影響泵的使用壽命，這就是齒輪泵困油現象。

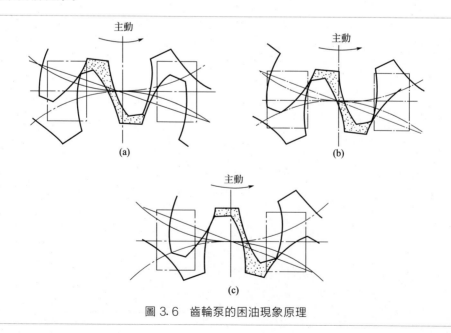

圖 3.6　齒輪泵的困油現象原理

解決這一問題的方法是在兩側端蓋各銑兩個卸荷槽，如圖 3.6 中的雙點劃線所示。兩個卸荷槽間的距離應保證困油空間在達到最小位置以前與壓力油腔連通，通過最小位置後與吸油腔連通，同時又要保證任何時候吸油腔與壓油腔之間不能連通，以避免泄漏，降低容積效率。

3.2.4　內嚙合齒輪泵

內嚙合齒輪泵一般又分爲擺線齒輪泵（轉子泵）和漸開線齒輪泵兩種，如圖 3.7 所示，它們的工作原理和主要特點完全與外嚙合齒輪泵相同。

在漸開線內嚙合齒輪泵中，小齒輪是主動輪，它帶動內齒輪旋轉。在小齒輪與內齒輪之間要加一塊月牙形的隔離板，以便將吸油腔與壓油腔分開。在上半部，工作腔容積發生變化，進行吸油和壓油。在下半部，工作腔容積並不發生變化，只起過渡作用。圖 3.7 中所示 1、2 區域分別是吸油窗口與壓油窗口。

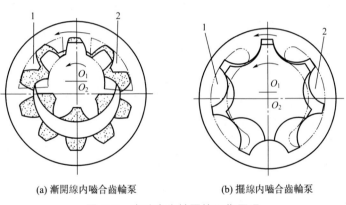

(a) 漸開線內嚙合齒輪泵　　　　　(b) 擺線內嚙合齒輪泵

圖 3.7　內嚙合齒輪泵的工作原理

1—吸油窗口；2—壓油窗口

在擺線內嚙合齒輪泵中，小齒輪比內齒輪少一個齒，小齒輪與內齒輪的齒廓由一對共軛曲線組成，常用的是共軛擺線，它能保證小齒輪的齒頂在工作時不脫離內齒輪的齒廓，以保證形成封閉的工作腔。如圖 3.7 所示，這種泵在工作時，工作腔在左半區（與吸油窗口 1 接觸）容積增大，爲吸油區；而在右半區（與壓油窗口 2 接觸）工作腔容積減小，爲壓油區。

3.2.5　齒輪泵的優缺點

外嚙合齒輪泵的優點是結構簡單、重量輕、尺寸小、製造容易、成本低、工作可靠、維護方便、自吸能力強、對油液的污染不敏感，可廣泛用於壓力要求不

高的場合，如磨床、珩磨機等中低壓機床中；它的缺點是漏油較多，軸承上承受不平衡力，磨損嚴重，壓力脈動和雜訊較大。

　　内嚙合齒輪泵的優點是：結構緊湊、尺寸小、重量輕，由於内外齒輪轉向相同、相對滑移速度小，因而磨損小、壽命長，其流量脈動率和雜訊都比外嚙合齒輪泵要小得多。

　　内嚙合齒輪泵的缺點是：齒形複雜，加工精度要求高，因而造價高。

3.3　葉片泵

　　葉片泵也是一種常見的液壓泵。根據結構來分，葉片泵有單作用式和雙作用式兩種。單作用式葉片泵又稱非平衡式泵，一般爲變量泵；雙作用式葉片泵也稱平衡式泵，一般是定量泵。

3.3.1　雙作用式葉片泵

（1）工作原理

　　圖3.8所示雙作用式葉片泵是由定子6、轉子3、葉片4、配流盤和泵體1組成的，轉子與定子同心安裝，定子的内曲線是由兩段長半徑圓弧、兩段短半徑圓弧及四段過渡曲線所組成的，共有八段曲線。如圖3.8所示，轉子作順時針旋

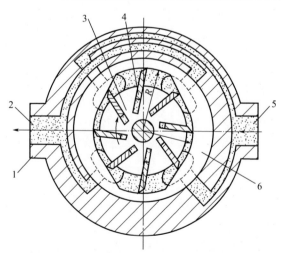

圖3.8　雙作用式葉片泵的工作原理

1—泵體；2—壓油口；3—轉子；4—葉片；5—吸油口；6—定子

轉，葉片在離心力作用下徑向伸出，其頂部在定子內曲線上滑動。此時，由兩葉片、轉子外圓、定子內曲線及兩側配油盤所組成的封閉的工作腔的容積在不斷地變化，在經過右上角及左下角的配油窗口處時，葉片回縮，工作腔容積變小，油液通過壓油窗口輸出；在經過右下角及左上角的配油窗口處時，葉片伸出，工作腔容積增加，油液通過吸油窗口吸入。在每個吸油口與壓油口之間，有一段封油區，對應於定子內曲線的四段圓弧處。

雙作用式葉片泵每轉一轉，每個工作腔完成吸油兩次和壓油兩次，所以稱其為雙作用式葉片泵，又因為泵的兩個吸油窗口與兩個壓油窗口是徑向對稱的，作用於轉子上的液壓力是平衡的，所以又稱為平衡式葉片泵。

定子曲線是影響雙作用式葉片泵性能的一個關鍵因素，它將影響葉片泵的流量均勻性、雜訊、磨損等問題。定子曲線的選擇主要考慮葉片在徑向移動時的速度和加速度應當均勻變化，避免徑向速度有突變，使得加速度無限大，引起剛性衝擊；同時又要保證葉片在做徑向運動時，葉片頂部與定子內曲線表面不應產生脫空現象。目前，常用的定子曲線有等加速-等減速曲線、高次曲線和餘弦曲線等。

葉片泵在葉片數 Z 確定後，由每兩個葉片所夾的工作腔所占的工作空間角度隨之確定（$360°/Z$），該角度所占區域應在配流盤上吸油口與壓油口之間（封油區內），否則會造成吸油口與壓油口相通；而定子曲線中四段圓弧所占的工作角度應大於封油區所對應的角度，否則會產生困油現象。

（2）流量計算

雙作用式葉片泵的排量計算是將工作腔最大時（相對應長半徑圓弧處）的容積減去工作腔最小時（相對應短半徑圓弧處）的容積，再乘以工作腔數的 2 倍。考慮到葉片在工作時所占的厚度，實際上雙作用式葉片泵的流量可用式(3.10)計算：

$$q = 2B\left[\pi(R^2 - r^2) - \frac{(R-r)bZ}{\cos\theta}\right]n\eta_v \qquad (3.10)$$

式中　R——定子曲線圓弧的長半徑；

　　　r——定子曲線圓弧的短半徑；

　　　n——葉片泵的轉速；

　　　Z——葉片數；

　　　B——葉片的寬度；

　　　b——葉片的厚度；

　　　θ——葉片的傾角（考慮到減小葉片頂部與定子曲線接觸點的壓力角，葉片朝旋轉方向傾斜一個角度，一般 $\theta = 10°\sim14°$）。

在雙作用式葉片泵中，由於葉片有厚度，其瞬時流量是不均勻的，再考慮工

作腔進入壓油區時產生的壓力衝擊使油液被壓縮（這個問題可以通過在壓油窗口開設一個三角溝槽來緩解），因此，雙作用式葉片泵的流量出現微小的脈動，實驗證明，在葉片數爲 4 的倍數時，流量脈動率最小，所以，雙作用式葉片泵的葉片數一般爲 12 或 16 片。

（3）雙作用式葉片泵提高壓力的措施

在雙作用式葉片泵中，爲了保證葉片和定子內表面緊密接觸，一般都採取將葉片根部通入壓力油的方法來增加壓力。但這也帶來一個另外的問題，就是壓力使得葉片受力增加，加速了葉片泵定子內表面的磨損，影響了葉片泵的壽命，特別是對於高壓葉片泵更加嚴重。爲減小作用於葉片上的液壓力，常用以下措施：

① 減小作用於葉片根部的油液壓力。可以在泵的壓油腔到葉片根部之間加一個阻尼孔或安裝一個減壓閥，以降低進入葉片根部的油液壓力。

② 減小葉片根部的受壓面積。可以採用如圖 3.9(a) 所示的子母葉片，大葉片（母葉片）套在小葉片（子葉片）上可沿徑向自由伸縮，兩葉片中間的油室 a 通過油道 b、c 始終與壓油腔相通，而小葉片根部通過油道 d 時與工作腔相通，母葉片只是受油室 a 中的油液壓力而壓向定子表面，由於減小了葉片的承壓寬度，因此減小了葉片上的受力；還可以採用如圖 3.9(b) 所示的階梯葉片，同子母葉片一樣，這種葉片中部的孔與壓油腔始終相通，而葉片根部始終與工作腔相通，由於結構上是階梯形的，因此減小了葉片的承壓厚度，從而減小了葉片上所受的力。

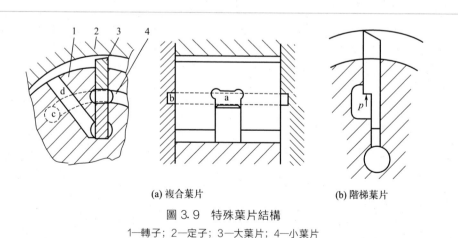

(a) 複合葉片　　　　　　　　　　(b) 階梯葉片

圖 3.9　特殊葉片結構

1—轉子；2—定子；3—大葉片；4—小葉片

③ 採用雙葉片結構，如圖 3.10 所示。這種葉片的特點是：在轉子的每一個槽中安裝有一對葉片，它們之間可以相對自由滑動，但在與定子接觸的位置每個葉片只是外部一點接觸，形成了一個封閉的 V 形儲油空間，壓力油通過兩葉片

中間的通孔進入葉片頂部，保證了在泵工作時使葉片上下的壓力相等，從而減小了葉片所受的力。

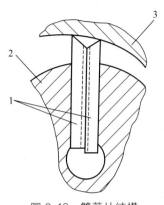

圖 3.10　雙葉片結構
1—葉片；2—轉子；3—定子

3.3.2　單作用式葉片泵

（1）工作原理

　　單作用式葉片泵的工作原理如圖 3.11 所示。泵的組成也是由轉子 1、定子 2、葉片 3、配流盤和泵體組成的。但是，單作用式葉片泵與雙作用式葉片泵的最大不同在於：單作用式葉片泵的定子內曲線是圓形的，定子與轉子的安裝是離心的。正是由於存在着離心，因此由葉片、轉子、定子和配油盤形成的封閉工作腔在轉子旋轉工作時才會出現容積的變化。如圖 3.11 所示轉子逆時針旋轉時，當工作腔從最下端向上通過右邊區域時，容積由小變大，產生真空，通過配流窗口將油吸入工作腔；而當工作腔從最上端向下通過左邊區域時，容積由大變小，油液受壓，從左邊的配流窗口進入系統中去。在吸油窗口和壓油窗口之間，有一段封油區，將吸油腔和壓油腔隔開。

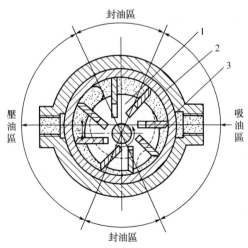

圖 3.11　單作用式葉片泵工作原理
1—轉子；2—定子；3—葉片

　　由此可見，這種泵轉子每轉一轉，吸油、壓油各一次，因此稱爲單作用式葉

片泵。這種泵的吸油窗口和壓油窗口各一個，因此存在着徑向不平衡力，所以又稱非平衡式液壓泵。

單作用葉片泵通過改變轉子和定子之間的離心距就可以改變泵的排量，因此來改變泵的流量。離心距的改變可以是人工的，也可以是自動調節的。常見的變量葉片泵是自動調節的，自動調節的變量葉片泵又可分爲限壓式和穩流量式等。下面僅介紹限壓式變量葉片泵。

（2）限壓式變量泵

限壓式變量泵分爲内反饋式和外反饋式兩種。内反饋式主要是利用單作用式葉片泵所受的徑向不平衡力來進行壓力反饋，從而改變轉子與定子之間的離心距，以達到調節流量的目的；外反饋式主要利用泵輸出的壓力油從外部來控制定子的移動，以達到改變離心、調節流量的目的。這裏只介紹外反饋限壓式變量泵。

圖 3.12 所示是外反饋限壓式變量葉片泵的工作原理。圖中所示轉子 1 是固定不動的，定子 3 可以左右移動。在定子左邊安裝有彈簧 2，在右邊安裝有一個柱塞油缸，它與泵的輸出油路相連。在泵的兩側面有兩個配流盤，其配流窗口上下對稱，當泵以圖示的逆時針旋轉時，在上半部工作腔的容積由大到小，爲壓油區；而在下半部，工作腔的容積由小到大，爲吸油區。

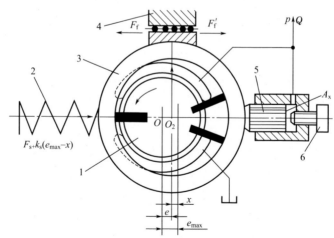

圖 3.12　外反饋限壓式變量葉片泵工作原理圖

1—轉子；2—彈簧；3—定子；4—滑動支撑；5—柱塞；6—調節螺釘

泵開始工作時，在彈簧力 F_s 的作用下定子處於最右端，此時離心距 e 最大，泵的輸出流量也最大。調節螺釘 6 用以調節定子能夠達到的最大離心位置，也就是由它來決定泵在本次調節中的最大流量爲多少。當液壓泵開始工作後，其

輸出壓力升高，通過油路返回到柱塞油缸的油液壓力也隨之升高，在作用於柱塞上的液壓力小於彈簧力時，定子不動，泵處於最大流量；當作用於柱塞上的液壓力大於彈簧力後，定子的平衡被打破，定子開始向左移動，於是定子與轉子間的離心距開始減小，從而泵輸出的流量開始減少，直至離心距爲零，此時，泵輸出流量也爲零，不管外負載再如何增大，泵的輸出壓力也不會再增高了。因此，這種泵被稱爲限壓式變量泵。圖 3.13 爲 YBX 型外反饋限壓式變量泵的實際結構圖。

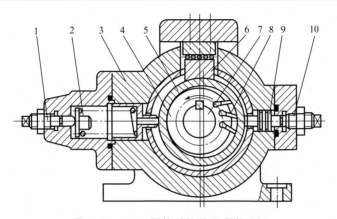

圖 3.13　YBX 型外反饋限壓式變量泵

1—調節螺釘；2—彈簧；3—泵體；4—轉子；5—定子；6—滑塊；

7—泵軸；8—葉片；9—柱塞；10—最大離心調節螺釘

如圖 3.14 所示，限壓式變量泵工作時的壓力-流量特性曲線分爲兩段。第一段 AB 是在泵的輸出油液作用於活塞上的力還沒有達到彈簧的預壓緊力時，定子不動，此時，對泵的流量的影響只是隨壓力增加而泄漏量增加，相當於定量泵。第二段 BC 出現在泵輸出油液作用於活塞上的力大於彈簧的預壓緊力後，轉子與定子的離心改變，泵輸出的流量隨着壓力的升高而降低；當泵的工作壓力接近於曲線上的 C 點時，泵的流量已很小，這時，壓力已較高，泄漏也較多，當泵的輸出流量完全用於補償泄漏時，泵實際向外輸

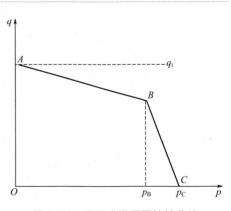

圖 3.14　限壓式變量泵特性曲線

出的流量已爲零。

　　調節圖 3.13 中所示的最大離心調節螺釘 10，即可以改變泵的最大流量，這時曲線 AB 段上下平移；通過調節螺釘 1，即可調整彈簧預壓緊力 F_s 的大小，這時曲線 BC 段左右平移；如果改變調節彈簧的剛度，則可以改變曲線 BC 段的斜率。

　　從上面討論可以看出，限壓式變量泵特別適用於工作機構有快、慢速進給要求的情況，例如組合機床的動力滑臺等。此時，當需要有一個快速進給運動時，所需流量最大，正好應用曲線的 AB 段；當轉爲工作進給時，負載較大，速度不高，所需的流量也較小，正好應用曲線的 BC 段。這樣，可以節省功率損耗，減少油液發熱，與其他迴路相比較，簡化了液壓系統。

3.3.3　雙聯葉片泵

(1) 雙級葉片泵

　　爲得到更高的壓力，可以採用兩個普通壓力的單級葉片泵裝在一個泵體內，由油路的串聯而組成如圖 3.15 所示的雙級葉片泵。在這種泵中，兩個單級葉片泵的轉子裝在同一根傳動軸上，隨着傳動軸一起旋轉，第一級泵經吸油管直接從油箱中吸油，輸出的油液就送到第二級泵的吸油口，第二級泵的輸出油液經管路送到工作系統。設第一級泵輸出的油液壓力爲 p_1，第二級泵輸出的壓力爲 p_2，該泵正常工作時，應使 $p_1 = 0.5 p_2$。爲了使在泵體內的兩個泵的載荷平衡，在兩泵中間裝有載荷平衡閥，其面積比爲 1：2，工作時，當第一級泵的流量大於第二級泵時，油壓 p_1 就會增加，推動平衡閥左移，第一級泵輸出的多餘的油液就會流回吸油口；同理，當第二級泵的流量大於第一級泵時，會使平衡閥右移，第二級泵輸出的多餘的油液流回第二級泵的吸油口。這樣，使兩個泵的載荷達到平衡。

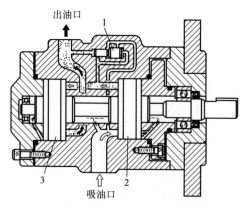

圖 3.15　雙級葉片泵系統

1—載荷平衡閥 (活塞面積比 1：2)；2, 3—葉片泵内部組件

（2）雙聯葉片泵

這種泵是將兩個相互獨立的泵並聯裝在一個泵體內，各自有自己的輸出油口，該泵適用於機床上需要不同流量的場合，其兩泵的流量可以相同，也可以不相同，這種泵常用於如圖 3.16 所示的雙泵系統中。

目前，不少的廠家已將由這種泵組成的雙泵系統及控制閥做成一體，其結構可參見圖 3.16，這種組合也稱爲複合泵。複合泵具有結構緊湊、迴路簡單等特點，可廣泛應用於機床等行業。

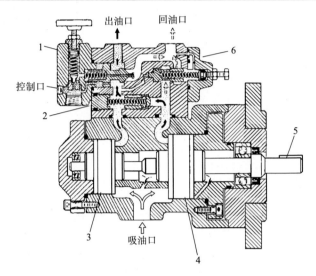

圖 3.16　採用複合泵的雙泵供油系統
1—溢流閥；2—單向閥；3—小流量泵組件；4—大流量泵組件；5—軸；6—卸荷閥

3.3.4　葉片泵的優缺點

葉片泵具有輸出流量均匀、運轉平穩、雜訊小等優點，特別適用於工作機械的中高壓系統中，因此，在機床、工程機械、船舶、壓鑄及冶金設備中得到廣泛的應用。但是，葉片泵的結構複雜，吸油特性不太好，對油液的污染也比較敏感。

3.4　柱塞泵

柱塞泵是依靠柱塞在缸體內作往復運動使泵內密封工作腔容積發生變化實現吸油和壓油的。柱塞泵一般分爲徑向柱塞泵和軸向柱塞泵。

3.4.1　徑向柱塞泵

（1）工作原理

徑向柱塞泵的工作原理見圖 3.17。徑向柱塞泵是由定子 4、轉子 2、配流軸 5、柱塞 1 及軸套 3 等組成的。柱塞 1 徑向排列安裝在轉子 2 中，轉子（缸體）由電動機帶動旋轉，柱塞靠離心力（或在低壓油的作用下）頂在定子的内壁上。由於轉子與定子是離心安裝的，因此，轉子旋轉時，柱塞即沿徑向裏外移動，使得工作腔容積發生變化。徑向柱塞泵是靠配流軸來配油的，軸中間分爲上下兩部分，中間隔開，若轉子順時針旋轉，則上部爲吸油區（柱塞向外伸出），下部爲壓油區，上下區域軸向各開有兩個油孔，上半部的 a、b 孔爲吸油孔，下半部的 c、d 孔爲壓油孔。軸套與工作腔對應開有油孔，安裝在配流軸與轉子中間。徑向柱塞泵每旋轉一轉，工作腔容積變化一次，完成吸油、壓油各一次。改變其離心率可使其輸出流量發生變化，成爲變量泵。

由於該泵上下各部分爲吸油區和壓油區，因此，泵在工作時受到徑向不平衡力作用。

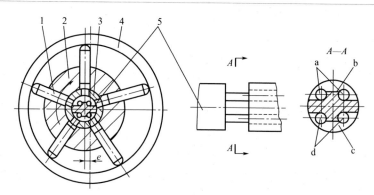

圖 3.17　徑向柱塞泵的工作原理
1—柱塞；2—轉子；3—軸套；4—定子；5—配流軸

（2）流量計算

柱塞泵的排量計算較爲精確，工作腔容積變化等於柱塞端面積乘以 2 倍離心距再乘以柱塞數，實際流量的計算公式如下：

$$q = \frac{\pi}{4}d^2 2ezn\eta_v = \frac{\pi}{2}d^2 ezn\eta_v \tag{3.11}$$

式中　e——轉子與定子間的離心距；

d——柱塞的直徑；

n——柱塞泵的轉速；

z——柱塞數。

由於徑向柱塞泵其柱塞在轉子中的徑向移動速度是變化的，而每個柱塞在同一瞬時的徑向移動速度不均勻，因此徑向柱塞泵的瞬時流量是脈動的。而奇數柱塞的脈動要比偶數柱塞的小得多，所以，徑向柱塞泵均採用奇數柱塞。

3.4.2 軸向柱塞泵

軸向柱塞泵可分爲斜盤式和斜軸式兩種，下面主要介紹斜盤式。

（1）工作原理

斜盤式軸向柱塞泵的工作原理見圖3.18。軸向柱塞泵是由轉軸1、斜盤2、柱塞3、轉子4、配流盤5等組成的。柱塞3軸向均勻排列安裝在轉子4同一半徑圓周處，轉子（缸體）由電動機帶動旋轉，柱塞靠機械裝置（如滑履）或在低壓油的作用下頂在斜盤上。當缸體旋轉時，柱塞即在軸向左右移動，使得工作腔容積發生變化。軸向柱塞泵是靠配流盤來配流的，配流盤上的配流窗口分爲左右兩部分，若缸體如圖3.18所示方向順時針旋轉，則圖中所示左邊配流窗口a爲吸油區（柱塞向左伸出，工作腔容積變大）；右邊配流窗口b爲壓油區（柱塞向右縮回，工作腔容積變小）。軸向柱塞泵每旋轉一轉，工作腔容積變化一次，完成吸油、壓油各一次。軸向柱塞泵是靠改變斜盤的傾角，從而改變每個柱塞的行程使得泵的排量發生變化的。

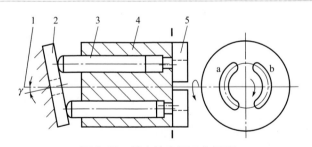

圖3.18 軸向柱塞泵工作原理

1—轉軸；2—斜盤；3—柱塞；4—轉子；5—配流盤

（2）流量計算

同徑向柱塞泵一樣，軸向柱塞泵的排量計算也是泵轉一轉每個工作腔容積變化的總和，實際流量的計算公式如下：

$$q = \frac{\pi}{4} d^2 D \tan\delta z n \eta_v \qquad (3.12)$$

式中　δ——斜盤的傾角；

　　　　D——柱塞的分佈圓直徑；

　　　　d——柱塞的直徑；

　　　　n——柱塞泵的轉速；

　　　　z——柱塞數。

　　以上計算的流量是泵的實際平均流量。實際上，由於該泵在工作時，其柱塞軸向移動的速度是不均勻的，它是隨着轉子旋轉的轉角而變化的，因此泵在某一瞬時的輸出流量也是隨轉子的旋轉而變化的。通過計算得出，柱塞數在奇數時，流量脈動率較小。因此，一般軸向柱塞泵的柱塞數選擇 7、9 等奇數。

　　(3) 斜盤式軸向柱塞泵結構特點

　　① 結構　圖 3.19 所示是一種國產的斜盤式軸向柱塞泵的結構。該泵是由主體部分（圖中右半部）和變量部分（圖中左半部）組成的。在主體部分中，傳動軸 9 通過花鍵軸帶動缸體 5 旋轉，使均勻分佈在缸體上的柱塞 4 繞傳動軸的軸線旋轉，由於每個柱塞的頭部通過滑履結構與斜盤連接，因此可以任意轉動而不脫

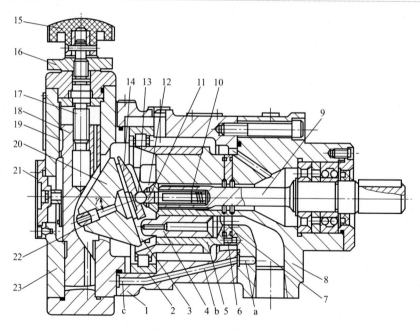

圖 3.19　斜盤式軸向柱塞泵結構圖

1—泵體；2—軸承；3—滑履；4—柱塞；5—缸體；6—銷；7—配流盤；8—前泵體；9—傳動軸；10—彈簧；11—內套；12—外套；13—鋼球；14—回程盤；15—手輪；16—螺母；17—螺桿；18—變量活塞；19—鍵；20—斜盤；21—刻度盤；22—銷軸；23—變量機構殼體

離斜盤（結構詳見圖 3.20）。隨着缸體的旋轉，柱塞在軸向往復運動，使密封工作腔的容積發生週期性的變化，通過配流盤完成吸油和壓油工作。在變量機構中，由斜盤 20 的角度來決定泵的排量，而泵的角度是通過旋轉手輪 15 使變量活塞 18 上下移動來調整的。可見這種泵的變量調節機構是手動的。

② 柱塞與斜盤的連接方式　在軸向柱塞泵中，由於柱塞是與傳動軸平行的，因此，柱塞在工作中必須依靠機械方式或低壓油的作用來保證使其與斜盤緊密接觸。目前，工程上常用滑履式結構。圖 3.20 所示爲一種滑履式結構。柱塞前面的球頭在斜盤的圓形溝槽中移動，每個柱塞缸中的壓力油可以經柱塞中間的孔進入滑履油室中，使滑履與斜

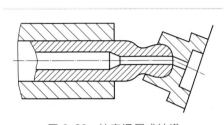

圖 3.20　柱塞滑履式結構

盤的溝槽間形成液體潤滑，如同靜壓軸承一樣。這種泵的工作壓力可達 32MPa 以上，它也可作爲液壓馬達使用。

③ 變量控制方式　由前所述，軸向柱塞泵如果斜盤固定，不能調整角度，則爲定量泵。可見，這種液壓泵的流量改變主要是通過改變斜盤的傾角來完成的，因此，在斜盤的結構設計中，就要考慮變量控制機構。變量控制機構按控制方式分爲手動控制、液壓控制、電氣控制、伺服控制等；按控制目的還可以分爲恆壓力控制、恆流量控制、恆功率控制等。

3.4.3　柱塞泵的優缺點

① 工作壓力高。由於柱塞泵的密封工作腔是柱塞在缸體內孔中往復移動得到的，其相對配合的柱塞外圓及缸體內孔加工精度容易保證，因此，其工作中泄漏較小，容積效率較高。

② 結構緊湊。特別是軸向柱塞泵其徑向尺寸小，轉動慣量也較小。不足的是它的軸向尺寸較大，軸向作用力也較大，結構較複雜。

③ 流量調節方便。只要改變柱塞行程便可改變液壓泵的流量，並且易於實現單向或雙向變量。

④ 柱塞泵特別適用於高壓、大流量和流量需要調節的場合，如工程機械、液壓機、重型機床等設備。

3.4.4　柱塞泵在海洋中的應用

柱塞泵在海洋 Argo 浮標中有應用，Argo 浮標的高壓油路和氣路系統如

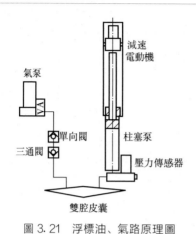

圖3.21 浮標油、氣路原理圖

圖3.21所示，油路其實很簡單，柱塞泵直通皮囊。皮囊在浮標殼體之外，處在海水包圍中，因此它所受到的外壓直接反映了海洋深度。氣囊中所充的氣體是浮標殼體內抽真空所剩餘的殘留氣，氣路中需要用單向閥和三通閥實現氣囊與殼體內空間在特定位置處接通與關閉。

高壓柱塞泵的動力來自一臺微型直流電動機；通過高減速比的微型減速器將電動機轉速降低並輸出較大的轉矩，使滾珠絲杠旋轉帶動活塞水平移動，使活塞足以推動因20MPa深海壓力產生的1600N的阻力。

3.5 螺桿泵

螺桿泵實際上是一種外嚙合的擺線齒輪泵，因此，它具有齒輪泵的許多特性。如圖3.22所示是一種三螺桿的螺桿泵，它是由三個相互嚙合的雙頭螺桿裝在泵體中構成的。中間的為主動螺桿，是凸螺桿；兩邊的為從動螺桿，是凹螺桿。從橫截面來看，它們的齒廓是由幾對共軛曲線組成的，螺桿的嚙合線將主動螺桿和從動螺桿的螺旋槽分割成多個相互隔離的密封工作腔。當電動機帶動主動螺桿旋轉時，這些密封的工作腔不斷地在左端形成，並從左向右移動，在右端消失。在密封工作腔形成時，其容積增大，進行吸油；而在消失過程中，容積減小，將油壓出。這種泵的排量取決於螺桿直徑及螺旋槽的深度。同時，螺桿越長，其密封就越好，泵的額定壓力就會越高。

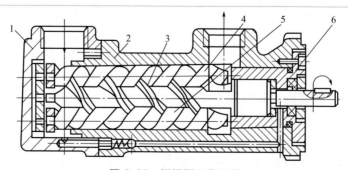

圖3.22 螺桿泵工作原理

1—後蓋；2—泵體；3—主動螺桿；4,5—從動螺桿；6—前蓋

螺桿泵除了具有齒輪泵的結構簡單、緊湊、體積小、重量輕、對油液污染不敏感等優點外，還具有運轉平穩、雜訊小、容積效率高的優點。螺桿泵的缺點是螺桿形狀複雜、加工困難、精度不易保證。

3.6 液壓馬達簡介

液壓馬達是一種液壓執行機構，它將液壓系統的壓力能轉化爲機械能，以旋轉的形式輸出轉矩和角速度[5]。

3.6.1 液壓馬達的分類

類似於液壓泵，液壓馬達按其結構分爲齒輪馬達、葉片馬達及柱塞馬達；按其輸入的油液的流量能否變化可以分爲變量液壓馬達及定量液壓馬達。

3.6.2 液壓馬達的工作原理

從理論上講，液壓泵與液壓馬達是可逆的。也就是説，液壓泵也可作液壓馬達使用。但由於各種泵的結構不一樣，如果想當馬達使用，在有些泵的結構上還需要做一些改進才行。

齒輪泵作爲液壓馬達使用時，要注意進出油口尺寸要一致，只要在進油口中通入壓力油，壓力油作用於齒輪漸開線齒廓上的力就會產生一個轉矩，使得齒輪軸轉動。

葉片泵的工作是在離心力作用下使葉片緊貼定子內曲線上形成密封的工作腔而工作的，因此，葉片泵作爲液壓馬達要採取在葉片根部加彈簧等措施。否則，開始時，泵處於靜止狀態，沒有離心力就無法形成工作腔，馬達就不能工作。這種馬達主要是靠壓力油作用於工作腔內（雙作用式葉片泵在過渡曲線段區域內）的兩個不同接觸面積葉片上的力不平衡而產生轉矩，使得馬達旋轉的。

柱塞泵作爲柱塞馬達可以使結構簡化，特別是軸向柱塞泵，在結構上可以簡化滑履結構。如圖 3.23 所示的軸向柱塞馬達，當通過配油窗口進入柱塞上的壓力油在柱塞的軸向產生一個力時，在柱塞與斜盤的接觸點上，斜盤會對柱塞產生支反力，由於柱塞位於斜盤的不同位置（除去最上和最下位置的柱塞），這個力會分解爲幾個分力，其中，沿圓周方向的分力會產生一個轉矩，使得馬達旋轉。

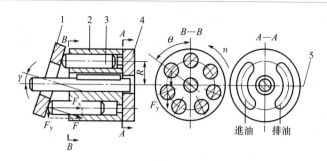

圖 3.23　軸向柱塞馬達
1—斜盤；2—轉子；3—柱塞；4—配油盤；5—轉軸

3.6.3　液壓馬達的主要性能參數

液壓馬達是一種將油液的壓力能轉化爲機械能的能量轉換裝置。

（1）液壓馬達的壓力

① 工作壓力（工作壓差）：是指液壓馬達在實際工作時的輸入壓力。馬達的入口壓力與出口壓力的差值爲馬達的工作壓差，一般在馬達出口直接回油箱的情況下，近似認爲馬達的工作壓力就是馬達的工作壓差。

② 額定壓力：是指液壓馬達在正常工作狀態下，按實驗標準連續使用中允許達到的最高壓力。

（2）液壓馬達的排量

液壓馬達的排量是指馬達在沒有泄漏的情況下每轉一轉所需輸入的油液的體積。它是通過液壓馬達工作容積的幾何尺寸變化計算得出的。

（3）液壓馬達的流量

液壓馬達的流量分爲理論流量、實際流量。

① 理論流量是指馬達在沒有泄漏的情況下單位時間內其密封容積變化所需輸入的油液的體積，可見，它等於馬達的排量和轉速的乘積。

② 實際流量是指馬達在單位時間內實際輸入的油液的體積。

由於存在着油液的泄漏，馬達的實際輸入流量大於理論流量。

（4）功率

① 輸入功率　液壓馬達的輸入功率就是驅動馬達運動的液壓功率，它等於液壓馬達的輸入壓力乘以輸入流量：

$$P_i = \Delta p q \,(\text{W})$$ (3.13)

② 輸出功率　液壓馬達的輸出功率就是馬達帶動外負載所需的機械功率，

它等於馬達的輸出轉矩乘以角速度：

$$P_o = T\omega \, (\mathrm{W}) \tag{3.14}$$

（5）效率

① 液壓馬達的容積效率是理論流量與實際輸入流量的比值：

$$\eta_{mv} = \frac{q_t}{q} = \frac{q - \Delta q}{q} = 1 - \frac{\Delta q}{q} \tag{3.15}$$

② 液壓馬達的機械效率可表示爲：

$$\eta_{mm} = \frac{T}{T_t} = \frac{T}{T + \Delta T} \tag{3.16}$$

液壓馬達的總效率：

$$\eta_m = \eta_{mv} \eta_{mm} \tag{3.17}$$

（6）轉矩和轉速

對於液壓馬達的參數計算，常常是要計算馬達能夠驅動的負載及輸出的轉速爲多少。由前面計算可推出，液壓馬達的輸出轉矩爲：

$$T = \frac{\Delta p V}{2\pi} \eta_{mm} \tag{3.18}$$

馬達的輸出轉速爲：

$$n = \frac{q \eta_{mv}}{V} \tag{3.19}$$

3.6.4　液壓馬達的圖形和符號

液壓馬達的圖形符號與液壓泵的類似（圖 3.24），但要注意，液壓馬達是輸入液壓油。

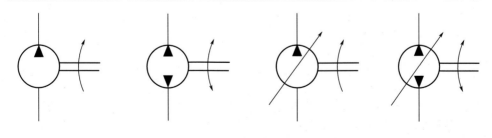

(a) 定量液壓馬達　　(b) 雙向定量液壓馬達　　(c) 單向變量液壓馬達　　(d) 雙向變量液壓馬達

圖 3.24　液壓馬達的圖形符號

3.7 液壓泵的性能比較及應用

液壓泵是海洋液壓系統的核心部件，設計一個液壓系統時選擇泵是一個非常關鍵的步驟。

首先，選擇液壓泵一定要瞭解各種液壓泵的性能特點，根據本章的介紹我們將各種常用液壓泵的技術性能及應用範圍列出如表 3.1 所示。

表 3.1 液壓泵的性能比較及應用場合

特性及應用場合＼泵類型	齒輪泵			葉片泵		柱塞泵			螺桿泵
	內嚙合		外嚙合	雙作用	單作用	軸向		徑向	
	漸開線	擺線				斜軸式	斜盤式		
壓力範圍	低壓	低壓	低壓	中壓	中壓	高壓	高壓	高壓	低壓
排量調節	不能	不能	不能	不能	能	能	能	能	不能
輸出流量脈動	小	小	很大	很小	一般	一般	一般	一般	最小
自吸特性	好	好	好	較差	較差	差	差	差	好
對油的污染敏感性	不敏感	不敏感	不敏感	較敏感	較敏感	很敏感	很敏感	很敏感	不敏感
雜訊	小	小	大	小	較大	大	大	大	最小
價格	較低	低	最低	較低	一般	高	高	高	高
功率重量比	一般	一般	一般	一般	小	一般	大	小	小
效率	較高	較高	低	較高	較高	高	高	高	較高
應用場合	機床、農業機械、工程機械、航空、船舶、一般機械的潤滑系統等			機床、工程機械、液壓機、起重機、飛機等		工程機械、運輸機械、鍛壓機械、農業機械、飛機等			精密機床、食品、化工、石油、紡織等

其次，在選擇液壓泵時，主要考慮在滿足海洋系統使用要求的前提下，決定其價格、質量、維護、外觀等方面的需求。一般情況下，在功率較小的條件下，可選用齒輪泵和雙作用式葉片泵等，齒輪泵也常用於污染較大的地方；若有平穩性要求、精度較高的設備，可選用螺桿泵和雙作用式葉片泵；在負載較大、且速度變化較大的條件下（如海洋組合機械等），可選擇限壓式變量泵；在功率、負載較大的條件下（如深海高壓機械、運輸鍛壓機械），可選用柱塞泵。

第4章

液壓缸

在液壓系統中，液壓缸屬於執行裝置，用以將液壓能轉變成往復運動的機械能。由於工作機的運動速度、運動行程與負載大小、負載變化的種類繁多，液壓缸的規格和種類也呈現出多樣性。凡需要產生巨大推力以完成確定工作任務或作用力雖然不大但要求運動比較精確和複雜的，往往都採用液壓缸。諸如自升式石油鑽井平臺的液壓缸升降裝置，自升式、半潛式或鑽井平臺液壓缸式起重機，深海和海底的推土機、液壓挖掘機液壓缸，海底地質取樣鑽機的豎井架液壓缸、井口鉗液壓缸、進給和提升液壓缸，海洋石油鑽井的液壓防噴器、連接器、各種運動補償器液壓缸，機械手和人工智能機液壓缸等，凡是需要實現機械化、自動化的場合，往往都與液壓缸的使用分不開[6]。

本章將在 4.1 節系統介紹液壓缸的種類及各自的特點；由於海洋裝備中液壓缸需適應複雜的深海環境，如較高的環境壓力與防泄漏，具有獨有的特點，本章將在 4.2 節進行介紹；4.3 節介紹液壓缸的設計與計算。

4.1 液壓缸種類和特點

液壓缸的種類繁多，分類方法亦有多種。可以根據液壓缸的結構形式、支承形式、額定壓力、使用的工作油以及作用的不同進行分類。

液壓缸按基本結構形式可分爲活塞缸（單桿活塞缸和雙桿活塞缸）、柱塞缸和擺動缸（單葉片式、雙葉片式）。其按作用方式可分爲單作用缸和雙作用缸兩種：單作用缸是缸一個方向的運動靠液壓油驅動，反向運動必須靠外力（如彈簧力或重力）來實現；雙作用缸是缸兩個方向的運動均靠液壓油驅動。其按缸的特殊用途可分爲串聯缸、增壓缸、增速缸、步進缸和伸縮套筒缸等。此類缸都不是一個單純的缸筒，而是和其他缸筒和構件組合而成的，所以從結構的觀點看，這類缸又叫組合缸。

4.1.1 活塞缸

1）雙作用雙桿缸

圖 4.1 所示爲雙作用雙桿缸的工作原理。在活塞的兩側均有桿伸出，兩腔有

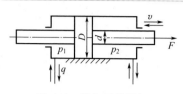

圖 4.1　雙作用雙桿缸

效面積相等。

（1）往復運動的速度（供油流量相同）

$$v = \frac{q\eta_v}{A} = \frac{4q\eta_v}{\pi(D^2 - d^2)} \tag{4.1}$$

（2）往復出力（供油壓力相同）

$$F = A(p_1 - p_2)\eta_m = \frac{\pi}{4}(D^2 - d^2)(p_1 - p_2)\eta_m \tag{4.2}$$

式中　q——缸的輸入流量；

　　　A——活塞有效作用面積；

　　　D——活塞直徑（缸筒內徑）；

　　　d——活塞桿直徑；

　　　p_1——缸的進口壓力；

　　　p_2——缸的出口壓力；

　　　η_v——缸的容積效率；

　　　η_m——缸的機械效率。

（3）特點

① 往復運動的速度和出力相等。

② 長度方向佔有的空間，當缸體固定時約爲缸體長度的三倍；當活塞桿固定時約爲缸體長度的兩倍。

2）雙作用單桿缸

圖 4.2 所示爲雙作用單桿缸的工作原理。其一端伸出活塞桿，兩腔有效面積不相等。

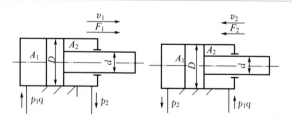

(a) 無杆腔進油　　　　(b) 有杆腔進油

圖 4.2　雙作用單桿缸

（1）往復運動的速度（供油流量相同）

$$v_1 = \frac{q\eta_v}{A_1} = \frac{q\eta_v}{\frac{\pi}{4}D^2} \tag{4.3}$$

$$v_2 = \frac{q\eta_v}{A_2} = \frac{q\eta_v}{\frac{\pi}{4}(D^2 - d^2)} \tag{4.4}$$

速比：

$$\varphi = \frac{v_2}{v_1} = \frac{D^2}{D^2 - d^2} \tag{4.5}$$

式中　q——缸的輸入流量；

A_1——無桿腔的活塞有效作用面積；

A_2——有桿腔的活塞有效作用面積；

D——活塞直徑（缸筒內徑）；

d——活塞桿直徑；

η_v——缸的容積效率。

（2）往復出力（供油壓力相同）

$$F_1 = (p_1 A_1 - p_2 A_2)\eta_m = \frac{\pi}{4}[p_1 D^2 - p_2(D^2 - d^2)]\eta_m \tag{4.6}$$

$$F_2 = (p_1 A_2 - p_2 A_1)\eta_m = \frac{\pi}{4}[p_1(D^2 - d^2) - p_2 D^2]\eta_m \tag{4.7}$$

式中　η_m——缸的機械效率；

p_1——缸的進口壓力；

p_2——缸的出口壓力。

（3）特點

① 往復運動的速度及出力均不相等；

② 長度方向佔有的空間大致為缸體長的兩倍；

③ 活塞桿外伸時受壓，要有足夠的剛度。

3) 差動連接缸

所謂的差動連接就是把單桿活塞缸的無桿腔和有桿腔連接在一起，同時通入高壓油，如圖 4.3 所示。由於無桿腔受力面積大於有桿腔受力面積，使得活塞所受向右的作用力大於向左的作用力，因此活塞桿作伸出運動，並將有桿腔的油液擠出，流進無桿腔。

（1）運動速度

$$q + vA_2 = vA_1$$

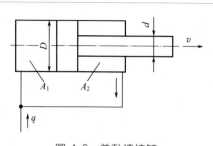

圖 4.3　差動連接缸

在考慮了缸的容積效率 η_v 後得：

$$v = \frac{q\eta_v}{A_1 - A_2} = \frac{4q\eta_v}{\pi d^2} \qquad (4.8)$$

(2) 出力

$$F = p(A_1 - A_2)\eta_m = \frac{\pi}{4}d^2 p\eta_m$$

$$(4.9)$$

(3) 特點

① 只能向一個方向運動，反向時必須斷開差動（通過控制閥來實現）。

② 速度快、出力小，用於增速、負載小的場合。

4.1.2　柱塞缸

所謂的柱塞缸就是缸筒內沒有活塞，只有一個柱塞，如圖 4.4(a) 所示。柱塞端面是承受油壓的工作面，動力通過柱塞本身傳遞；缸體內壁和柱塞不接觸，因此缸體內孔可以只作粗加工或不加工，簡化加工工藝；由於柱塞較粗，剛度強度足夠，因此適用於工作行程較長的場合；只能單方向運動，工作行程靠液壓驅動，回程靠其他外力或自重驅動，可以用兩個柱塞缸來實現雙向運動（往復運動），如圖 4.4(b) 所示。

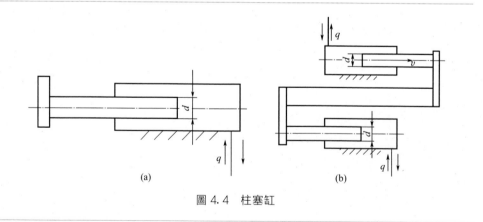

(a)　　　　　　　　　　　　(b)

圖 4.4　柱塞缸

柱塞缸的運動速度和出力分別為：

$$v = \frac{q\eta_v}{\frac{\pi}{4}d^2} \qquad (4.10)$$

$$F = p\, \frac{\pi}{4} d^2 \eta_{\mathrm{m}}$$ (4.11)

式中 d——柱塞直徑；

q——缸的輸入流量；

p——液體的工作壓力。

4.1.3 擺動缸

擺動缸是實現往復擺動的執行元件，輸入的是壓力和流量，輸出的是轉矩和角速度。它有單葉片式和雙葉片式兩種形式。

圖 4.5(a)、(b) 所示分別爲單葉片式擺動缸和雙葉片式擺動缸，它們的輸出轉矩和角速度分別爲：

$$T_{\text{單}} = \left(\frac{R_2 - R_1}{2} + R_1 \right)(R_2 - R_1)b(p_1 - p_2)\eta_{\mathrm{m}} = \frac{b}{2}(R_2^2 - R_1^2)(p_1 - p_2)\eta_{\mathrm{m}}$$ (4.12)

$$\omega_{\text{單}} = \frac{q\eta_{\mathrm{v}}}{(R_2 - R_1)b\left(\dfrac{R_2 - R_1}{2} + R_1 \right)} = \frac{2q\eta_{\mathrm{v}}}{b(R_2^2 - R_1^2)}$$ (4.13)

$$T_{\text{雙}} = 2T_{\text{單}} \qquad \omega_{\text{雙}} = \omega_{\text{單}}/2$$

式中 R_1——軸的半徑；

R_2——缸體的半徑；

p_1——進油的壓力；

p_2——回油的壓力；

b——葉片寬度。

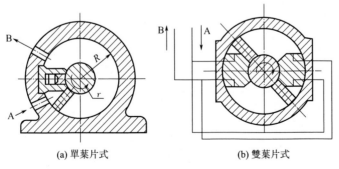

(a) 單葉片式　　　　(b) 雙葉片式

圖 4.5　擺動缸

單葉片的擺動角度爲 $300°$ 左右，雙葉片的擺動角度爲 $150°$ 左右。

4.1.4　其他形式的液壓缸

(1) 伸縮套筒缸

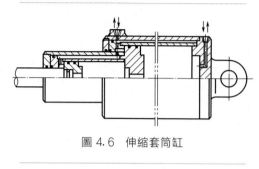

圖 4.6　伸縮套筒缸

伸縮套筒缸是由兩個或多個活塞式液壓缸套裝而成的，前一級活塞缸的活塞是後一級活塞缸的缸筒。該缸伸出時，由大到小逐級伸出（負載恆定時油壓逐級上升。負載如果由大到小變化可保證油壓恆定）；縮回時，由小到大逐級縮回，如圖 4.6 所示。這種缸的最大特點就是工作時行程長，停止工作時行程較短。各級缸的運動速度和出力可按活塞式液壓缸的有關公式計算。

伸縮套筒缸特別適用於工程機械和步進式輸送裝置上。

(2) 增壓缸

增壓缸又叫增壓器，如圖 4.7 所示。它是在同一個活塞桿的兩端接入兩個直徑不同的活塞，利用兩個活塞有效面積之差來使液壓系統中的局部區域獲得高壓的。具體工作過程是這樣的：在大活塞側輸入低壓油，根據力平衡原理，在小活塞側必獲得高壓油（有足夠負載的前提下）。即

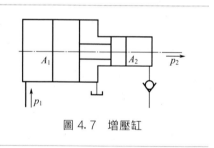

圖 4.7　增壓缸

$$p_1 A_1 = p_2 A_2$$

故：

$$p_2 = p_1 \frac{A_1}{A_2} = p_1 K \tag{4.14}$$

式中　p_1——輸入的低壓；

　　　p_2——輸出的高壓；

　　　A_1——大活塞的面積；

　　　A_2——小活塞的面積；

　　　K——增壓比，$K = A_1 / A_2$。

增壓缸不能直接驅動工作機構，只能向執行元件提供高壓，常與低壓大流量泵配合使用來節約設備的費用。

(3) 增速缸

圖 4.8 所示爲增速缸的工作原理。先從 a 口供油使活塞 2 以較快的速度右移，活塞 2 運動到某一位置後，再從 b 口供油，活塞以較慢的速度右移，同時輸出力也相應增大。增速缸常用於臥式壓力機上。

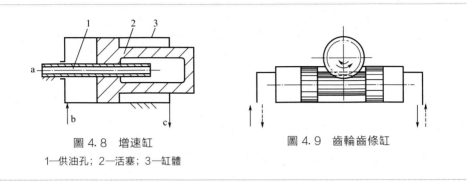

圖 4.8　增速缸
1—供油孔；2—活塞；3—缸體

圖 4.9　齒輪齒條缸

(4) 齒輪齒條缸

齒輪齒條缸由帶有齒條桿的雙活塞缸和齒輪齒條機構組成，如圖 4.9 所示。它將活塞的往復直線運動經齒輪齒條機構轉變爲齒輪軸的轉動，多用於回轉工作檯和組合機床的轉位、液壓機械手和裝載機鏟鬥的回轉等。

4.2　海洋液壓缸結構

在液壓缸中最具有代表性的結構就是雙作用單桿缸的結構，如圖 4.10 所示（此缸是工程機械中的常用缸）。下面就以這種缸爲例來講講液壓缸的結構。

液壓缸的結構基本上可以分爲缸筒及缸蓋組件、活塞與活塞桿組件、密封裝置、緩衝裝置和排氣裝置五個部分。

4.2.1　缸筒及缸蓋組件

(1) 連接形式

① 法蘭連接式，如圖 4.11(a) 所示。這種連接形式的特點是結構簡單、容易加工、裝拆；但外形尺寸和重量較大。

② 半環連接式，如圖 4.11(b) 所示。這種連接分爲外半環連接和內半環連接兩種形式［圖 4.11(b) 所示爲外半環連接］。這種連接形式的特點是容易加

工、裝拆，重量輕；但削弱了缸筒強度。

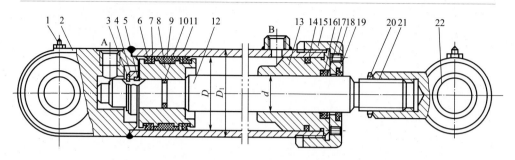

圖 4.10　雙作用單桿缸的結構

1—螺釘；2—缸底；3—彈簧卡圈；4—擋環；5—卡環（由兩個半圓圈組成）；6—密封圈；7, 17—擋圈；
8—活塞；9—支撐環；10—活塞與活塞桿之間的密封圈；11—缸筒；12—活塞桿；13—導向套；
14—導向套和缸筒之間的密封圈；15—端蓋；16—導向套和活塞桿之間的密封圈；
18—鎖緊螺釘；19—防塵圈；20—鎖緊螺母；21—耳環；22—耳環襯套圈

③ 螺紋連接式，如圖 4.11(c)、(f) 所示。這種連接有外螺紋連接和內螺紋連接兩種形式。這種連接形式的特點是外形尺寸和重量較小；但結構複雜，外徑加工時要求保證與內徑同心，裝拆要使用專用工具。

④ 拉桿連接式，如圖 4.11(d) 所示。這種連接的特點是結構簡單、工藝性好、通用性強、易於裝拆；但端蓋的體積和重量較大，拉桿受力後會拉伸變長，影響密封效果，僅適用於長度不大的中低壓缸。

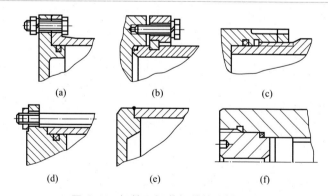

圖 4.11　缸筒和缸蓋組件的連接形式

⑤ 焊接式連接，如圖 4.11(e) 所示。這種連接形式只適用於缸底與缸筒間的連接。這種連接形式的特點是外形尺寸小、連接強度高、製造簡單；但焊後易使缸筒變形。

（2）密封形式

如圖 4.11 所示，缸筒與缸蓋間的密封屬於靜密封，主要的密封形式是採用 O 形密封圈密封。

（3）導向與防塵

對於缸前蓋還應考慮導向和防塵問題。導向的作用是保證活塞的運動不偏離軸線，以免產生「拉缸」現象，並保證活塞桿的密封件能正常工作（$\frac{H8}{f8}$ 間隙）。導向套是用鑄鐵、青銅、黃銅或尼龍等耐磨材料製成的，可與缸蓋做成整體或另外壓制。導向套不應太短，以保證受力良好，見圖 4.10 中的 13 號件。防塵就是防止灰塵被活塞桿帶入缸體內，造成液壓油的污染。通常是在缸蓋上裝一個防塵圈，見圖 4.10 中的 19 號件。

（4）缸筒與缸蓋的材料

缸筒：35 或 45 調質無縫鋼管；也有採用鍛鋼、鑄鋼或鑄鐵等材料的，在特殊情況下也有採用合金鋼的。

缸蓋：35 或 45 鍛件、鑄件、圓鋼或焊接件；也有採用球鐵或灰口鑄鐵的。

4.2.2 活塞與活塞桿組件

（1）連接形式

① 螺紋連接式，如圖 4.12(a) 所示。這種連接形式的特點是結構簡單，裝拆方便；但高壓時會鬆動，必須加防鬆裝置。

② 半環連接式，如圖 4.12(b) 所示。這種連接形式的特點是工作可靠；但結構複雜、裝拆不便。

③ 整體式和焊接式，適用於尺寸較小的場合。

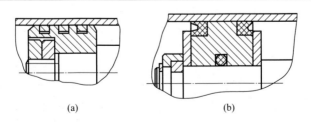

(a)   (b)

圖 4.12　活塞和活塞桿組件的連接形式

（2）密封形式

活塞與活塞桿間的密封屬於靜密封，通常採用 O 形密封圈來密封。

　　活塞與缸筒間的密封屬於動密封，既要封油，又要相對運動，對密封的要求較高，通常採用的形式有以下幾種。

　　① 圖 4.13(a) 所示爲間隙密封，它依靠運動件間的微小間隙來防止泄漏，爲了提高密封能力，常制出幾條環形槽，增加油液流動時的阻力。它的特點是結構簡單、摩擦阻力小、可耐高溫；但泄漏大、加工要求高、磨損後無法補償，用於尺寸較小、壓力較低、相對運動速度較高的情況下。

　　② 圖 4.13(b) 所示爲摩擦環密封，靠摩擦環支承相對運動，靠 O 形密封圈來密封。它的特點是密封效果較好，摩擦阻力較小且穩定，可耐高溫，磨損後能自動補償；但加工要求高，拆裝較不便。

　　③ 圖 4.13(c)、(d) 所示爲密封圈密封，它採用橡膠或塑膠的彈性使各種截面的環形圈貼緊在靜、動配合面之間來防止泄漏。它的特點是結構簡單，製造方便，磨損後能自動補償，性能可靠。

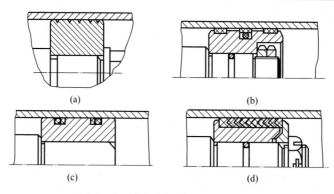

圖 4.13　活塞與缸筒間的密封形式

　　(3) 液壓缸、活塞、活塞桿的常用連接、密封結構和技術要求

　　① 液壓缸頭部與端蓋的連接和密封結構　液壓缸頭部與端蓋的連接結構有螺紋連接、法蘭連接、半環連接、嵌絲連接、拉桿連接以及焊接等幾種。其密封方式大都採用 O 形密封圈徑向密封，個別也有採用 O 形密封圈或者密封墊進行端面密封的，其連接和密封結構見表 4.1。

　　② 液壓缸與活塞、活塞與活塞桿的結構和密封方式　液壓缸和活塞密封有 O 形密封圈密封，Y 形、U 形、V 形密封環密封，活塞環密封和間隙密封四種；活塞與活塞桿由於相對靜止，其密封大都採用 O 形密封圈密封，也有採用間隙密封、螺紋沾錫（錫事先熔化）密封等的。以上機構見表 4.2 中的圖例和說明（注：由於一般常用液壓缸工作壓力不大於 20MPa，因此對適應於 32MPa 下的 U 形夾織物密封環密封和適於 50MPa 以下的 V 形密封環密封，其結構圖省略）。

表 4.1　液壓缸頭部與端蓋的連接和密封結構

項目	螺紋連接				法蘭連接		
	外螺紋連接		內螺紋連接				
結構示意圖	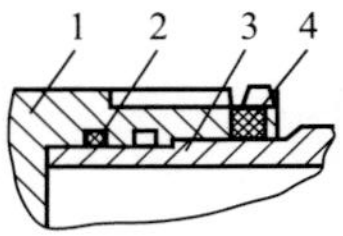 1—端蓋；2—O 形密封圈；3—液壓缸缸體；4—鎖緊螺母	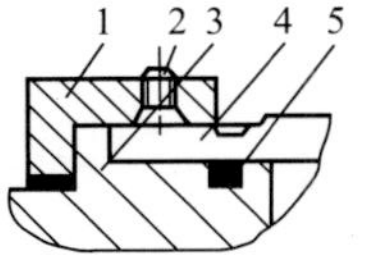 1—螺母；2—防鬆緊定螺釘；3—端蓋；4—液壓缸缸體；5—O 形密封圈	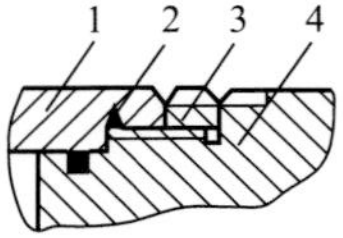 1—液壓缸缸體；2—O 形密封圈；3—鎖緊螺母；4—端蓋	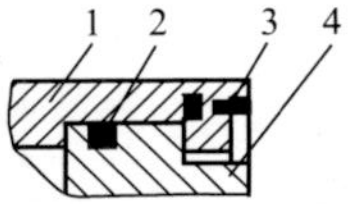 1—液壓缸缸體；2—O 形密封圈；3—螺旋壓緊環；4—端蓋	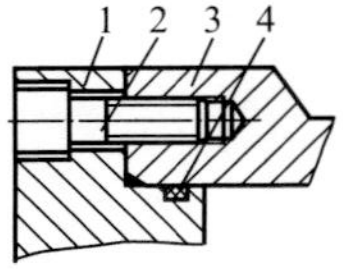 1—端蓋；2—內六角螺釘；3—液壓缸缸體；4—O 形密封圈	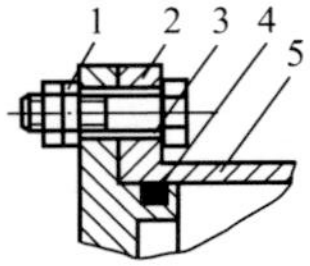 1—六角螺母；2—端蓋；3—六角頭螺栓；4—O 形密封圈；5—液壓缸缸體	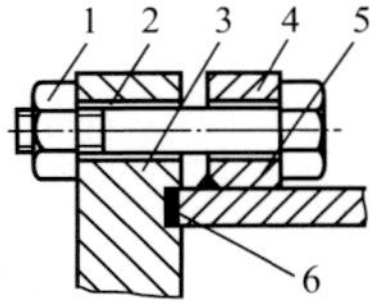 1—六角螺母；2—端蓋；3—六角頭螺栓；4—法蘭盤（與缸體焊接）；5—液壓缸缸體；6—密封墊
特點	適用於較小直徑的液壓缸，結構較簡單，徑向尺寸不大，但需專用拆裝工具，液壓缸需加工外圓和螺紋	適用於裝配時要求端蓋 3 不能旋轉的場合，零件較多	結構較簡單，徑向尺寸不大，不適用於較大的液壓缸，需專用拆裝工具	徑向尺寸較小，結構簡單，適用於較小或者中等直徑的液壓缸，要求端蓋 4 安裝時不能旋轉，需專用拆裝工具	適用於鑄鋼缸體，結構簡單，加工方便，無需專用拆裝工具，無縫鋼管不宜採用	徑向尺寸大，液壓缸缸體不宜採用無縫鋼管（用鑄件）	結構簡單，加工方便，無需專用拆裝工具。但需要焊接，徑向尺寸大，密封結構不理想，密封壓力也不高

續表

項目	螺紋連接		法蘭連接		焊接
	外螺紋連接	內螺紋連接			
結構示意圖					
	1—端蓋；2—內六角螺栓；3—O形密封圈；4—開口環（由兩個對開環組成）；5—圓環法蘭	1—六角螺母；2—端蓋；3—六角螺栓（由兩個對開半環組成）；4—開口環（由兩個對開半環組成）；5—圓環法蘭；6—O形密封圈；7—液壓缸缸體	1—螺釘；2—壓環；3—開口環（由兩個對開環組成）；4—O形密封圈；5—液壓缸缸體；6—端蓋	1—卡簧；2—墊環；3—開口環（由兩個對開半環組成）；4—O形密封圈；5—液壓缸缸體；6—端蓋	1—六角螺母；2—端蓋；3—雙頭螺栓；4—液壓缸缸體；5—O形密封圈 / 1—液壓缸缸體；2—O形密封圈；3—鋼絲；4—端蓋	1—端蓋；2—焊縫；3—液壓缸缸體
特點	液壓缸缸無需焊接或加工螺紋，適用於焊接性不好的鋼管做液壓缸（如45無縫鋼管）和液壓缸直徑可以較大的場合，但半環槽削弱了缸體強度相應要增加壁厚，外半環連接的徑向尺寸也較大	徑向尺寸較小	結構簡單，徑向尺寸小，易加工，重量輕，易裝卸	結構簡單，液壓缸加工容易，但徑向尺寸較大	結構簡單，徑向尺寸小（一般是液壓缸加工好後焊接），液壓缸缸體和缸蓋有焊接性能要求

表 4.2　液壓缸與活塞、活塞與活塞桿的結構和密封方式

結構示意圖	液壓缸與活塞用 O 形密封圈密封			液壓缸與或活塞用活塞環密封	液壓缸與活塞用間隙密封
	1—液壓缸缸體；2—擋環；3—Y 形密封圈；4—活塞桿；5—活塞桿密封圈；6—O 形密封圈	1、2、4—O 形密封圈；3—活塞圈；5—活塞桿	1—液壓缸缸體；2、4—O 形密封圈；3—活塞；5—活塞桿；6—槽形六角螺母	1—液壓缸缸體；2—活塞；3—潤滑槽；4—活塞環；5—活塞桿	1—液壓缸缸體；2—活塞；3—O 形密封圈；4—活塞桿
特點	工作壓力大於 10MPa。工作不頻繁且運動速率較低			適用的工作壓力接近 20MPa，則應相應增多活塞環，並加長活塞。適用於高溫度或低溫工作場合，摩擦力小，壽命長，但不易加工，漏損大。一般不採用	工作壓力低於 6.3MPa。適用於較高溫度或低溫下工作，活塞運動速率高、壽命長，但漏損大。一般不採用

液壓缸與活塞桿用 Y 形密封密封

結構示意圖			液壓缸與活塞桿用間隙密封
1—液壓缸缸體；2—擋環；3—Y 形密封圈；4—活塞桿；5—活塞桿密封圈；6—O 形密封圈	1—液壓缸缸體；2—碟形；3—Y 形密封圈；4—活塞；5—活塞桿；6—活塞桿	1—液壓缸缸體；2—Y 形密封圈；3—活塞；4—活塞桿；5—O 形密封圈襯環；6—活塞桿	1—液壓缸缸體；2—活塞；3—活塞桿；4—活塞桿密封圈；5—螺母
特點			適用於工作壓力小於 20MPa，且壓力變化大，運動速率較高的場合

③ 液壓缸與活塞桿伸出端的連接和密封結構　液壓缸與活塞桿伸出端的連接方式基本和前述液壓缸缸體與端蓋的連接方式相同。其密封結構與前述活塞和液壓缸的密封方式相同，即根據工作壓力的大小、工作的頻繁程度和活塞桿的運動速率來選擇。

圖 4.14(a) 所示爲液壓缸活塞桿伸出端結構之一：液壓缸缸筒 6 和上蓋 3 採用螺紋連接，以三角形槽 O 形密封圈密封；活塞桿 5 與上蓋採用 V 形密封環 2 密封，用襯套 4 做導向，並用壓緊螺母 1 調節 V 形密封環鬆緊程度。

圖 4.14(b) 所示爲液壓缸活塞桿伸出端結構之二：液壓缸缸筒 1 與端蓋 4 用嵌絲 3 連接，以 O 形密封圈 2 密封；活塞桿 5 用 Y 形密封環 6 密封，以橡膠防塵圈 7 防塵。

圖 4.14(c) 所示爲液壓缸活塞桿伸出端的結構之三：液壓缸缸筒 10 與前蓋 3 用外半環（即卡圈 7）連接，用 O 形密封圈 8 密封；活塞桿用 V 形密封圈（4）密封，以襯套 9 導向，用內六角螺釘 2 調節密封環壓緊程度。

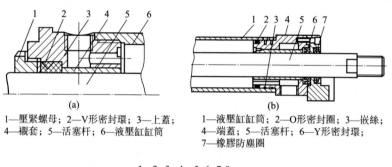

1—壓緊螺母；2—V形密封環；3—上蓋；
4—襯套；5—活塞桿；6—液壓缸缸筒

1—液壓缸缸筒；2—O形密封圈；3—嵌絲；
4—端蓋；5—活塞桿；6—Y形密封環；
7—橡膠防塵圈

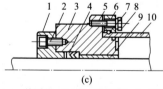

1—前壓蓋；2—內六角螺釘；3—前蓋；
4—V形密封環；5—六角螺栓；6—壓緊圈；
7—卡圈(即用兩衹半環組成)；8—O形密封
圈(耐油橡膠)；9—襯套；10—液壓缸缸筒

圖 4.14　活塞缸活塞桿伸出端結構

(4) 活塞和活塞桿的材料

活塞：通常用鑄鐵和鋼；也有用鋁合金製成的。

活塞桿：35、45 鋼的空心桿或實心桿。

4.2.3　緩衝裝置

　　液壓缸一般都設置緩衝裝置，特別是活塞運動速度較高和運動部件質量較大時，爲了防止活塞在行程終點與缸蓋或缸底發生機械碰撞，引起雜訊、衝擊，甚至造成液壓缸或被驅動件的損壞，必須設置緩衝裝置。其基本原理就是利用活塞或缸筒在走向行程終端時在活塞和缸蓋之間封住一部分油液，強迫它從小孔後細縫中擠出，產生很大阻力，使工作部件受到制動，逐漸減慢運動速度。

　　液壓缸中常用的緩衝裝置有節流口可調式和節流口變化式兩種。

(1) 節流口可調式

　　節流口可調式緩衝裝置的工作原理如圖 4.15(a) 所示，緩衝過程中被封在活塞和缸蓋間的油液經針形節流閥流出，節流閥開口大小可根據負載情況進行調節。這種緩衝裝置的特點是起始緩衝效果大，後來緩衝效果差，故制動行程長；緩衝腔中的衝擊壓力大；緩衝性能受油溫影響。緩衝性能曲線如圖 4.15(b) 所示。

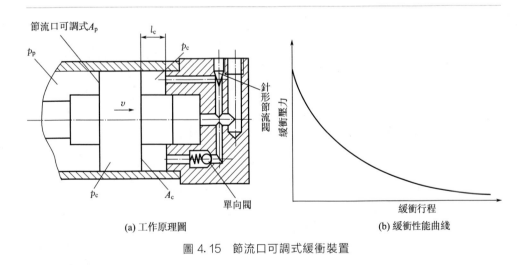

(a) 工作原理圖　　　　　　　　　　(b) 緩衝性能曲線

圖 4.15　節流口可調式緩衝裝置

(2) 節流口變化式

　　節流口變化式緩衝裝置的工作原理如圖 4.16(a) 所示，緩衝過程中被封在活塞和缸蓋間的油液經活塞上的軸向節流閥流出，節流口通流面積不斷減小。這種緩衝裝置的特點是當節流口的軸向橫截面爲矩形、縱截面爲拋物線形時，緩衝腔可保持恆壓；緩衝作用均勻，緩衝腔壓力較小，制動位置精度高。緩衝性能曲線如圖 4.16(b) 所示。

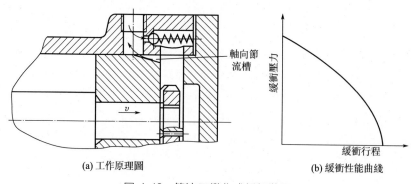

(a) 工作原理圖　　　　　(b) 緩衝性能曲線

圖 4.16　節流口變化式緩衝裝置

4.2.4　排氣裝置

　　液壓系統在安裝過程中或長時間停止工作之後會滲入空氣，油中也會混有空氣，由於氣體有很大的可壓縮性，會使執行元件產生爬行、雜訊和發熱等一系列不正常現象，因此在設計液壓缸時，要保證能及時排除積留在缸內的氣體。

　　一般利用空氣比較輕的特點可在液壓缸的最高處設置進出油口把氣體帶走，如不能在最高處設置油口，則可在最高處設置放氣孔或專門的放氣閥等放氣裝置，如圖 4.17 所示。

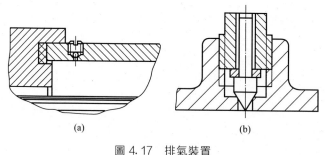

(a)　　　　　　　(b)

圖 4.17　排氣裝置

4.3　液壓缸的設計與計算

　　一般來說液壓缸是標準件，但有時也需要自行設計或向生產廠家提供主要尺

寸，本節主要介紹液壓缸主要尺寸的計算及強度、剛度的驗算方法。

4.3.1 液壓缸的設計依據與步驟

（1）設計依據

① 主機的用途和工作條件。

② 工作機構的結構特點、負載情況、行程大小和動作要求等。

③ 液壓系統的工作壓力和流量。

④ 相關的國家標準。

國家對額定壓力、速比、缸內徑、外徑、活塞桿直徑及進出口連接尺寸等都作了規定（見有關的手冊）。

（2）設計步驟

① 液壓缸類型和各部分結構形式的選擇。

② 基本參數的確定：工作負載、工作速度、速比、工作行程，這些參數應該是已知的；缸內徑、活塞桿直徑、導向長度等，這些參數應該是未知的。

③ 結構強度計算和驗算：缸筒壁厚、缸蓋厚度的計算，活塞桿強度和穩定性驗算，以及各部分連接結構強度計算。

④ 導向、密封、防塵、排氣和緩衝等裝置的設計（結構設計）。

⑤ 整理設計計算說明書，繪製裝配圖和零件圖。

應當指出，對於不同類型和結構的液壓缸，其設計內容必須有所不同，而且各參數之間往往具有各種內在聯繫，需要綜合考慮反覆驗算才能獲得比較滿意的結果，所以設計步驟也不是固定不變的。

4.3.2 液壓缸的主要尺寸確定

1）要進行液壓缸主要尺寸的計算應已知的參數

（1）工作負載

液壓缸的工作負載是指工作機構在滿負荷情況下，以一定加速度啓動時對液壓缸產生的總阻力。

$$F = F_e + F_f + F_i + F_u + F_s \tag{4.15}$$

式中　F_e——負載（荷重）；

　　　F_f——摩擦負載；

　　　F_i——慣性負載；

　　　F_u——黏性負載；

　　　F_s——彈性負載。

把對應各工況下的各負載都求出來，然後作出負載循環圖，即 $F(t)$ 圖，求

出 $F_{\max}$。

（2）工作速度和速比

活塞桿外伸的速度 v_1，活塞桿內縮的速度 v_2，以及兩者的比值即速比 $\varphi = \dfrac{v_2}{v_1}$。

2）液壓缸主要尺寸的計算

（1）缸筒內徑 D 和活塞桿直徑 d

通常根據工作壓力和負載來確定缸筒內徑。最高速度的滿足一般在校核後通過泵的合理選擇以及恰當地擬訂液壓系統予以滿足。

對於單桿缸，當活塞桿是以推力驅動負載或以拉力驅動負載時（圖 4.2），有（缸的機械效率取為 1）：

$$F_{\max} = \frac{\pi}{4} D^2 p_1 - \frac{\pi}{4}(D^2 - d^2) p_2$$

或

$$F_{\max} = \frac{\pi}{4}(D^2 - d^2) p_1 - \frac{\pi}{4} D^2 p_2$$

在以上兩式中，已知的參數只有 $F_{\max}$，未知的參數有 p_1、p_2、D、d，此方程無法求解。但這裏的 p_1 和 p_2 可以查有關的手冊選取；D 和 d 之間有如下的關係：當速比 φ 已知時，$d = \sqrt{\dfrac{(\varphi - 1)}{\varphi}}D$；當速比 φ 未知時，可自己設定兩者之間的關係，桿受拉時 $d/D = 0.3 \sim 0.5$，桿受壓時 $d/D = 0.5 \sim 0.7$。這樣我們就可以利用以上各式把 D 和 d 求出來。D 和 d 求出後要按國家標準進行圓整，圓整後 D 和 d 的尺寸就確定了。

（2）最小導向長度 H

當活塞桿全部外伸時，從活塞支承面中點到導向套滑動面中點的距離稱為最小導向長度 H，如圖 4.18 所示。如果導向長度過小，將使液壓缸的初始撓度（間隙引起的撓度）增大，影響液壓缸的穩定性，因此在設計時必須保證有一定的最小導向長度。

對於一般的液壓缸，其最小導向長度應滿足式（4.16）：

$$H \geqslant \frac{L}{20} + \frac{D}{2} \tag{4.16}$$

式中　L——最大行程；

　　　　D——缸筒內徑。

若最小導向長度 H 不夠，則可在活塞桿上增加一個導向隔套 K（圖 4.18）

來增加 H 值。

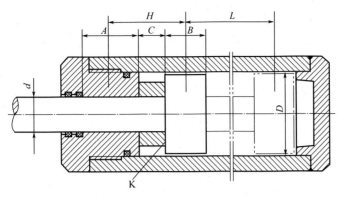

圖 4.18　液壓缸最小導向長度

4.3.3　強度及穩定性校核

1）缸筒壁厚的計算（主要是校核）

（1）當 $\dfrac{\delta}{D} \leqslant 1/10$ 時按薄壁孔強度校核

$$\delta \geqslant \frac{p_y D}{2[\sigma]} \tag{4.17}$$

（2）當 $\dfrac{\delta}{D} > 1/10$ 時按第二強度理論校核

$$\delta \geqslant \frac{D}{2}\left(\sqrt{\frac{[\sigma]+0.4p_y}{[\sigma]-1.3p_y}}-1\right) \tag{4.18}$$

式中　p_y——缸筒試驗壓力（缸的額定壓力 $p_n \leqslant 16\text{MPa}$ 時，$p_y = 1.5p_n$；缸的額定壓力 $p_n > 16\text{MPa}$ 時，$p_y = 1.25p_n$）；

　　$[\sigma]$——缸筒材料的許用拉應力；

　　D——缸筒內徑；

　　δ——缸筒壁厚。

2）活塞桿強度及穩定性校核

活塞桿的強度一般情況下是足夠的，主要是校核其穩定性。

（1）活塞桿的強度校核

活塞桿的強度按式（4.19）校核：

$$d \geqslant \sqrt{\frac{4F_{\max}}{\pi[\sigma]}} \tag{4.19}$$

式中　F_{max}──活塞桿上的最大作用力；

　　　$[\sigma]$──活塞桿材料的許用拉應力。

（2）活塞桿的穩定性校核

活塞桿受軸向壓縮負載時，它所承受的力（一般指 F_{max}）不能超過使它保持穩定工作所允許的臨界負載 F_k，以免發生縱向彎曲，破壞液壓缸的正常工作。F_k 的值與活塞桿材料性質、截面形狀、直徑和長度以及液壓缸的安裝方式等因素有關。活塞桿的穩定性可按式(4.20) 校核：

$$F_{max} \leqslant \frac{F_k}{n} \tag{4.20}$$

式中　n──安全係數，一般取 $n = 2 \sim 4$。

當活塞桿的細長比 $\dfrac{l}{r_k} > \psi_1 \sqrt{\psi_2}$ 時：

$$F_k = \frac{\psi_2 \pi^2 E J}{l^2} \tag{4.21}$$

當活塞桿的細長比 $\dfrac{l}{r_k} \leqslant \psi_1 \sqrt{\psi_2}$ 時，且 $\psi_1 \sqrt{\psi_2} = 20 \sim 120$，則：

$$F_k = \frac{fA}{1 + \dfrac{a}{\psi_2}\left(\dfrac{l}{r_k}\right)^2} \tag{4.22}$$

式中　l──安裝長度，其值與安裝方式有關，見表4.3；

　　　r_k──活塞桿橫截面最小迴轉半徑，$r_k = \sqrt{\dfrac{J}{A}}$；

　　　ψ_1──柔性係數，其值見表4.4；

　　　ψ_2──支承方式或安裝方式決定的末端係數，其值見表4.3；

　　　E──活塞桿材料的彈性模量；

　　　J──活塞桿橫截面慣性矩；

　　　A──活塞桿橫截面積；

　　　f──材料強度決定的實驗值，其值見表4.4；

　　　a──係數，其值見表4.4。

表 4.3　液壓缸支承方式和末端係數 ψ_2 的值

支承方式	支承說明	末端係數 ψ_2
	一端自由 一端固定	1/4

支承方式	支承説明	末端係數 ψ_2
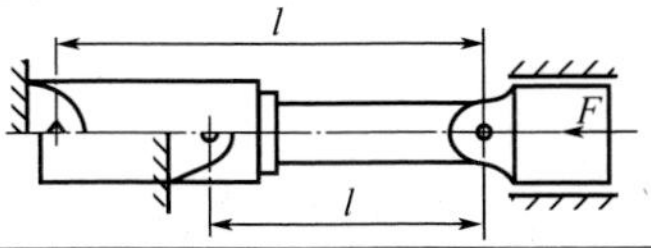	兩端鉸接	1
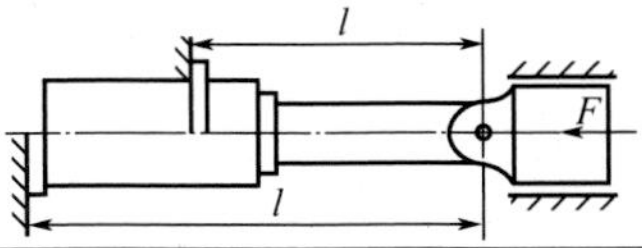	一端鉸接 一端固定	2
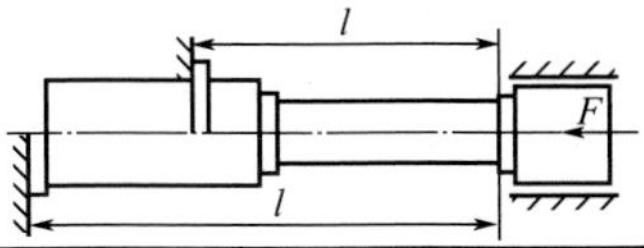	兩端固定	4

表 4.4　f、a、ψ_1 的值

材料	$f/10^8 \mathrm{Pa}$	a	ψ_1
鑄鐵	5.6	1/1600	80
鍛鋼	2.5	1/9000	110
軟鋼	3.4	1/7500	90
硬鋼	4.9	1/5000	85

4.3.4　緩衝計算

液壓缸的緩衝計算主要是確定緩衝距離及緩衝腔內的最大衝擊壓力。當緩衝距離由結構確定後，主要是根據能量關係來計算緩衝腔內的最大衝擊壓力。

設緩衝腔內的液壓能爲 E_1，則：

$$E_1 = p_c A_c l_c \tag{4.23}$$

設工作部件產生的機械能爲 E_2，則：

$$E_2 = p_p A_p l_c + \frac{1}{2} m v_0^2 - F_f l_c \tag{4.24}$$

式中　$p_p A_p l_c$ ——高壓腔中液壓能；

$\dfrac{1}{2} m v_0^2$ ——工作部件動能；

$F_f l_c$ ——摩擦能；

p_c ——平均緩衝壓力；

p_p ——高壓腔中的油液壓力；

A_c ——緩衝腔的有效面積；

A_p ——高壓腔的有效面積；

l_c——緩衝行程長度；

m——工作部件質量；

v_0——工作部件運動速度；

F_f——摩擦力。

實現完全緩衝的條件是 $E_1 = E_2$，故：

$$p_c = \frac{E_2}{A_c l_c} \qquad (4.25)$$

如緩衝裝置爲節流口可調式緩衝裝置，在緩衝過程中的緩衝壓力逐漸降低，假定緩衝壓力線性地降低，則緩衝腔中的最大衝擊壓力爲：

$$p_{cmax} = p_c + \frac{m v_0^2}{2 A_c l_c} \qquad (4.26)$$

如緩衝裝置爲節流口變化式緩衝裝置，則由於緩衝壓力 p_c 始終不變，即爲 $\dfrac{E_2}{A_c l_c}$。

第5章

液壓控制閥

5.1 液壓控制閥概述

液壓控制閥（簡稱液壓閥）在海洋裝備液壓系統中的功用是通過控制調節液壓系統中油液的流向、壓力和流量，使執行器及其驅動的工作機構獲得所需的運動方向、推力（轉矩）及運動速度（轉速）等。任何一個海洋液壓系統，不論其如何簡單，都不能缺少液壓閥；同一工藝目的的海洋設備，通過液壓閥的不同組合使用，可以組成油路結構截然不同的多種液壓系統方案。因此，液壓閥是液壓技術中品種與規格最多、應用最廣泛、最活躍的原件。一個新設計或正在運轉的液壓系統，能否按照既定的要求正常可靠地運行，在很大程度上取決於其中所採用的各種液壓閥的性能優劣及參數匹配是否合理[7]。另外，在海洋環境中，也要考慮液壓控制閥的防腐蝕等問題。

5.1.1 液壓閥的分類

（1）根據用途分類

① 方向控制閥：用來控制海洋裝備液壓系統中液流的方向，以實現機構變換運動方向的要求（如單向閥、換向閥等）。

② 壓力控制閥：用來控制海洋裝備液壓系統中油液的壓力以滿足執行機構對力的要求（如溢流閥、減壓閥、順序閥等）。

③ 流量控制閥：用來控制海洋裝備液壓系統中油液的流量，以實現機構所要求的運動速度（如節流閥、調速閥等）。

在實際使用中，根據實際需要，往往將幾種用途的閥做成一體，形成一種體積小、用途廣、效率高的複合閥，如單向節流閥、單向順序閥等。

（2）根據控制方式分類

① 開關控制或定值控制：利用手動、機動、電磁、液控、氣控等方式來定值地控制液體的流動方向、壓力和流量，一般普通控制閥都應用這種控制方式。

② 比例控制：利用輸入的比例電訊號來控制流體的通路，使其能實現按比

例地控制系統中流體的方向、壓力及流量等參數，多用於開環控制系統中。

③ 伺服控制：將微小的輸入訊號轉換成大的功率輸出，連續按比例地控制海洋裝備液壓系統中的參數，多用於高精度、快速響應的閉環控制系統。

④ 電液數位控制：利用數位資訊直接控制閥的各種參數。

（3）根據連接方式分類

① 管式連接（螺紋連接）方式：閥口帶有管螺紋，可直接與管道及其他元件相連接。

② 板式連接方式：所有閥的接口均布置在同一安裝面上，利用安裝板與管路及其他元件相連，這種安裝方式比較美觀、清晰。

③ 法蘭連接方式：閥的連接處帶有法蘭，常用於大流量系統中。

④ 積體電路連接方式：將幾個閥固定於一個積體電路側面，通過積體電路內部的通道孔實現油路的連接，控制集中、結構緊湊。

⑤ 疊加閥連接方式：將閥做成標準型，上下疊加而形成迴路。

⑥ 插裝閥連接方式：沒有單獨的閥體，通過插裝塊內通道把各插裝閥連通成迴路。插裝塊起到閥體和管路的作用。

5.1.2　海洋裝備對液壓閥的基本要求

① 動作靈敏、可靠，工作時衝擊、振動要小，使用壽命長。

② 油液流經液壓閥時壓力損失要小，密封性要好，內泄漏要小，無外泄。

③ 結構簡單緊湊，安裝、維護、調整方便，通用性能好。

④ 具有一定的抗海水腐蝕的能力。

5.1.3　液壓閥在海洋環境中的應用方法

① 為瞭解決液壓控制閥在海洋環境中的應用問題，製造商與設計者現已採取綜合防護措施，通過合理的技術手段加強液壓設備防腐能力，使液壓控制閥可以長時間地在海洋環境中工作。

② 為了提高液壓控制閥在海洋環境中的抗腐蝕能力，需要將液壓控制閥等元件與海水隔開，使控制閥以及其他元件不會直接與海水接觸。例如將連接管道與執行器外的包括控制閥在內的全部液壓元件都納入密封箱體中，箱體中充入壓力補償油，使元件可以在無腐蝕的環境下工作。

③ 對於必須接觸海水的元件，其防腐工作可以分為兩方面，其一是選擇適合的防腐材料，其二是對材料進行表面處理。

④ 目前，中國在海洋環境中採用的抗腐蝕材料有不鏽鋼、鋁合金等材料，

而且工程陶瓷材料逐漸成熟，在許多海洋開發設備中有所應用。

⑤ 但是在使用的過程中，仍然出現了點蝕現象，所以在使用階段需要採取陰極保護方法，並且合理地控制縫隙與點蝕現象，通過金屬塗層處理，加強抗腐蝕性。

5.2 方向控制閥

在海洋裝備液壓控制系統中，方向控制閥主要有單向閥和換向閥兩種。

5.2.1 單向閥

(1) 普通單向閥

普通單向閥的作用就是使油液只能向一個方向流動，不許倒流。因此，對單向閥的要求是：通油方向（正向）要求液阻盡量小，保證閥的動作靈敏，因此彈簧剛度適當小些，一般開啟壓力為 0.035～0.05MPa；而對截止方向（反向）要求密封盡量好一些，保證反向不漏油。當採用單向閥做背壓閥時，彈簧剛度要取得較大一些，一般取 0.2～0.6MPa。

普通單向閥是由閥芯、閥體及彈簧等組成的。根據使用參數不同閥芯可做成球形和圓錐形的，球形閥芯一般用於小流量的場合，圖 5.1(a) 所示的是一種圓錐形閥芯的普通單向閥。靜態時，閥芯在彈簧力的作用下頂在閥座上，當液壓油從閥的左端（P_1）進入，即正向通油時，液壓力克服彈簧力使閥芯右移，打開閥口，油液經閥口從右端（P_2）流出；而當液壓油從右端進入，即反向通油時，閥芯在液壓力與彈簧力的共同作用下，緊貼在閥座上，油液不能通過。

普通單向閥的職能符號如圖 5.1(b) 所示。

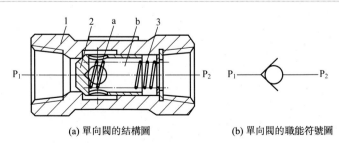

(a) 單向閥的結構圖　　　　(b) 單向閥的職能符號圖

圖 5.1　單向閥

1—閥體；2—閥芯（錐閥）；3—彈簧

（2）液控單向閥

液控單向閥是由一個普通單向閥和一個小型控制液壓缸組成的。圖 5.2(a) 所示爲一種板式連接的液控單向閥，當控制口 K 處沒有壓力油輸入時，這種閥同普通單向閥一樣使用，油液從 P_1 口進入，頂開閥芯，從 P_2 口流出；而當油液從 P_2 口進入時，在油液的壓力和彈簧力共同作用下使閥芯關閉，油路不通；當控制口 K 有壓力油輸入時，活塞在壓力油作用下右移，使閥芯打開，在單向閥中形成通路，油液在兩個方向可自由流通。圖 5.2(b) 所示爲液控單向閥的職能符號。

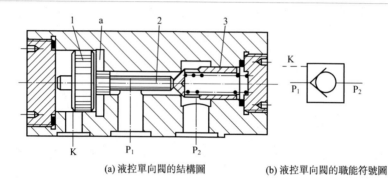

(a) 液控單向閥的結構圖　　　　(b) 液控單向閥的職能符號圖

圖 5.2　液控單向閥

1—活塞；2—頂桿；3—閥芯

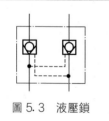

圖 5.3　液壓鎖

如前所述，液控單向閥的作用是可以根據需要控制單向閥在油路中的存在，一般用在液壓鎖緊迴路、平衡迴路中。

（3）液壓鎖

液壓鎖實際上是兩個液控單向閥的組合，如圖 5.3 所示。它能在液壓執行機構不運動時保持油液的壓力，使液壓執行機構在不運動時鎖緊。

5.2.2　換向閥

換向閥是海洋裝備液壓系統中用途較廣的一種閥，主要作用是利用閥芯在閥體中的移動來控制閥口的通斷，從而改變油液流動的方向，達到控制執行機構開啓、停止或改變運動方向。

1）換向閥的分類

① 根據閥芯運動方式不同可分爲轉閥與滑閥兩種。

② 根據操縱方式不同可分爲手動換向閥、機動換向閥、液動換向閥、電磁

換向閥、電液換向閥。

③ 根據閥芯在閥體中所處的位置不同可分爲二位閥、三位閥。

④ 根據換向閥的通口數可分爲二通閥、三通閥、四通閥、五通閥。

2）換向閥的基本要求

① 油液流經閥口的壓力損失要小。

② 各關閉不相通的油口間的泄漏量要小。

③ 換向要可靠，換向時要平穩迅速。

3）轉閥

轉閥的主要特點是閥芯與閥體的相對運動爲轉動，當閥芯旋轉一個角度後，即轉閥變換了一個工作位置。如圖 5.4 所示爲一種三位四通轉閥。圖中的 P、T、A、B 分別爲閥的進油口、回油口及兩個與執行機構工作腔相連的工作油口，這個閥有三個工作位置，圖（a）中的三個圖對應於圖（b）所示職能符號中的三個位置，中間的圖所示爲四個油口互不相通，即中位狀態；左邊的圖所示爲 P 與 A 相通，B 與 T 相通，即左位狀態；右邊的圖所示爲 P 與 B 相通，A 與 T 相通，即右位狀態。可見在左位與右位的兩個不同位置時，油路互相交換，使得執行機構換向。

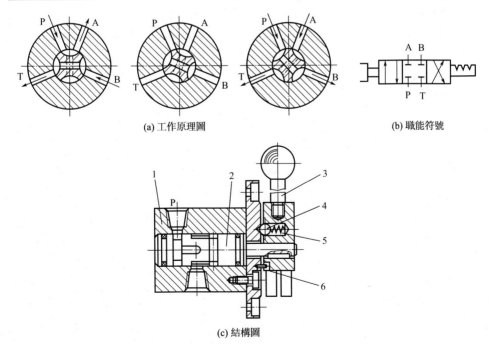

(a) 工作原理圖   (b) 職能符號

(c) 結構圖

圖 5.4　三位四通轉閥

1—閥體；2—閥芯；3—手柄；4—定位鋼球；5—彈簧；6—限位銷

　　轉閥的結構簡單、緊湊，但密封性差、操縱費力、閥芯易磨損，只適用於中低壓、小流量的場合。

4）滑閥

滑閥是液壓系統中使用最爲廣泛的換向閥。

（1）滑閥的結構形式

　　一般對於換向閥，我們都稱爲幾位幾通閥。「位」就是指在滑閥結構中，閥芯在閥體內移動能有幾個不同的停留位置，也就是工作位置；而「通」就是指滑閥的油液通口數。最常見的滑閥爲二位二通、二位三通、二位四通、二位五通、三位四通及三位五通，見表 5.1。二位閥有兩個工作位置，控制着執行機構的不同工作狀態，動、停或者正反向運動；而三位閥除了有二位閥的兩個能使油液正、反向流動的工作位置外，還有中位，中位可以控制執行機構停留在任意位置上。當然還有其他的用途，詳見滑閥中位機能的相關內容。

表 5.1　常見滑閥的結構形式與圖形符號

滑閥名稱	結構原理圖	圖形符號
二位二通	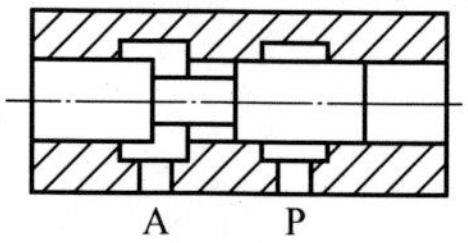	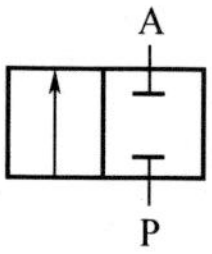
二位三通	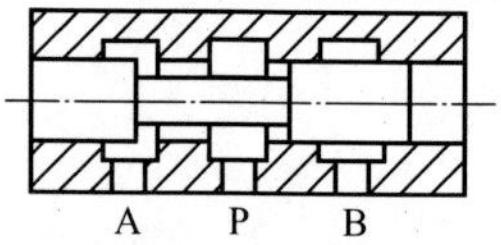	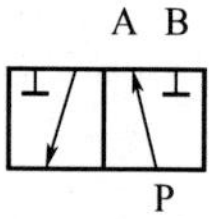
二位四通	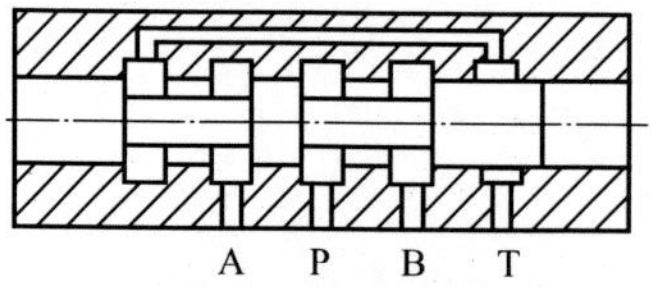	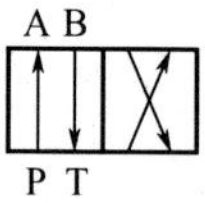
二位五通	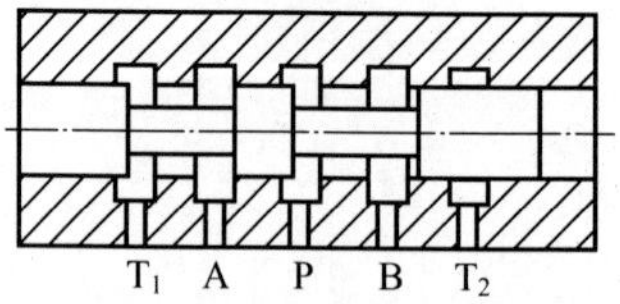	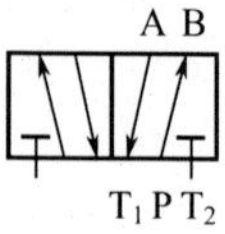
三位四通	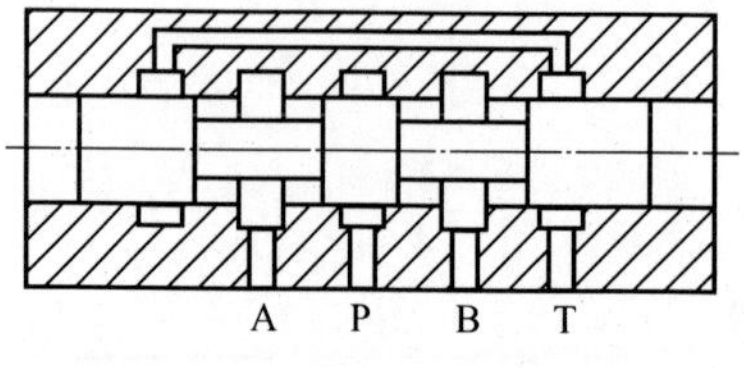	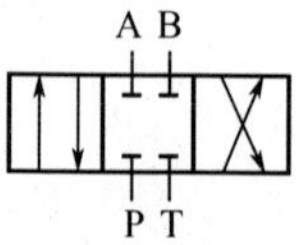

滑閥名稱	結構原理圖	圖形符號
三位五通	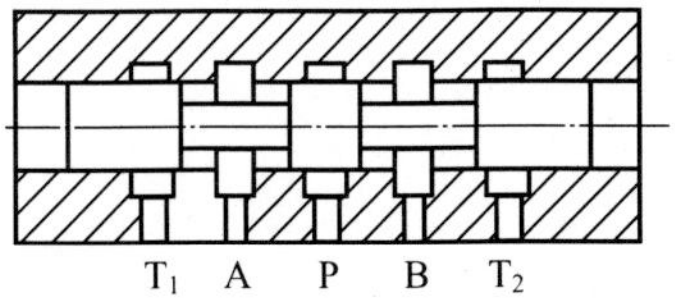 T₁ A P B T₂	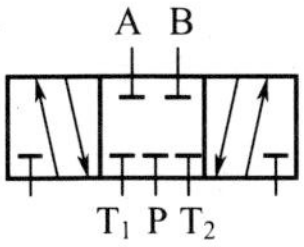 A B T₁ P T₂

（2）滑閥的操縱方式

滑閥的操縱方式有手動、機動、液動、電磁、電液五種，各種操縱方式見表 5.2。

表 5.2　滑閥的操縱方式

操縱方式	圖形符號	説明
手動	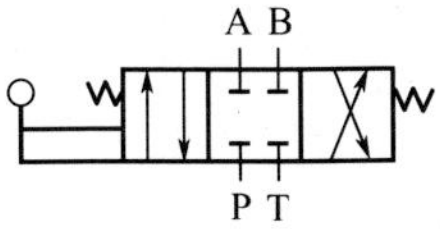 A B P T	手動操縱，彈簧復位，屬於自動復位；還有靠鋼球定位的，復位時需要人來操縱
機動	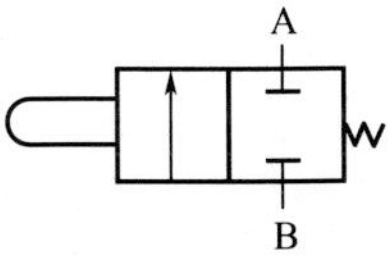 A B	二位二通機動換向閥也稱行程閥，是實際應用較爲廣泛的一種閥，靠擋塊操縱，彈簧復位，初始位置處於常閉狀態
液動	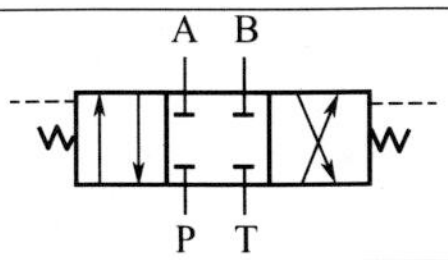 A B P T	液壓力操縱，彈簧復位
電磁	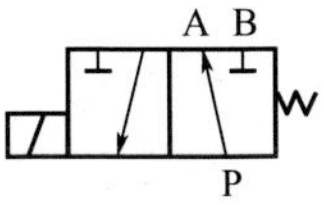 A B P	電磁鐵操縱，彈簧復位，是實際應用中最常見的換向閥，有二位、三位等多種結構形式
電液	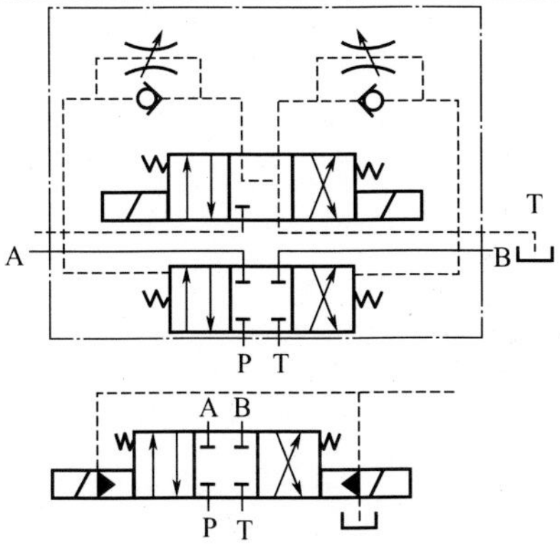 A　　　　B P T A B P T	是由先導閥（電磁換向閥）和主閥（液動換向閥）複合而組成的。閥芯移動速度分別由兩個節流閥控制，使系統中執行元件能得到平穩的換向

　　電磁換向閥是目前最常用的一種換向閥，利用電磁鐵的吸力推動閥芯換向，見圖 5.5。電磁換向閥分爲直流式電磁閥和交流式電磁閥。

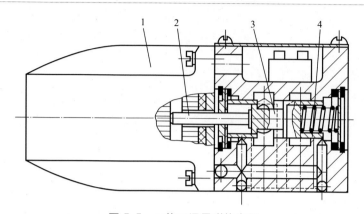

圖 5.5　二位二通電磁換向閥

1—電磁鐵；2—推桿；3—閥芯；4—復位彈簧

　　直流式電磁閥一般採用 24V 直流電源，其特點是工作可靠、過載不會燒壞電磁線圈，雜訊小、壽命長，但換向時間長、啓動力小，工作時需直流電源。

　　交流式電磁閥一般採用 220V 電源，它的特點是不需特殊電源，啓動力大，換向時間短，但換向衝擊大、雜訊大、易燒壞電磁線圈。

　　電磁閥使用方便，特別適合自動化作業，但對於換向時間要求調整或流量大、行程長、移動閥芯需力大的場合來說，採用單純電動式是不適宜的。

　　液動換向閥的閥芯移動是靠兩端密封腔中的油液壓差來移動的，推力較大，適用於壓力高、流量大、閥芯移動長的場合。

　　電液換向閥是一種組合閥。電磁閥起先導作用，而液動閥是通過改變其閥芯位置而改變油路上油流方向的，起「放大」作用。

　　(3) 滑閥的中位機能

　　三位換向閥處於中位時，各通口的連通形式稱爲換向閥的中位機能。

　　換向閥的中位機能不僅在換向閥閥芯處於中位時對系統工作狀態有影響，而且在換向閥切換時對液壓系統的工作性能也有影響[8]。

　　選擇換向閥的中位機能時應注意以下幾點。

　　① 系統保壓　在三位閥的中位時，將 P 口堵住，液壓泵即可保持一定的壓力，這種中位機能如 O 型、Y 型、J 型、U 型，它適用於一泵多缸的情況。如果在 P、T 口之間有一定阻尼，如 X 型中位機能，系統也能保持一定壓力，可供控制油路使用。

② 系統卸荷　系統卸荷即在三位閥處於中位時，泵的油直接回油箱，讓泵的出口無壓力，這時只要將 P 口與 T 口接通即可，如 M 型中位機能。

③ 換向平穩性和換向精度　在三位閥處於中位時，A、B 口各自堵塞，如 O 型、M 型，當換向時，一側有油壓，一側負壓，換向過程中容易產生液壓衝擊，換向不平穩，但位置精度好。

若 A、B 口與 T 口接通，如 Y 型，則作用相反，換向過程中無液壓衝擊，但位置精度差。

④ 啓動平穩性　當三位閥處於中位時，有一工作腔與油箱接通，如 J 型，則工作腔中無油，不能形成緩衝，液壓缸啓動不平穩。

⑤ 液壓缸在任意位置上的停止和「浮動」問題　當 A、B 油口各自封死時，如 O 型、M 型，液壓缸可在任意位置上鎖死。當 A、B 口與 P 口接通時，如 P 型，若液壓缸是單作用式液壓缸，則形成差動迴路；若液壓缸是雙作用式液壓缸，則液壓缸可在任意位置上停留。

當 A、B 通口與 T 口接通時，如 H 型、Y 型，則三位閥處於中位時，臥式液壓缸任意浮動，可用手動機構調整工作檯。

(4) 滑閥的換向可靠性

換向可靠性是對於電磁換向閥和用彈簧對中的液動換向閥而言的，就是在電磁鐵通電後，在電磁力作用下，閥是否能保證可靠換向；而當電磁鐵斷電後，閥能否在彈簧力作用下可靠地復位。

解決換向可靠性的問題主要是分析電磁力、彈簧力和閥芯的摩擦阻力之間的關係，彈簧力應大於閥芯的摩擦阻力，以保證滑閥的復位；而電磁力又應大於彈簧力和閥芯摩擦阻力之和，以保證換向可靠性。

閥芯的摩擦阻力主要是作用於閥芯與閥體間的壓力油產生的徑向不平衡力引起的，也叫液壓卡緊現象。產生液壓卡緊現象的主要原因是在滑閥製造過程中加工誤差及裝配誤差造成了在閥芯與閥體之間徑向的間隙偏差，使得徑向不平衡力產生，理論上在第 2 章已做過分析，解決的措施主要是在滑閥閥芯上沿圓周方向開環形平衡槽。影響閥芯的摩擦阻力的另外一個力就是液動力，這個力在第 2 章中也已介紹過。這兩個力與通過閥的流量和壓力有關，因此電磁閥要控制在一定的壓力和流量範圍內工作。

閥芯的摩擦阻力還與油液不純、雜質進入滑閥縫隙、閥芯與閥孔間的間隙過小、當油溫升高時閥芯膨脹而卡死等因素有關。

可見解決滑閥的換向可靠性應從多方面入手，特別要注意設計製造過程中的產品品質及使用過程中的油液的純淨度等問題。

5.3　壓力控制閥

　　壓力控制閥是利用作用於閥芯上的液壓力和彈簧力相平衡來進行工作的，當控制閥芯移動的液壓力大於彈簧力時，平衡狀態被破壞，造成了閥芯位置變化，這種位置變化引起了兩種工作狀況：一種是閥口開度大小變化（如溢流閥、減壓閥），另一種是閥口的通斷（如安全閥、順序閥）。

5.3.1　溢流閥

1）功用和性能

溢流閥的基本功用有兩個：

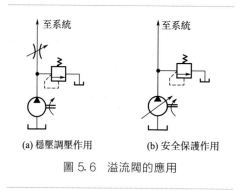

(a) 穩壓調壓作用　　(b) 安全保護作用

圖 5.6　溢流閥的應用

　　第一個是通過閥口油液的經常溢流，保證液壓系統中壓力的基本穩定，實現穩壓、調壓或限壓的作用，這種功用常用於定量泵系統中，與節流閥配合使用，如圖 5.6(a) 所示。

　　第二個是過載時溢流，平時系統工作時，閥口關閉，當系統壓力超過調定的壓力時，閥口才打開。這時溢流閥主要起安全保護作用，所以也稱安全閥。圖 5.6(b) 所示的是安全閥與變量泵配合使用的情況。

對液流閥性能的要求主要有：

　　① 調壓範圍要大，且當流過溢流閥的流量變化時，系統中的壓力變化要小，啟閉特性要好；

　　② 靈敏度要高；

　　③ 工作平穩，沒有振動和雜訊；

　　④ 當閥關閉時，泄漏量要小。

溢流閥按其工作原理可分為直動式和先導式兩種。

2）直動式溢流閥

　　圖 5.7 所示為直動式溢流閥的工作原理。其中，P 為進油口，T 為出油口，閥芯在調壓彈簧的作用下處於最下端，在閥芯中開有徑向通孔，並且在徑向通孔與閥芯下部之間開有一阻尼孔 g。工作時，壓力油從進油口 P 進入溢流閥，通過

徑向通孔及阻尼孔 g 進入閥芯的下部，此時作用於閥芯上的力的平衡方程爲：

液體作用於閥芯底部的力＝彈簧力＋重力＋摩擦力＋液動力

$$pA = F_s + G + F_f + F_y \tag{5.1}$$

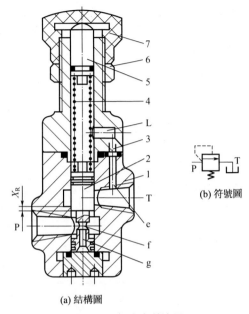

(b) 符號圖

(a) 結構圖

圖 5.7　直動式溢流閥

1—閥體；2—閥芯；3—閥蓋；4—彈簧；5—推桿；6—鎖緊螺母；7—調節螺母

當等式左邊的液壓力小於等式右邊的合力時，溢流閥閥芯不動，溢流閥無輸出；而當等式左邊的液壓力大於等式右邊的合力時，溢流閥閥芯上移，油液經溢流閥從出油口溢出。

上述過程的穩定需要過渡階段，該過程經振盪後達到平衡，這時由於阻尼小孔的存在使振幅逐漸衰減而趨於穩定。

這種直動式溢流閥當壓力較高、流量較大時，要求彈簧的結構尺寸較大，在設計製造過程及使用中帶來較大的不便，因此不適合控制高壓的場合。

3）先導式溢流閥

先導式溢流閥一般用於中高壓系統中，在結構上主要是由先導閥和主閥兩部分組成的。如圖 5.8 所示的先導式溢流閥，其中 P 爲進油口，T 爲出油口，K 爲控制油口。

溢流閥工作時，油液從進油口 P 進入（油液的壓力爲 p_1），並通過阻尼孔 5 進入主閥閥芯上腔（油液的壓力爲 p_2），由於主閥上腔通過阻尼孔 a 與先導閥相

通，因此油液通過孔 a 進入到先導閥的右腔中。先導閥閥芯 1 的開啟壓力是通過調壓手輪 11 調壓彈簧 9 的預壓緊力來確定的，在進油壓力沒有達到先導閥的調定壓力時，先導閥關閉，主閥的上、下腔油液壓力基本相等（實際上這種閥的上端面積略大於下端面積，因此上腔作用力略大於下腔作用力），而在彈簧力的作用下，主閥閥芯關閉。當進油壓力增高至打開先導閥時，油流通過閥孔 a、先導閥閥口、主閥中心孔至閥底下部的出油口 T 溢流回油箱。當油液通過主閥閥芯上的阻尼孔 5 時，在阻尼孔 5 的兩端產生了壓差，而這個壓力差是隨通過的流量而變化的，當它足夠大時，主閥閥芯開始向上移動，閥口打開，溢流閥就開始溢流。

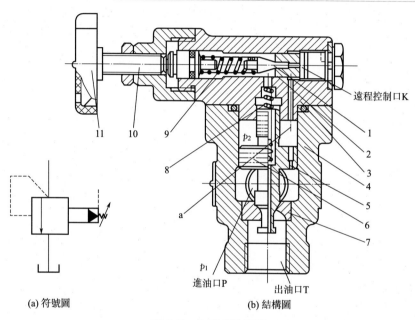

(a) 符號圖　　　　　　　　　　　　　　(b) 結構圖

圖 5.8　先導式溢流閥

1—先導閥閥芯；2—先導閥閥座；3—先導閥閥體；4—主閥閥體；5—阻尼孔；6—主閥閥芯；
7—主閥閥座；8—主閥彈簧；9—先導閥調壓彈簧；10—調節螺釘；11—調壓手輪

在這種溢流閥中，作用於主閥閥芯上的力平衡方程為：

油液作用於閥芯下腔的力＝油液作用於主閥閥芯上腔的力＋主閥彈簧力＋重力＋摩擦力＋液動力

$$p_1 A = p_2 A + F_s + G + F_f + F_y$$

即

$$(p_1 - p_2)A = F_s + G + F_f + F_y \tag{5.2}$$

式(5.2) 與式(5.1) 比較，與合力相平衡的液壓力在直動式溢流閥中是閥芯

底部的壓力，而在先導式溢流閥中是主閥閥芯下腔的油液壓力與主閥閥芯上腔的油液壓力的差值，即 $p_1 - p_2$。因此，先導式溢流閥可以在彈簧較軟、結構尺寸較小的條件下控制較高的油液壓力。

在閥體上有一個遠程控制油口 K，它的作用是使溢流閥卸荷或進行二級調壓。當把它與油箱連接時，溢流閥上腔的油直接回油箱，而上腔油壓爲零，由於主閥閥芯彈簧較軟，因此，主閥閥芯在進油壓力作用下迅速上移，打開閥口，使溢流閥卸荷；當把該口與一個遠程調壓閥連接時，溢流閥的溢流壓力可由該遠程調壓閥在溢流閥調壓範圍內調節。

4）溢流閥工作特性

（1）靜態特性

由式(5.1) 可知，直動式溢流閥在工作時，閥芯上受到的力平衡方程爲：

$$pA = F_s + G + F_f + F_y$$

若略去重力 G 和摩擦力 F_f，則有：

$$pA = F_s + F_y$$

因爲：液動力 $\qquad F_y = 2C_d C_v \omega X_R \cos\theta \Delta p$

式中　X_R——溢流閥的開度；

$\quad C_v$——速度係數，取 1；

$\quad C_d$——流量係數；

$\quad \Delta p$——閥口前後壓差；

$\quad \omega$——閥口節流邊周長，$\omega = \pi d$；

$\quad \theta$——射流方向角。

則有：

$$p = \frac{F_s}{A - 2C_d \omega X_R \cos\theta} \qquad (5.3)$$

可見，在這種閥中，出口處的壓力主要是由彈簧力決定的，當調壓彈簧調整好壓力後，溢流閥進油腔的壓力 p 基本是個定值；由於彈簧較軟，因此當溢流量變化時，進油壓力 p 變化也很小，即閥的靜態特性好。

在計算彈簧力時，設 X_c 爲彈簧調整時的預壓縮量，K_s 爲彈簧剛度，彈簧力可表示爲：

$$F_s = K_s(X_c + X_R)$$

代入式(5.3) 有：

$$p = \frac{K_s(X_c + X_R)}{A - 2C_d \omega X_R \cos\theta} \qquad (5.4)$$

當溢流閥開始溢流時，閥的開度 $X_R = 0$，我們將此時的溢流閥進油處的壓

力稱爲開啓壓力，用 p_0 表示：

$$p_0 = \frac{K_s}{AX_R} \qquad (5.5)$$

而隨着閥口的增大，溢流閥的溢流量達到額定流量時，我們將此時的溢流閥出口處的壓力稱爲全流壓力，用 p_n 表示。對於溢流閥來說，希望在工作時，當溢流量變化時，系統中的壓力較穩定，這一特性叫靜態特性或啓閉特性，常用開啓比和靜態調壓偏差兩個指標來描述，即靜態調壓偏差 $p_n - p_0$ 和開啓比 $\frac{p_0}{p_n}$。

由此可見，溢流閥的靜態調壓偏差越小，開啓比越大，控制的系統越穩定，其靜態特性越好。

確定開啓壓力，目前有如下規定：先將溢流量調至全流量時的額定壓力。然後，在開啓過程中，當溢流量加大到額定流量的 1% 時，系統壓力稱爲溢流閥的開啓壓力；在閉合過程中，當溢流量減小到額定流量的 1% 時，系統壓力稱爲溢流閥的閉合壓力。

根據第 2 章中公式可計算通過溢流閥的流量。

通過閥的溢流量：

$$q = C_d \omega X_R \sqrt{\frac{2\Delta p}{\rho}}$$

式中，X_R 可由式（5.4）、式（5.5）計算代入，$\Delta p = p$，則：

$$q = \frac{C_d A \omega}{K_s + 2C_d \omega \cos\theta p}(p - p_c)\sqrt{\frac{2p}{\rho}} \qquad (5.6)$$

式（5.6）就是直動式溢流閥的壓力-流量特性方程，根據此方程繪製的曲線就是溢流閥的壓力-流量特性曲線。如圖 5.9 所示，由曲線可知，壓力隨流量的變化越小，特性曲線越接近直線，溢流閥的靜態特性越好。

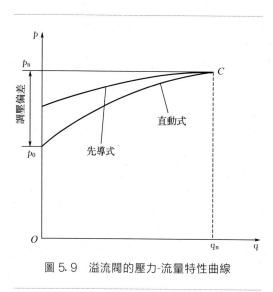

圖 5.9　溢流閥的壓力-流量特性曲線

（2）動態特性

溢流閥的動態特性是指閥在開啓過程中的特性。當溢流閥開啓時，其溢流量從零開始迅速增加到額定流量，相當於給系統加一個階躍訊號，而進口壓力也隨之迅速變化，經過一個振盪過程後，逐步穩定在調定的壓力上。

如圖 5.10 所示爲溢流閥的動態響應檢測結果，根據控制工程理論，若令起始

穩態壓力爲 p_0，最終穩態壓力爲 p_n，$\Delta p_t = p_n - p_0$。評價溢流閥動態特性的指標主要有如下幾個。

壓力超調量 Δp：峰值壓力與最終穩態壓力的差值。

壓力上升時間 t_1：壓力達到 $0.9\Delta p_t$ 的時間與達到 $0.1\Delta p_t$ 的時間差值，即圖中的 A、B 點的時間間隔，該時間也稱爲響應時間。

過渡過程時間 t_2：當瞬時壓力進入最終穩態壓力上下 $0.05\Delta p_t$ 的控制範圍內而不再出來時的時間與 $0.9\Delta p_t$ 的時間差值，即圖中 B、C 點的時間間隔。

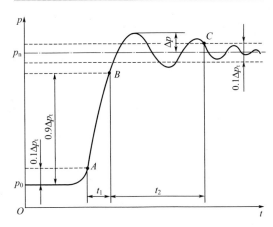

圖 5.10　溢流閥啓動時進口壓力響應特性曲線

這些指標可通過檢測結果依據控制工程理論的計算得出。由於溢流閥的動態響應過程很快（一般在零點幾秒內就完成了），因此，目前靠人工檢測是不可能的，現在的檢測一般是應用傳感元件，由電腦自動完成。電腦輔助檢測包括數據採集、數據處理、結果分析、檢測報告輸出等，在較短的時間內便可給出閥的動態性能指標，其工作效率和檢測精度都達到較高的標準。

5.3.2　減壓閥

（1）功用和性能

減壓閥的用途是用來降低液壓系統中某一部分迴路上的壓力，使這一迴路得到比液壓泵所供油壓力較低的穩定壓力。減壓閥常用於系統的夾緊裝置、電液換向閥的控制油路、系統的潤滑裝置等。

對減壓閥的要求是：減壓閥出口壓力要穩定，並且不受進口壓力及通過油液流量的影響。

減壓閥一般分爲定值式減壓閥、定差式減壓閥和定比式減壓閥，本節主要介紹定值式減壓閥。

（2）定值式減壓閥的結構和原理

同溢流閥一樣，定值式減壓閥分爲直動式和先導式，這裏以先導式爲例介紹減壓閥的工作原理。如圖 5.11(a) 所示的是定值式減壓閥的結構原理。由圖可見，先導式減壓閥與先導式溢流閥的結構非常相似，但注意它們的不同點：

① 在結構上，先導式減壓閥的閥芯一般有三節，而先導式溢流閥的閥芯是

兩節；先導式減壓閥的進油口在上、出油口在下，而先導式溢流閥則位置相反。

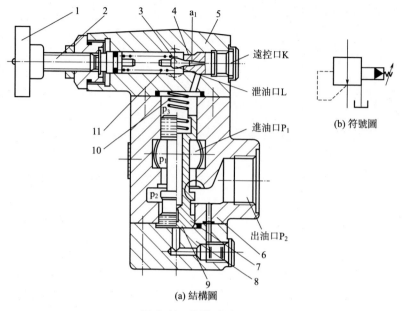

(a) 結構圖

圖 5.11　先導式減壓閥

1—調壓手輪；2—調節螺釘；3—錐閥；4—閥座；5—先導閥體；6—閥體；7—主閥閥芯；
8—端蓋；9—阻尼孔；10—主閥彈簧；11—調壓彈簧

② 在油路上，由於減壓閥的出口與執行機構相連接，而溢流閥的出口直接回油箱，因此先導減壓閥通過先導閥的油液有單獨泄油通道，而先導式溢流閥則沒有。

③ 在使用上，減壓閥保持出口壓力基本不變，而溢流閥保持進口壓力基本不變。

④ 在原始狀態下，減壓閥進出口是常通的，而溢流閥進出口則是常閉的。

先導式減壓閥的工作原理如下：高壓油從進油口 P_1 進入閥內，初始時，減壓閥閥芯處於最下端，進油口 P_1 與出油口 P_2 是相通的，因此，高壓油可以直接從出油口出去。但在出油口中，壓力油又通過端蓋 8 上的通道進入主閥閥芯 7 的下部，同時又可以通過主閥閥芯 7 中的阻尼孔 9 進入主閥閥芯的上端，從先導式溢流閥的討論中得知，此時，主閥閥芯正是在上下油液的壓力差與主閥彈簧力的作用下進行工作的。

當出油口的油液壓力較小時，即沒有達到克服先導閥閥芯彈簧力的時候，先導閥閥口關閉，通過阻尼孔 9 的油液沒有流動，此時，主閥閥芯上下端無壓力差，主閥閥芯在彈簧力的作用下處於最下端；而當出油口的油液壓力大於先導閥彈簧的調定壓力時，油液經先導閥從泄油口 L 流出，此時，主閥閥芯上下端有

壓力差，當這個壓力差大於主閥閥芯彈簧力時，主閥閥芯上移，閥口縮小，從而降低了出油口油液的壓力，並使作用於減壓閥閥芯上的油液壓力與彈簧力達到了新的平衡，而出口壓力就基本保持不變。由此可見，減壓閥是以出口油壓力爲控制訊號，自動調節主閥閥口開度，改變液阻，保證油口壓力的穩定。

5.3.3 順序閥

(1) 功用與性能

順序閥主要是用來控制液壓系統中各執行元件動作的先後順序的，也可用來作爲背壓閥、平衡閥、卸荷閥等使用。

由於順序閥的結構原理與溢流閥相似，因此，順序閥的主要性能同溢流閥相同。但是，由於順序閥主要起控制執行元件的動作順序的作用，因此要求動作靈敏，調壓偏差要小，在閥關閉時密封性要好。

(2) 結構與工作原理

根據控制油液方式不同來分，順序閥分爲内控式（直控）和外控式（遠控）兩種。内控式就是利用進油口的油液壓力來控制閥芯移動的；外控式就是引用外來油液的壓力來遙控順序閥的。同溢流閥和減壓閥相同，在結構上順序閥也有直動式和先導式兩種。

如圖 5.12(a) 所示爲外控先導式順序閥的結構原理。其中 P_1 爲進油口，P_2 爲出油口。從結構上看，順序閥與溢流閥的基本結構相同。所不同的是由於順序閥出口的油液不是回油箱，而是直接輸出到工作機構，因此，順序閥打開後，出口壓力可繼續升高，所以，通過先導閥的泄油需單獨接回油箱。圖 5.12(b) 所示的是内控先導式順序閥的結構，若將底蓋旋轉 90° 並打開螺堵，它將變成外控先導式順序閥，如圖 5.12(a) 所示。

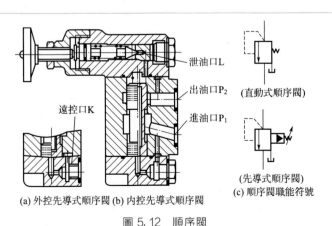

(a) 外控先導式順序閥 (b) 内控先導式順序閥

圖 5.12 順序閥

5.3.4　壓力繼電器

（1）功用與性能

壓力繼電器與前面所述的幾種壓力閥功用不同，它並不是依靠控制油路的壓力來使閥口改變的，而是一個靠液壓系統中油液的壓力來啓閉電氣觸點的電氣轉換元件。在輸入壓力達到調定值時，它發出一個電訊號，以此來控制電氣元件的動作，實現液壓迴路的動作轉換、系統遇到故障的自動保護等功能。壓力繼電器實際上是一個壓力開關。

壓力繼電器的主要性能有調壓範圍、靈敏度、重複精度、動作時間等。

（2）結構特點

如圖 5.13 所示爲一種機械式壓力繼電器，當液壓力達到調定壓力時，柱塞 1 上移通過頂桿 2 合上微動開關 4，發出電訊號。

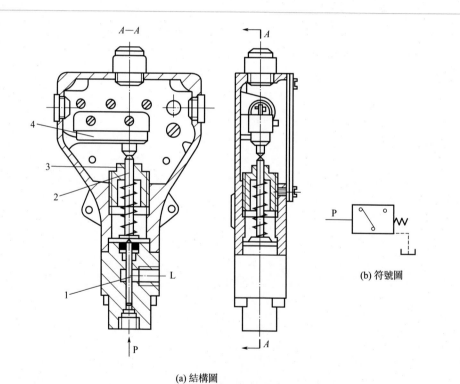

(a) 結構圖

圖 5.13　機械式壓力繼電器

1—柱塞；2—頂桿；3—調節螺釘；4—微動開關

圖 5.14 所示爲一半導體式壓力繼電器，這種壓力繼電器裝有帶有電子迴路

的半導體壓力傳感器，其輸出採用光電隔離的光隔接頭，由於傳感器部分是由半導體構成的，壓力繼電器沒有可動部分，因此耐用性好、可靠性高、壽命長、體積小，特別適合有抗振要求的場合。

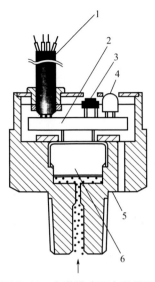

圖 5.14　半導體式壓力繼電器

1—電纜線；2—電子迴路；3—微調電容器；4—LED 指示燈；5—外殼；6—壓力傳感器

5.4　流量控制閥

　　海洋設備中的流量控制閥的功用主要是通過改變節流閥工作開口的大小或節流通道的長短，來調節通過閥口的流量，從而調節海洋裝備執行機構的運動速度。

　　對海洋設備的流量控制閥的要求主要有：

① 足夠的流量調節範圍；

② 較好的流量穩定性，即當閥兩端壓差發生變化時，流量變化要小；

③ 流量受溫度的影響要小；

④ 節流口應不易堵塞，保證最小穩定流量；

⑤ 調節方便、泄漏要小；

⑥ 耐腐蝕、防生物附着；

⑦ 耐高壓、穩定性好。

5.4.1　節流口的流量特性

（1）節流口的形式

如圖 5.15 所示爲幾種常見的節流口的形式。

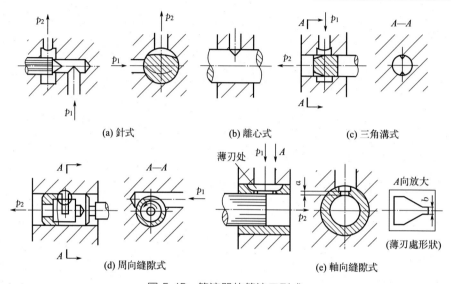

(a) 針式　　(b) 離心式　　(c) 三角溝式

(d) 周向縫隙式　　(e) 軸向縫隙式

圖 5.15　節流閥的節流口形式

① 針式：針閥作軸向移動，調節環形通道的大小以調節流量。

② 離心式：在閥芯上開一個離心槽，轉動閥芯即可改變閥開口大小。

③ 三角溝式：在閥芯上開一個或兩個軸向的三角溝，閥芯軸向移動即可改變閥開口大小。

④ 周向縫隙式：閥芯沿圓周上開有狹縫與内孔相通，轉動閥芯可改變縫隙大小以改變閥口大小。

⑤ 軸向縫隙式：在套筒上開有軸向狹縫，閥芯軸向移動可改變縫隙大小以調節流量。

（2）節流口的流量特性公式

油液流經各種節流口的流量計算公式見第 2 章，但是一般節流口介於薄壁小孔與細長孔之間，因此可用下面的流量計算公式來計算：

$$q = KA(\Delta p)^m$$

式中　K——流量係數，是由節流口形狀及油液性質決定的，見第 2 章；

　　　A——節流口的開口面積；

m——節流指數，一般在 0.5～1 之間，薄壁小孔 $m=0.5$；細長孔 $m=1$。

（3）影響流量穩定的因素

海洋裝備的液壓系統在工作時，希望節流口大小調節好之後，流量 q 穩定不變，但這在實際中是很難達到的。液壓系統在工作時，影響流量穩定的主要因素有：

① 節流閥前後的壓差 Δp　從節流口流量公式來看，流經節流閥的流量與其前後的壓差成正比，並且與節流指數 m 有關，節流指數越大，影響就越大，可見，薄壁小孔（$m=0.5$）比細長孔（$m=1$）要好。

② 油溫　油溫的變化會引起黏度的變化，從而對流量產生影響。溫度變化對於細長孔流量影響較大，但對於薄壁小孔，和油液流動時的雷諾數有關。從第 2 章討論的結果得知，當雷諾數大於臨界雷諾數時，溫度對流量幾乎沒有影響；而當壓差較小、開口面積較小時，流量系統與雷諾數有關，溫度會對流量產生影響。

③ 節流口的堵塞　當節流口面積較小時，節流口的流量會出現週期性脈動，甚至造成斷流，這種現象稱爲節流口的堵塞。產生這種現象的主要原因有兩方面：一方面，工作時的高溫、高壓使油氧化，生成膠質沉澱物、氧化物等；另一方面，還有部分沒過濾乾淨的機械雜質。這些東西在節流口附近形成附着層，隨着附着層的逐漸增加，當達到一定厚度時造成節流口堵塞，形成週期性的脈動。

綜上所述，同樣條件下，水力半徑大的比小的流量穩定性好，在使用上選擇化學穩定性和抗氧化性好的油液精心過濾，效果會更好。

（4）流量調節範圍和最小穩定流量

流量調節範圍是指通過節流閥的最大流量和最小流量之比，它同節流口的形狀和開口特性有很大關係，一般可達 50 以上，三角溝式的流量調節範圍較大，可達 100 以上。

節流閥的最小穩定流量也同節流口的開口形式關係密切，一般三角溝式可達 0.03～0.05L/min，薄壁小孔爲 0.01～0.015L/min。

5.4.2　節流閥

（1）普通節流閥

如圖 5.16 所示爲普通節流閥的結構，這種節流閥的閥口採用的是軸向三角溝式。該閥在工作時，油液從進油口 P_1 進入，經孔 b，通過閥芯 1 上左端的閥口進入孔 a，然後從出油口 P_2 流出。節流閥流量的調節是通過旋轉手柄 3，經推桿 2 推動閥芯移動改變閥口的開度而實現的。

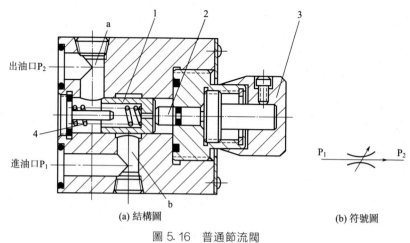

(a) 結構圖　　　　　　　　　　(b) 符號圖

圖 5.16　普通節流閥

1—閥芯；2—推桿；3—旋轉手柄；4—彈簧

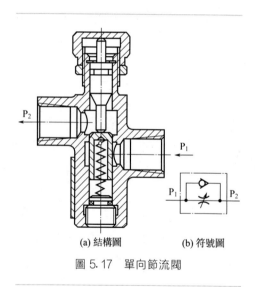

(a) 結構圖　　　(b) 符號圖

圖 5.17　單向節流閥

（2）單向節流閥

在海洋裝備的液壓系統中，如果要求單方向控制油液流量一般採用單向節流閥。如圖 5.17 所示爲單向節流閥。該閥在正向通油時，即油液從 P_1 口進入、從 P_2 口輸出，其工作原理如同普通節流閥；但油液反向流動時，即從 P_2 口進入，則推動閥芯壓縮彈簧全部打開閥口，實現單方向控制油液的目的。

（3）單向行程節流閥

單向行程節流閥一般用於執行機構有快慢速度轉換要求的場合。如圖 5.18 所示爲單向行程節流閥的結構。其中，主閥爲可調節流閥，當執行機構需要快速進給運動時，閥處於原始狀態，閥芯 1 在彈簧的作用下處於最上端，此時閥口全開，油液從進油口 P_1 進入，直接從出油口 P_2 輸出；當執行機構快速進給結束後，轉爲工作進給時，運動件上的擋塊則壓下閥芯 1 上的滾輪，閥芯下移，節流口起作用，油液需經過節流閥才能輸出，實現調節流量的目的；當反向通油時，油液從 P_2 進入，頂開單向閥的球型閥芯 2 直接從 P_1 流出。

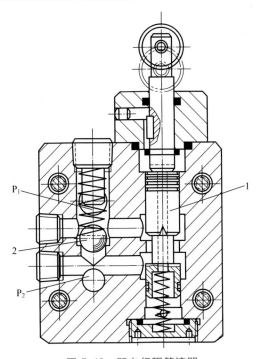

圖 5.18　單向行程節流閥

1—節流閥閥芯；2—單向閥閥芯

（4）節流閥流量與兩端壓差的關係

從節流口流量計算公式 $q=KA(\Delta p)^m$ 知，節流閥流量與閥兩端的壓差成正比，其壓差對流量影響的大小還要看節流指數 m，也就是說與閥口的形式有關。圖 5.19 所示爲在不同的開口面積下的壓差與流量之間的關係。

從圖 5.19 中可以看出，若要獲得相同的最小穩定流量 q_{min}，選用較小壓差 Δp，相對開口面積 A 就要大些，這樣閥口不易堵塞，但同時曲線斜率較大，壓差的變化引起流量變化較大，速度穩定性不好，所以 Δp 也不宜過小。

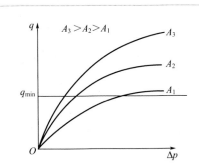

圖 5.19　不同節流口開口面積壓差與流量的關係

5.4.3　調速閥

　　在海況下的節流閥中，即使採用節流指數較小的開口形式，由於節流閥流量是其壓差的函數，因此負載變化時，還是不能保證流量穩定。要獲得穩定的流量，就必須保證節流口兩端壓差不隨負載變化，按照這個思想設計的閥就是調速閥。

　　調速閥實際上是由節流閥與減壓閥組成的複合閥。有的將減壓閥做在前面，即先減壓、後節流；有的將減壓閥做在後面，即先節流、後減壓。不論哪種，工作原理都基本相同。

　　下面就如圖 5.20 所示的調速閥敘述一下調速閥的工作原理。

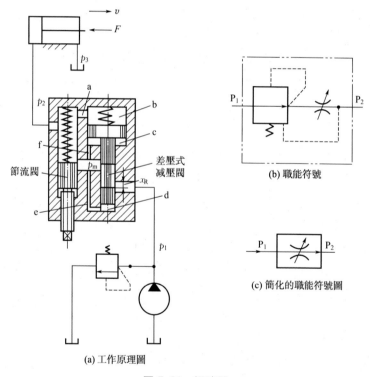

圖 5.20　調速閥

　　這是一種先減壓、後節流的調速閥。調速閥進油口就是減壓閥的入口，直接與泵的輸出油口相接，入口的油液壓力 p_1 是由溢流閥調定的，基本保持恆定。調速閥的出油口即節流閥的出油口與執行機構相連，其壓力 p_2 由液壓缸的負載 F 決定。減壓閥與節流閥中間的油液壓力設爲 p_m，在節流閥的出口處與減壓閥

的上腔開有通孔 a。

　　調速閥在工作時，其流量主要是由節流閥閥口兩端的壓差 p_m-p_2 決定的。當外負載 F 增大時，調速閥的出口壓力 p_2 隨之增大，但由於 p_2 與減壓閥上腔 b 連通，因此，減壓閥的上腔的油液壓力也增加。由於減壓閥的閥口是受作用於減壓閥閥芯上的彈簧力與上下腔油液的壓力差 p_1-p_m 控制的，因此當上腔油液壓力增大時，減壓閥閥芯必然下移，使減壓閥閥口 x_R 增大，作用於減壓閥閥口的壓差 p_1-p_m 減小，由於 p_1 基本不變，因此勢必有 p_m 增加，使得作用於節流閥兩端的壓差 p_m-p_2 基本保持不變，保證了通過調速閥的流量基本恆定。如果外負載 F 減小，根據前面的討論，不難得出，作用於節流閥閥口兩端的壓差 p_m-p_2 仍保持不變，同樣可保證調速閥的流量保持不變。

　　如圖 5.21 所示是調速閥與節流閥的流量與壓差的關係的比較，由圖可知，調速閥的流量穩定性要比節流閥好，基本可達到流量不隨壓差變化而變化。但是，調速閥特性曲線的起始階段與節流閥重合，這是因爲此時減壓閥沒有正常工作，閥芯處於最底端。要保證調速閥正常工作中必須達到 0.4～0.5MPa 的壓力差，這是減壓閥能正常工作的最低要求。

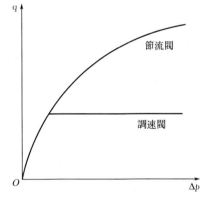

圖 5.21　調速閥與節流閥的流量與壓差的關係

5.4.4　溫度補償調速閥

　　如圖 5.22 所示爲海洋設備的溫度補償調速閥。其主要結構與普通節流閥基本相似，不同的是在閥芯上增加了一個溫度補償調節桿 2（一般用聚氯乙烯製造，工作時，主要利用聚氯乙烯的溫度膨脹係數較大的特點）。當溫度升高時，油液的黏度降低，流量會增大，但調節桿自身的膨脹引起閥芯軸向的移動，以關小節流口，達到補償溫度升高時對流量的影響的目的。

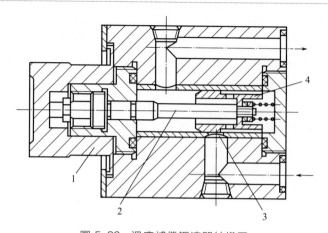

圖 5.22　溫度補償調速閥結構圖

1—手柄；2—溫度補償調節桿；3—節流口；4—節流閥芯

5.4.5　溢流節流閥

　　海洋裝備上使用的溢流節流閥是由差壓式溢流閥 3 與節流閥 2 並聯組成的，如圖 5.23 所示。

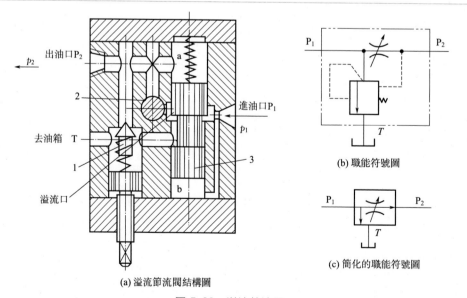

(a) 溢流節流閥結構圖

圖 5.23　溢流節流閥

1—安全閥；2—節流閥；3—溢流閥

海洋裝備的溢流節流閥的工作原理是：進油處 P_1 的高壓油一部分經節流閥從出油口 P_2 去執行機構，而另一部分經溢流閥溢流至油箱中，而溢流閥的上、下端與節流口的前後相通。當負載增大引起出口壓力 p_2 增大時，溢流閥閥芯也隨之下移，溢流閥開口減小，進口壓力 p_1 隨之增大，使得節流閥兩端壓差保持不變，保證了通過節流閥的油液的流量不變。

海洋裝備的溢流節流閥同海洋裝備的調速閥相比較其性能不一樣，但起的作用是一樣的。

對於海洋裝備的調速閥，泵輸出的壓力是一定的，它等於溢流閥的調整壓力，因此，泵消耗功率始終是很大的，而溢流節流閥的泵供油壓力是隨工作載荷而變化的，功率損失小，但流量是全流的，閥芯尺寸大，彈簧剛度大，流量穩定性不如調速閥，適用於速度穩定性要求較低而功率較大的泵系統中。

5.4.6 分流集流閥

海洋裝備的分流集流閥實際上是分流閥、集流閥與分流集流閥的總稱。分流閥的作用是使液壓系統中由同一個能源向兩個執行機構提供相同的流量（等量分流），或按一定比例向兩個執行機構提供流量（比例分流），以實現兩個執行機構速度同步或有一個定比關係。而集流閥則是從兩個執行機構收集等流量的液壓油或按比例地收集回油量，同樣實現兩個執行機構在速度上的同步或按比例關係運動。分流集流閥則是實現上述兩個功能的複合閥。

（1）分流閥的工作原理

海洋裝備的分流閥的結構如圖 5.24 所示。分流閥由閥體 5、閥芯 6、固定節流口 1、2 及復位彈簧 7 等所組成。工作時，若兩個執行機構的負載相同，則分流閥的兩個與執行機構相連接的出口油液壓力 $p_3 = p_4$，由於閥的結構尺寸完全對稱，因而輸出的流量 $q_1 = q_2 = q_0/2$。若其中一個執行機構的負載大於另一個（設 $p_3 > p_4$），當閥芯還沒運動仍處於中間位置時，根據通過閥口的流量特性，必定使 $q_1 < q_2$，而此時作用在固定節流口 1、2 兩端的壓差的關係為 $(p_0 - p_1) < (p_0 - p_2)$，因而使得 $p_1 > p_2$，此時閥芯在作用於兩端不平衡的壓力下向左移，使節流口 3 增大，則節流口 4 減小，從而使 q_1 增大，而 q_2 減小，直到 $q_1 = q_2$，$p_1 = p_2$，閥芯在一個新的平衡位置上穩定下來，保證了通向兩個執行機構的流量相等，使得兩個相同結構尺寸的執行機構速度同步。

（2）分流集流閥的工作原理

如圖 5.25(a) 所示為海洋裝備的分流集流閥的結構。初始時，閥芯 5、6 在彈簧力的作用下處於中間平衡位置。工作時，分兩種狀態：分流與集流。

分流工作時，由於 $p_0 > p_1$、p_2，因此閥芯 5、6 相互分離，且靠結構相互

勾住，假設 $p_4 > p_3$，必然使得 $p_2 > p_1$，使閥芯向左移，此時，節流口 3 相應減小，使得 p_1 增加，直到 $p_1 = p_2$，閥芯不再移動。由於兩個固定節流口 1、2 的面積相等，因此通過的流量也相等，並不因 p_3、p_4 的變化而變化。

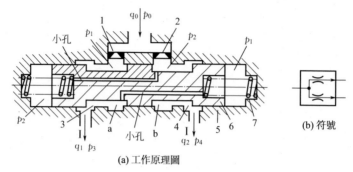

(a) 工作原理圖

圖 5.24　分流閥的工作原理圖

1, 2—固定節流口；3, 4—節流口；5—閥體；6—閥芯；7—復位彈簧

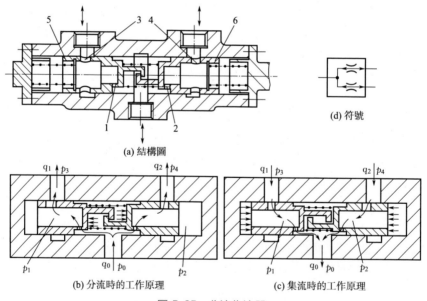

圖 5.25　分流集流閥

1, 2—固定節流口；3, 4—節流口；5, 6—閥芯

集流工作時，由於 $p_0 < p_1$、p_2，因此閥芯 5、6 相互壓緊，仍設 $p_4 > p_3$，必然使得 $p_2 > p_1$，使相互壓緊的閥芯向左移，此時，節流口 4 相應減小，使得 p_2 下降，直到 $p_1 = p_2$，閥芯不再移動。與分流工作時同理，由於兩個固定節流口 1、2 的面積相等，因此通過的流量也相等，並不因 p_3、p_4 的變化而影響。

5.5 其他類型的控制閥

5.5.1 比例控制閥

海洋裝備的比例控制閥是一種按輸入的電氣訊號連續地按比例地對油流的壓力、流量和方向進行遠距離控制的閥。

目前在工業上應用的比例控制閥主要有兩種形式，一種是在電液伺服閥的基礎上降低設計製造精度而發展起來的，另一種是在原普通壓力閥、流量閥和方向閥的基礎上裝上電-機械轉換器以代替原有控制部分而發展起來的。第二種形式是發展的主流，這種結構的比例控制閥與普通控制閥可以互換。同普通控制閥一樣，比例控制閥按其用途和工作特點一般分為比例方向閥、比例壓力閥和比例流量閥三大類[9]。

(1) 海洋裝備的比例控制閥的特點

① 能實現自動控制、遠程控制和程序控制。
② 能將電的快速、靈活等優點與液壓傳動功率大的特點結合起來。
③ 能連續地、按比例地控制執行元件的力、速度和方向，並能防止壓力或速度變化及換向時的衝擊現象。
④ 簡化了系統，減少了液壓元件的使用量。
⑤ 具有優良的靜態性能和適當的動態性能。
⑥ 抗污染能力較強，使用條件、保養和維護與普通液壓閥相同。
⑦ 效率較高。
⑧ 具有良好的耐蝕性。
⑨ 耐高壓，穩定性好。

(2) 電-機械轉換器

目前，海洋裝備上使用的比例控制閥上採用的電-機械轉換器主要有比例電磁鐵、動圈式力馬達、力矩電動機、伺服電動機和步進電動機等形式。

① 比例電磁鐵　比例電磁鐵是一種直流電磁鐵，它是在傳統濕式直流閥用開關電磁鐵的基礎上發展起來的。它與普通電磁鐵不同的是，普通電磁鐵只要求有吸合和斷開兩個位置，並且為了增加吸力，在吸合時磁路中幾乎沒有氣隙。而比例電磁鐵則要求吸力與輸入電流成正比，並在銜鐵的全部工作位置上，磁路中都要保持一定的氣隙。按比例電磁鐵輸出位移的形式，有單向移動式和雙向移動式之分。因兩種比例電磁鐵的原理相似，這裏只介紹如圖 5.26 中所示的一種雙

向移動式比例電磁鐵。

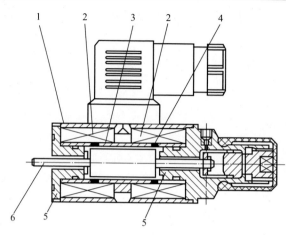

圖 5.26　雙向移動式比例電磁鐵

1—殼體；2—線圈；3—導向套；4—隔磁環；5—軛鐵；6—推桿

　　在雙向移動式比例電磁鐵中，有兩個單向直流比例電磁鐵，在殼體內對稱安裝有兩對線圈：一對爲勵磁線圈，它們極性相反且互相串聯或並聯，由一恆流電源供給恆定的勵磁電流，在磁路內形成初始磁通；另一對爲控制線圈，它們極性相同且互相串聯。工作時，僅有勵磁電流時，左右兩端的電磁吸力大小相等、方向相反，銜鐵處於平衡狀態，此時輸出力爲零；當有控制電流通過時，兩控制線圈分別在左右兩半環形磁路內產生差動效應，形成了與控制電流方向和大小相對應的輸出力。由於採用了初始磁通，避開了鐵磁材料磁化曲線起始階段的影響，因此它不僅具有良好的位移-力水平特性，還具有無零位死區、線性好、滯環小、動態響應快等特點。

　　② 動圈式力馬達　動圈式力馬達與比例電磁鐵不同的是：其運動件是線圈而不是銜鐵，當可動的控制線圈通過控制電流時，線圈在磁場中受力而移動，其方向由電流方向及固定磁通方向按左手法則來確定，力的大小則與磁場強度及電流大小成正比。

　　動圈式馬達具有滯環小、行程大、可動件質量小、工作頻率較寬及結構簡單等特點。

　　③ 力矩電動機　力矩電動機是一種輸出力矩或轉角的電-機械轉換器，它的工作原理與前面兩種相似，由永久磁鐵或勵磁線圈產生固定磁場，通過控制線圈上的電流大小來控制磁通，從而控制銜鐵上的吸力，使其產生運動。由於結構不同，其銜鐵是帶扭軸的可轉動機構，因此銜鐵失去平衡後產生力矩而使其偏轉，

但輸出力矩較小。

力矩電動機的主要優點是：自振頻率高，功率/重量比大，抗加速度零漂性能好。但其缺點是：工作行程很小，製造精度要求高，價格貴，抗干擾能力也不如動圈式力馬達和動鐵式比例電磁鐵。

④ 伺服電動機　伺服電動機是一種可以連續旋轉的電-機械轉換器，較常見的是永磁式直流伺服電動機和並勵式直流伺服電動機，直流伺服電動機的輸出轉速與輸入電壓成正比，並能實現正反向速度的控制。作爲液壓閥控制的伺服電動機，它屬於功率很小的微特電動機，其輸出轉速與輸入電壓的傳遞函數可近似看作爲一階延遲環節，機電時間常數一般約在十幾毫秒到幾十毫秒之間。

伺服電動機具有啓動轉矩大、調速範圍寬、機械特性和調節特性的線性度好、控制方便等特點。近幾年出現的無刷直流伺服電動機避免了電刷摩擦和換向干擾，因此更具有靈敏度高、死區小、雜訊低、壽命長、對周圍的電子設備干擾小等特點。

⑤ 步進電動機　步進電動機是一種數位式旋轉運動的電-機械轉換器，它可將脈衝訊號轉換爲相應的角位移。每輸入一個脈衝訊號時，電動機就會相應轉過一個步距角，其轉角與輸入的數位脈衝訊號成正比，轉速隨輸入的脈衝頻率而變化。若輸入反向脈衝訊號，步進電動機將反向旋轉。步進電動機工作時需要專門的驅動電源，一般包括變頻訊號源、脈衝分配器和功率放大器。

由於步進電動機是直接用數位量控制的，因此可直接與電腦連接，且有控制方便、調速範圍寬、位置精度較高、工作時的步數不易受電壓波動和負載變化的影響的優點。

(3) 比例控制閥

前面介紹過，目前海洋裝備中使用的比例控制閥主要還是採用在原普通控制閥的基礎上以電-機械轉換器代替原控制部分的方法，構成了電磁比例壓力閥、電磁比例方向閥、電磁比例流量閥等[10]，因此，這裏對各種的閥的結構就不再一一做詳細介紹，僅以一種電磁比例方向閥爲例來說明其工作原理。各種比例控制閥的比較見表 5.3。

表 5.3　各種比例控制閥的比較

各種比例閥的名稱		結構分類	組成特點	應用
比例壓力閥	比例溢流閥	直動式和先導式	以電-機械轉換器代替原手動調壓彈簧控制機構，以控制油液壓力	適用於控制液壓參數超過 3 個以上的場合
	比例減壓閥			
	比例順序閥			

續表

各種比例閥的名稱		結構分類	組成特點	應用
比例流量閥	比例節流閥	直動式和先導式	以電-機械轉換器控制閥口的開啟量的大小	利用斜坡訊號作用在比例方向閥上,可對機構的加速和減速進行有效的控制
	比例調速閥			
	比例旁通型調速閥			
比例方向閥	比例方向節流閥	有直動式和先導式,分開環控制和閥芯位移反饋閉環控制兩類	電-機械轉換器既可以控制閥口的啟閉又可以控制開啟量的大小;既可以控制方向也可以控制流量。若用定差式減壓閥或定差式溢流閥對閥口進行壓力補償,則構成比例調速閥	利用比例方向閥和壓力補償器實現負載補償,可精確地控制機構的運動參數而不受負載影響
	比例方向調速閥			

　　如圖 5.27 所示爲一種先導式比例方向控制閥的結構。它是一種先導式開環控制的比例方向節流閥,其先導閥及主閥都是四邊滑閥,該閥的先導閥是一雙向控制的直動式比例減壓閥。

　　工作時,當比例電磁鐵 1 通電時,先導閥閥芯右移,油液從 X 經先導閥閥芯及固定液阻等油路作用於主閥芯 6 的右端,推動主閥芯左移,主閥口 P 與 A、B 與 T 接通,此時,主閥芯上所開的節流槽與主閥體上控制臺階形成的滑閥開口根據連續供給比例電磁鐵的輸入訊號而按比例地變化,以使得主閥通道所通過油液的流量按比例得到控制。

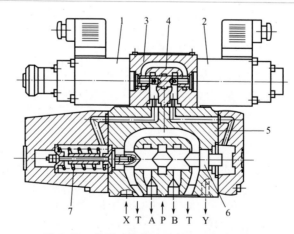

圖 5.27　先導式比例方向控制閥的結構圖

1, 2—比例電磁鐵; 3—先導閥體; 4—先導閥芯; 5—主閥體; 6—主閥芯; 7—主閥彈簧

5.5.2 插裝閥（邏輯閥）

（1）插裝閥概述

插裝閥是 20 世紀 70 年代後發展起來的一種新型的閥，它是以插裝單位爲主體、配以蓋板和不同的先導控制閥組合而成的具有一定控制功能的組件，可以根據需要組成方向閥、壓力閥和流量閥。因插裝閥基本組件只有兩個油口，故也被稱爲二通插裝閥。

從邏輯關係上看，插裝閥相當於邏輯元件中的「非」門，因此也叫邏輯閥。

（2）插裝閥的特點

與普通液壓閥比較，海洋裝備中應用的插裝閥具有以下特點。

① 通流能力較大，特別適合高壓、大流量且要求反應迅速的場合。最大流量可達 100000L/min。

② 閥芯動作靈敏，切換時響應快，衝擊小。

③ 密封性好，泄漏少，油液經閥時的壓力損失小。

④ 結構簡單，不同的閥有相同的閥芯，一閥多能，易於實現標準化。

⑤ 穩定性好，製造起來工藝性好，便於維修更換。

⑥ 不易腐蝕，耐高壓。

海洋裝備的插裝閥閥孔的設計通用性的重要性在於大批量生產。就某一種規格的插裝閥而言，爲了批量生產，閥口的尺寸是統一的。此外，不同功能的閥可以採用同一規格的閥腔，例如：單向閥、錐閥、流量調節閥、節流閥、二位電磁閥等等。如果同一規格、不同功能的插裝閥無法採用不同閥體，那麼閥塊的加工成本勢必增加，插裝閥的優勢就不復存在。

海洋裝備的插裝閥在流體控制功能的領域的使用種類比較廣泛，已應用的元件有電磁換向閥、單向閥、溢流閥、減壓閥、流量控制閥和順序閥。通用性在流體動力迴路設計和機械實用性方面的延伸，充分展示了插裝閥對系統設計和應用的重要性。由於其裝配過程的通用性以及閥孔規格的通用性、互換性的特點，使用插裝閥完全可以實現完善的設計配置，也使插裝閥廣泛地應用於各種液壓機械。

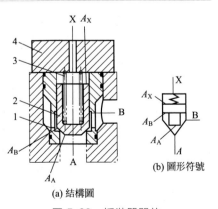

(a) 結構圖

(b) 圖形符號

圖 5.28 插裝閥單位

1—閥套；2—閥芯；3—彈簧；4—蓋板

（3）插裝閥的結構與工作原理

如圖 5.28 所示的插裝閥單位（也就

是插裝閥的主體）是由閥套 1、閥芯 2、彈簧 3、蓋板 4 及密封件組成的。主閥芯上腔作用着由 X 口流入的油液的液壓力和彈簧力，A、B 兩個油口的油液壓力作用於閥芯的下錐面，也是插裝閥的主通道。其 X 口油液的壓力起着控制主通道 A、B 的通斷的作用。蓋板具有固定插裝件及密封、連接插裝件與先導件的作用，在蓋板上也可裝嵌節流螺塞等微型控制元件，還可安裝位移傳感器等電器附件，以便構成具有某種控制功能的組合閥。

　　二通插裝閥從工作原理上看就相當於一個液控單向閥，A、B 為兩個工作油口，形成主通路；X 為控制油口，起控制作用，通過該油口中油液壓力大小的變化可控制主閥芯的啓閉及主通油路油液的流向及壓力。將若干個不同控制功能的二通插裝閥組裝在一起，就組成了液壓迴路。

（4）插裝閥控制組件

部分插裝閥控制組件見表 5.4。

表 5.4　部分插裝閥控制組件

各種控制閥名稱		組成原理圖	基本功能
方向控制閥	插裝單向閥	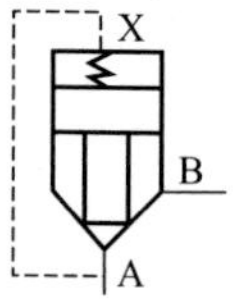	
	插裝液控單向閥	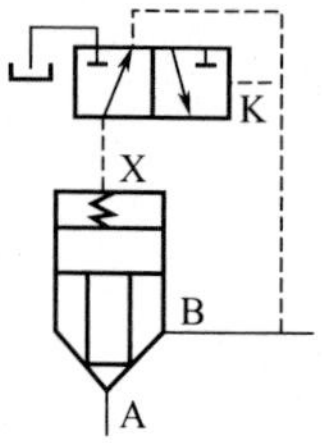	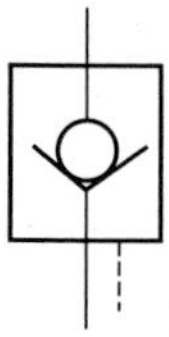
	插裝換向閥	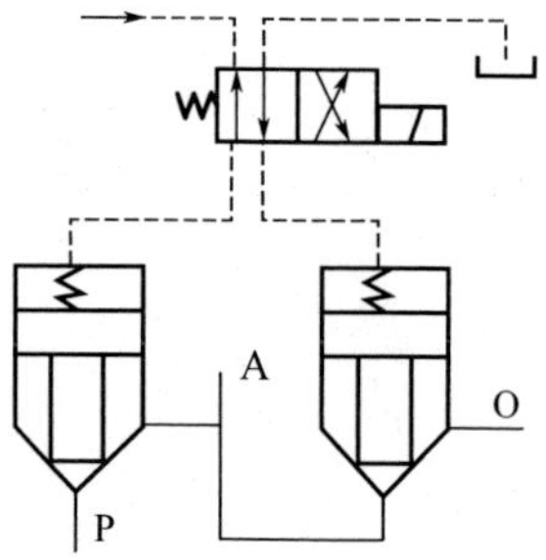	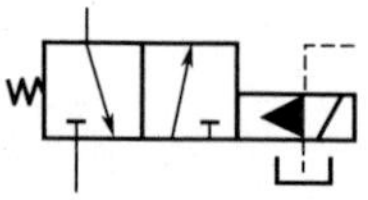

各種控制閥名稱		組成原理圖	基本功能
方向控制閥	插裝換向閥		
壓力控制閥	插裝溢流閥		當 B 口接油箱時,相當於先導式溢流閥;當 B 口接負載時,相當於先導式順序閥
	插裝卸荷閥		當二位二通電磁閥斷電時,可做溢流閥使用;當二位二通電磁閥通電時,即爲卸荷閥
	插裝減壓閥		B 口爲進油口,A 口爲出油口,並且與控制腔 X、先導閥進口相通,由於控制油取自 A 口,因而能得到恆定的二次壓力,相當於定壓輸出減壓閥
流量控制閥	插裝節流閥		A 爲進油口,B 爲出油口,在蓋板上增加閥芯行程調節器,用以調節閥芯開度,達到控制流量的目的。閥芯上開有三角槽,作爲節流口
	插裝調速閥		在二通插裝式節流閥前串聯一個定差式減壓閥就組成了二通插裝式調速閥

5.5.3　疊加閥

　　海洋裝備的疊加閥是在安裝時以疊加的方式連接的一種液壓閥，它是在板式連接的液壓閥集成化的基礎上發展起來的新型液壓元件。

　　疊加閥是一種標準化的液壓元件，同普通液壓閥一樣，根據用途不同可以分爲方向控制閥、壓力控制閥及流量控制閥，方向控制閥中只有換向閥時不屬於疊加閥系列。疊加閥在設計製作過程中，雖然功能不同，但相同孔徑的疊加閥有着同樣的外形尺寸、標準的油路通道及連接螺栓位置。疊加閥一般是以控制一個執行元件爲一組，每組的最下端爲底板（積體電路），最上端是與之匹配的換向閥，中間按要求選擇各種功能的疊加閥，每一個液壓迴路視執行元件的多少而由若干個疊加閥組合而成。疊加閥式液壓裝置見圖 5.29，液壓系統圖見圖 7.42。

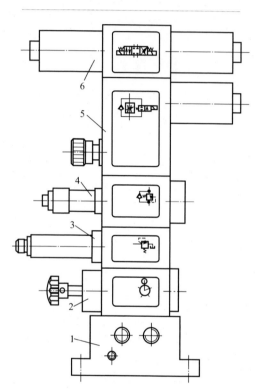

圖 5.29　疊加閥式液壓裝置
1—底塊；2—壓力表開關；3—溢流閥；4—單向順序閥；5—單向調速閥；6—換向閥

　　海洋裝備的疊加閥的優點爲：

　　① 組成迴路的各單位疊加閥間不用管路連接，因而結構緊湊、體積小，由於管路連接引起的故障也少。

　　② 由於疊加閥是標準化元件，設計中僅需要繪出液壓系統原理圖即可，因而設計工作量小，設計週期短。

　　③ 根據需要更改設計或增加、減少液壓元件較方便、靈活。

　　④ 系統的泄漏及壓力損失較小。

　　⑤ 防腐蝕，防生物附着。

　　⑥ 耐高壓，性能穩定。

第6章

液壓輔助裝置

6.1 蓄能器

6.1.1 蓄能器的功用

蓄能器的功用是將液壓系統中液壓油的壓力能儲存起來，在需要時重新放出。壓力突降是影響深海環境實驗裝置工作性能的一個不確定因素，艙體類工作裝置在爆破時造成系統壓力突降，爲了使系統恢復正常，必須要迅速回升系統壓力，這個時候就需要在液壓迴路中安裝蓄能器對壓力衝擊進行吸收。其主要作用具體表現在以下幾個方面。

(1) 用作輔助動力源

某些液壓系統的執行元件是間歇動作的，總的工作時間很短，在一個工作循環內速度差別很大。使用蓄能器作輔助動力源可降低泵的功率，提高效率，降低溫升，節省能源。圖 6.1 所示的液壓系統中，當液壓缸的活塞桿接觸工件慢進和保壓時，泵的部分流量進入蓄能器 1 被儲存起來，達到設定壓力後，卸荷閥 2 打開，泵

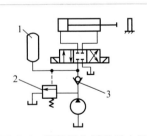

圖 6.1　蓄能器作輔助動力源
1—蓄能器；2—卸荷閥；3—單向閥

卸荷。此時，單向閥 3 使壓力油路密封保壓。當液壓缸活塞快進或快退時，蓄能器與泵一起向缸供油，使液壓缸得到快速運動，蓄能器起到補充動力的作用。

(2) 保壓補漏

對於執行元件長時間不動而要保持恆定壓力的液壓系統，可用蓄能器來補償泄漏，從而使壓力恆定。如圖 6.2 所示的液壓系統處於壓緊工件狀態（機床液壓夾具夾緊工件），這時可令泵卸荷，由蓄能器保持系統壓力並補充系統泄漏。

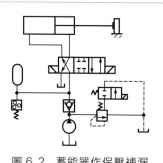

圖 6.2　蓄能器作保壓補漏

（3）用作緊急動力源

　　某些液壓系統要求在液壓泵發生故障或失去動力時，執行元件應能繼續完成必要的動作以緊急避險、保證安全。爲此可在系統中設置適當容量的蓄能器作爲緊急動力源，避免事故發生。

（4）吸收脈動，降低雜訊

　　當液壓系統採用齒輪泵和柱塞泵時，因其瞬時流量脈動將導致系統的壓力脈動，從而引起振動和雜訊。此時可在液壓泵的出口安裝蓄能器吸收脈動、降低雜訊，減少因振動對儀表和管接頭等元件造成的損壞。

（5）吸收液壓衝擊

　　由於換向閥的突然換向、液壓泵的突然停止工作、執行元件運動的突然停止等原因，液壓系統管路內的液體流動會發生急劇變化，產生液壓衝擊。這類液壓衝擊大多發生於瞬間，系統的安全閥來不及開啓，會造成系統中的儀表、密封損壞或管道破裂。若在衝擊源的前端管路上安裝蓄能器，則可以吸收或緩和這種壓力衝擊。

6.1.2　蓄能器的分類

　　蓄能器有各種結構形狀，根據加載方式可分爲重錘式、彈簧式和充氣式三種。其中充氣式蓄能器是利用氣體的壓縮和膨脹來儲存和釋放能量的，用途較廣，目前常用的是活塞式、氣囊式、隔膜式蓄能器。

（1）重錘式蓄能器

　　重錘式蓄能器的結構原理如圖 6.3 所示，它是利用重物的位置變化來儲存和釋放能量的。重物 1 通過柱塞 2 作用於液壓油 3 上，使之產生壓力。

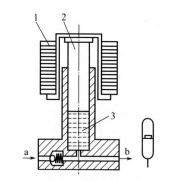

圖 6.3　重錘式蓄能器
1—重物；2—柱塞；3—液壓油

當儲存能量時，油液從孔 a 經單向閥進入蓄能器內，通過柱塞推動重物上升；釋放能量時，柱塞同重物一起下降，油液從 b 孔輸出。這種蓄能器結構簡單、壓力穩定，但容量小、體積大、反應不靈活、易產生

泄漏，目前只用於少數大型固定設備的液壓系統。

（2）彈簧式蓄能器

圖 6.4 所示爲彈簧式蓄能器的結構原理，它是利用彈簧的伸縮來儲存和釋放能量的。彈簧 1 的力通過活塞 2 作用於液壓油 3 上。液壓油的壓力取決於彈簧的預緊力和活塞的面積。由於彈簧伸縮時彈簧力會發生變化，所形成的油壓也會發生變化。爲減少這種變化，一般彈簧的剛度不能太大，彈簧的行程也不能過大，從而限定了這種蓄能器的工作壓力。這種蓄能器用於低壓、小容量的液壓系統。

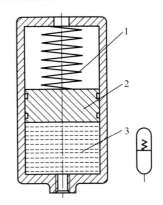

圖 6.4　彈簧式蓄能器
1—彈簧；2—活塞；3—液壓油

（3）活塞式蓄能器

活塞式蓄能器的結構如圖 6.5 所示。活塞 1 的上部爲壓縮氣體（一般爲氮氣），下部爲壓力油，氣體由氣門充入，壓力油經油孔 a 通入液壓系統，活塞的凹部面向氣體，以增加氣體室的容積。活塞隨下部壓力油的儲存和釋放而在缸筒 2 內滑動。爲防止活塞上下兩腔互通而使氣液混合，活塞上裝有密封圈。這種蓄能器的優點是：結構簡單，壽命長。其缺點是：由於活塞運動慣性大和存在密封摩擦力等原因，反應靈敏性差，不宜用於吸收脈動和液壓衝擊；缸筒與活塞配合面的加工精度要求較高；密封困難，壓縮氣體將活塞推到最低位置時，由於上腔氣壓稍大於活塞下部的油壓，活塞上部的氣體容易泄漏到活塞下部的油液中，使氣液混合，影響系統的工作穩定性。

（4）氣囊式蓄能器

氣囊式蓄能器的結構如圖 6.6 所示。該種蓄能器有一個均質無縫殼體 2，其形狀爲兩端呈球形的圓柱體。殼體的上部有個容納充氣閥的開口。氣囊 3 用耐油橡膠製成，固定在殼體 2 的上部，由氣囊把氣體和液體分開。囊內通過充氣閥 1 充進一定壓力的惰性氣體（一般爲氮氣）。殼體下端的提升閥 4 是一個受彈簧作用的菌形閥，壓力油從此通入。當氣囊充分膨脹時，即油液全部排出時，迫使菌形閥關閉，防止氣囊被擠出油口。該種結構的蓄能器的優點是：氣液密封可靠，能使油氣完全隔離；氣囊慣性小，反應靈敏；結構緊湊。其缺點是：氣囊製造困難，工藝性較差。氣囊有折合型和波紋型兩種，前者容量較大，適用於蓄能；後者則適用於吸收衝擊。

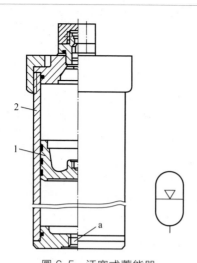

圖 6.5　活塞式蓄能器
1—活塞；2—缸筒

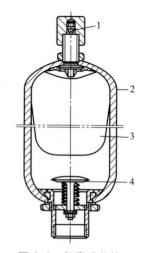

圖 6.6　氣囊式蓄能器
1—充氣閥；2—殼體；3—氣囊；4—提升閥

(5) 隔膜式蓄能器

隔膜式蓄能器的結構如圖 6.7 所示。該種蓄能器以耐油橡膠隔膜代替氣囊，把氣和油分開。其優點是殼體爲球形，重量與體積的比值最小；缺點是容量小（一般在 0.95～11.4L 範圍內）。其主要用於吸收衝擊。

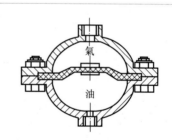

圖 6.7　隔膜式蓄能器

6.1.3　蓄能器的容量計算

蓄能器的容量是選用蓄能器的主要指標之一。不同的蓄能器其容量的計算方法不同，下面介紹氣囊式蓄能器容量的計算方法。

氣囊式蓄能器在工作前要先充氣，當充氣後氣囊會佔據蓄能器殼體的全部體積，假設此時氣囊內的體積爲 V_0，壓力爲 p_0；在工作狀態下，壓力油進入蓄能器，使氣囊受到壓縮，此時氣囊內氣體的體積爲 V_1，壓力爲 p_1；壓力油釋放後，氣囊膨脹其體積變爲 V_2，壓力降爲 p_2。由氣體狀態方程有：

$$p_0 V_0^k = p_1 V_1^k = p_2 V_2^k = 常數$$

式中，k 爲指數，其值由氣體的工作條件決定。當蓄能器用來補償泄漏起保壓作用時，因釋放能量的速度很低，可認爲氣體在等溫條件下工作，$k=1$；當蓄能器用作輔助動力源時，因釋放能量較快，可認爲氣體在絕熱條件下工作，

$k = 1.4$。

若蓄能器工作時要求釋放的油液體積爲 V，則由 $V = V_2 - V_1$ 可求得蓄能器的容量：

$$V_0 = V \left(\frac{1}{p_0}\right)^{\frac{1}{k}} \Big/ \left[\left(\frac{1}{p_2}\right)^{\frac{1}{k}} - \left(\frac{1}{p_1}\right)^{\frac{1}{k}}\right] \tag{6.1}$$

爲保證系統壓力爲 p_0 時，蓄能器還能釋放壓力油，應取充氣壓力 $p_0 < p_2$，對於波紋型氣囊取 $p_0 = (0.6 \sim 0.65)p_2$，對於折合型氣囊取 $p_0 = (0.8 \sim 0.85)p_2$，有利於延長其使用壽命。

6.1.4　蓄能器的安裝和使用

在安裝和使用蓄能器時應考慮以下幾點：

① 由於是在海洋環境中使用，爲防止蓄能器被海水腐蝕，不能在蓄能器上進行焊接、鉚焊或機械加工；

② 蓄能器應安裝在便於檢查、維修並遠離熱源的位置；

③ 必須將蓄能器牢固地固定在托架或基礎上；

④ 在蓄能器和泵之間應安裝單向閥，以免泵停止工作時，蓄能器儲存的壓力油倒流而使泵反轉；

⑤ 用作降低雜訊、吸收脈動和液壓衝擊的蓄能器應盡可能靠近振動源處；

⑥ 氣囊式蓄能器應垂直安裝，油口向下。

6.2　油箱及熱交換器

6.2.1　油箱的作用和結構

油箱在液壓系統中的主要作用是儲存液壓系統所需的足夠油液，散發油液中的熱量，分離油液中的氣體及沉澱污物。另外對中小型液壓系統，往往把泵和一些控制元件安裝在油箱頂板上使液壓系統結構緊湊。

油箱有整體式和分離式兩種。整體式油箱是與機械設備的機體做在一起的，利用機體空腔部分作爲油箱；此種形式結構緊湊，各種漏油易於回收，但散熱性差，易使鄰近構件發生熱變形，從而影響了機械設備的精度，再則維修不方便，使機械設備複雜。分離式油箱是一個單獨的與主機分開的裝置，它布置靈活，維修保養方便，可減少油箱發熱和液壓振動對工作精度的影響，便於設計成通用化、系列化的產品，因而得到廣泛的應用。對一些小型液壓設備，或爲了節省占

　　地面積，或爲了批量生產，常將液壓泵-電動機裝置及液壓控制閥安裝在分離式油箱的頂部組成一體，稱爲液壓站。對大中型液壓設備一般採用獨立的分離油箱，即油箱與液壓泵-電動機裝置及液壓控制閥分開放置。

　　圖 6.8 所示爲小型分離式油箱。通常油箱用 2.5～5mm 鋼板焊接而成。

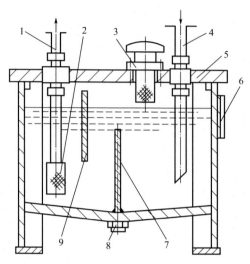

圖 6.8　分離式油箱

1—吸油管；2—網式過濾器；3—空氣過濾器；4—回油管；5—頂蓋；
6—油面指示器；7,9—隔板；8—放油塞

6.2.2　油箱的設計要點

　　油箱除了其基本作用外，有時它還兼作液壓元件的安裝臺。因此設計油箱時應注意以下幾點。

　　① 油箱應有足夠的容量（通常取液壓泵每分鐘流量的 3～12 倍進行估算）。液壓系統工作時油面應保持一定高度（一般不超過油箱高度的 80%），以防止液壓泵吸空。爲防止系統油液全部回油箱時溢出油箱，油箱容積還應有一定裕量。

　　② 油箱中應設吸油過濾器，要有足夠的通流能力。因爲需經常清洗過濾器，所以在油箱結構上要考慮拆卸方便。

　　③ 油箱底部做成適當斜度，並設放油塞。大油箱爲清洗方便應在側面設計清洗窗孔。油箱箱蓋上應安裝空氣過濾器，其通氣流量不小於泵流量的 1.5 倍，以保證具有較好的抗污能力。

　　④ 在油箱側壁安裝油位指示器，以指示最低、最高油位。爲了防鏽、防凝水，新油箱內壁經噴丸酸洗和表面清洗後，可塗一層與工作油液相容的塑膠薄膜

或耐油清漆。

⑤ 吸油管及回油管要用隔板分開，增加油液循環的距離，使油液有足夠時間分離氣泡、沉澱雜質，隔板高度一般取油面高度的 3/4。吸油管與油箱底面距離 $H \geqslant 2D$（D 爲吸油管内徑），距油箱壁不小於 $3D$，以利吸油通暢。回油管插入最低油面以下，防止回油時帶入空氣，與油箱底面距離 $h \geqslant 2d$（d 爲回油管内徑），回油管排油口應面向箱壁，管端切成 $45°$，以增大通流面積。泄漏油管則應在油面以上。

⑥ 油箱散熱條件要好，必要時應安裝溫度計、溫控器和熱交換器。

⑦ 大、中型油箱應設起吊鈎或孔。

具體尺寸、結構可參看有關資料及設計手册。在海洋裝備的設計中，應考慮到油箱不能或者不方便拆卸的因素，對吸油過濾器進行特殊設計；同時應該考慮海洋環境中的頻繁搖晃等因素，對吸油、回油管的位置的設置進行考慮，以防油品泄漏。

6.2.3 油箱容積的確定

油箱的容積是油箱設計時需要確定的主要參數。油箱體積大時散熱效果好，但用油多、成本高；油箱體積小時，佔用空間小、成本低，但散熱條件不足。在實際設計時，可用經驗公式初步確定油箱的容積，然後再驗算油箱的散熱量 Q_1，計算系統的發熱量 Q_2，當油箱的散熱量大於液壓系統的發熱量（$Q_1 > Q_2$）時，油箱容積合適，否則需增大油箱的容積或採取冷卻措施（油箱散熱量及液壓系統發熱量計算請查閱有關手册）。

油箱容積的估算經驗公式爲：

$$V = aq \tag{6.2}$$

式中　V——油箱的容積，L；

　　　q——液壓泵的總額定流量，L/min；

　　　a——經驗係數，min，其數值確定如下：對低壓系統，$a = 2 \sim 4$min；對中壓系統，$a = 5 \sim 7$min；對中、高壓或高壓大功率系統，$a = 6 \sim 12$min。

6.2.4 熱交換器

液壓系統的大部分能量損失轉化爲熱量後，除部分散發到周圍空間外，大部分使油液溫度升高。若長時間油溫過高，則油液黏度下降，油液泄漏增加，密封材料老化，油液氧化，嚴重影響液壓系統正常工作。因結構限制，油箱又不能太大，依靠自然冷卻不能使油溫控制在所希望的正常工作溫度範圍即 $20 \sim 65$℃ 時，

需在液壓系統中安裝冷却器，以控制油溫在合理範圍內。相反，如户外作業設備在冬季啓動時，油溫過低，油黏度過大，設備啓動困難，壓力損失加大並引起過大的振動。在此種情況下，系統中應安裝加熱器，將油液升高到適合的溫度。

熱交換器是冷却器和加熱器的總稱，下面分別予以介紹。

（1）冷却器

對冷却器的基本要求是：在保證散熱面積足夠大、散熱效率高和壓力損失小的前提下，結構緊凑、堅固、體積小和重量輕，最好有自動控溫裝置以保證油溫控制的準確性。

根據冷却介質不同，冷却器有風冷式、水冷式和冷媒式三種。風冷式利用自然通風來冷却，常用在行走設備上。冷媒式是利用冷媒介質如氟利昂在壓縮機中作絕熱壓縮、散熱器放熱、蒸發器吸熱的原理，把熱油的熱量帶走，使油冷却，此種方式冷却效果最好，但價格昂貴，常用於精密機床等設備上。水冷式是一般液壓系統常用的冷却方式。在海洋裝備中，風冷式冷却器的適用範圍太過狹窄；冷媒式冷却器的應用設備比較精密，對惡劣的海洋環境適應性也不高；所以採用水冷式冷却器是比較好的思路，且冷却材料容易獲得。

水冷式冷却器利用水進行冷却，它分爲有板式、多管式和翅片式。圖6.9所示爲多管式冷却器。油從殼體左端進油口流入，由於擋板2的作用，使熱油循環路線加長，這樣有利於和水管進行熱量交換，最後從右端出油口排出。水從右端蓋的進水口流入，經上部水管流到左端後，再經下部水管從右端蓋出水口流出，由水將油液中的熱量帶出。此種方法冷却效果較好。

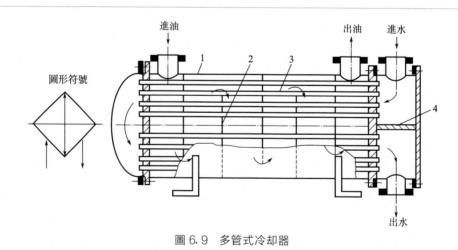

圖6.9　多管式冷却器

1—外殼；2—擋板；3—鋼管；4—隔板

冷却器一般安裝在回油管路或低壓管路上。

（2）加熱器

油液加熱的方法有用熱水或蒸汽加熱和電加熱兩種方式。由於電加熱器使用方便，易於自動控制溫度，因此應用較廣泛。如圖 6.10 所示，電加熱器 2 用法蘭固定在油箱 1 的內壁上，發熱部分全浸在油液的流動處，便於熱量交換。電加熱器表面功率密度不得超過 $3\mathrm{W/cm^2}$，以免油液局部溫度過高而變質，爲此，應設置連鎖保護裝置，在沒有足夠的油液經過加熱循環時，或者在加熱元件沒有被系統油液完全包圍時，阻止加熱器工作。

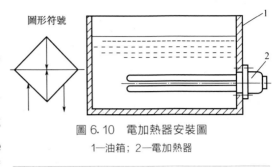

圖形符號

圖 6.10　電加熱器安裝圖
1—油箱；2—電加熱器

有關冷卻器、加熱器的具體結構尺寸、性能及設計參數可參看有關設計資料。

6.3　過濾器

6.3.1　過濾器的功用

在液壓系統中，由於系統內的形成或系統外的侵入，液壓油中難免會存在雜質和污染物，它們中的顆粒不僅會加速液壓元件的磨損，還會堵塞閥件的小孔，卡住閥芯，劃傷密封件，使液壓閥失靈，系統產生故障。因此，必須對液壓油中的雜質和污染物的顆粒進行清理。特別是對於海洋液壓裝備，其投放和回收難度大，不像陸地裝備那樣容易更換保養液壓油，海洋裝備更換液壓油的成本遠高於陸地裝備，所以其必須對油路過濾提出更高的要求。目前，控制液壓油潔淨程度的最有效的方法就是採用過濾器。過濾器的主要功用就是對液壓油進行過濾，控制油的潔淨程度。

6.3.2　過濾器的性能指標

過濾器的主要性能指標有過濾精度、通流能力、壓力損失等，其中過濾精度爲主要指標。

(1) 過濾精度

過濾器的工作原理是用具有一定尺寸過濾孔的濾芯對污物進行過濾。過濾精度就是指過濾器從液壓油中所過濾掉的雜質顆粒的最大尺寸（以污物顆粒平均直徑 d 表示）。目前所使用的過濾器，按過濾精度可分爲四級：粗（$d \geqslant 0.1\text{mm}$）、普通（$d \geqslant 0.01\text{mm}$）、精（$d \geqslant 0.001\text{mm}$）和特精過濾器（$d \geqslant 0.0001\text{mm}$）。

過濾精度選用的原則是：使所過濾污物顆粒的尺寸小於液壓元件密封間隙尺寸的一半。系統壓力越高，液壓元件內相對運動零件的配合間隙越小，需要過濾器的過濾精度也就越高。液壓系統的過濾精度，主要取決於系統的壓力。不同液壓系統對過濾器的過濾精度要求如表 6.1 所示。

表 6.1　各種液壓系統的過濾精度要求

系統類別	潤滑系統	傳動系統			伺服系統	特殊要求系統
壓力/MPa	$0 \sim 2.5$	$\leqslant 7$	> 7	$\leqslant 35$	$\leqslant 21$	$\leqslant 35$
過濾精度/mm	$\leqslant 0.1$	$\leqslant 0.05$	$\leqslant 0.025$	$\leqslant 0.005$	$\leqslant 0.005$	$\leqslant 0.001$

(2) 通流能力

過濾器的通流能力一般用額定流量表示，它與過濾器濾芯的過濾面積成正比。

(3) 壓力損失

壓力損失指過濾器在額定流量下的進、出油口間的壓差。一般過濾器的通流能力越好，壓力損失也越小。

(4) 其他性能

過濾器的其他性能主要指濾芯強度、濾芯壽命、濾芯耐蝕性等定性指標。不同過濾器的這些性能會有較大的差異，可以通過比較確定各自的優劣。

6.3.3　過濾器的典型結構

按過濾機理，過濾器可分爲機械過濾器和磁性過濾器兩類。前者是使液壓油通過濾芯的縫隙將污物的顆粒阻擋在濾芯的一側；後者用磁性濾芯將所通過的液壓油內鐵磁顆粒吸附在濾芯上。在一般液壓系統中常用機械過濾器，在要求較高的系統中可將上述兩類過濾器聯合使用。在此着重介紹機械過濾器。

(1) 網式過濾器

圖 6.11 所示爲網式過濾器的結構。它是由上端蓋 1、下端蓋 4 之間連接開有若干孔的筒形塑膠骨架 3（或金屬骨架）組成的，在骨架外包裹一層或幾層過濾網 2。過濾器工作時，液壓油從過濾器外通過過濾網進入過濾器內部，

從上蓋管口處進入系統。此過濾器屬於粗過濾器，其過濾精度爲 0.13～
0.04mm，壓力損失不超過 0.025MPa，這種過濾器的過濾精度與銅絲網的網
孔大小、銅網的層數有關。網式過濾器的特點是：結構簡單，通油能力強，壓
力損失小，清洗方便；但是過濾精度低。一般將其安裝在液壓泵的吸油管口上
用以保護液壓泵。

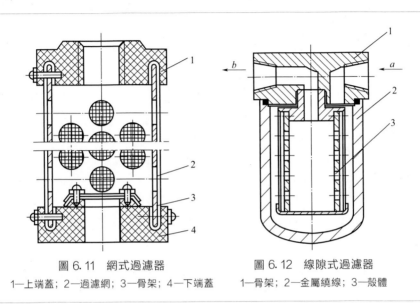

圖 6.11　網式過濾器　　　　　　圖 6.12　線隙式過濾器

1—上端蓋；2—過濾網；3—骨架；4—下端蓋　　　1—骨架；2—金屬繞線；3—殼體

(2) 線隙式過濾器

圖 6.12 所示爲線隙式過濾器的結構。它是由端蓋、殼體 3、帶孔眼的筒形
骨架 1 和繞在骨架外部的金屬繞線 2 組成的。工作時，油液從右端孔進入過濾器
內，經線間的間隙，骨架上的孔眼進入濾芯中再由左端孔流出。這種過濾器利用
金屬繞線間的間隙過濾，其過濾精度取決於間隙的大小。過濾精度有 $30\mu m$、
$50\mu m$ 和 $80\mu m$ 三種精度等級，其額定流量爲 6～25L/min，在額定流量下，壓力
損失爲 0.03～0.06MPa。線隙式過濾器分爲吸油管用和壓油管用兩種。前者安
裝在液壓泵的吸油管道上，其過濾精度爲 0.05～0.1mm，通過額定流量時壓力
損失小於 0.02MPa；後者用於液壓系統的壓力管道上，過濾精度爲 0.03～
0.08mm，壓力損失小於 0.06MPa。這種過濾器的特點是：結構簡單，通油性能
好，過濾精度較高，所以應用較普遍；但不易清洗，濾芯強度低。其多用於中、
低壓系統。

(3) 紙芯式過濾器

紙芯式過濾器（圖 6.13）以濾紙爲過濾材料，把厚度爲 0.25～0.7mm

的平紋或波紋的酚醛樹脂或木漿的微孔濾紙環繞在帶孔的鍍錫鐵皮骨架上，製成濾芯 2。油液從 a 孔經濾芯外面經濾紙進入濾芯內，然後從 b 孔流出。爲了增加濾紙的過濾面積，紙芯一般都做成摺疊式。這種過濾器過濾精度有 0.01mm 和 0.02mm 兩種規格，壓力損失爲 0.01～0.04MPa。其優點是過濾精度高；缺點是堵塞後無法清洗，需定期更換紙芯，強度低。其一般用於精過濾系統。

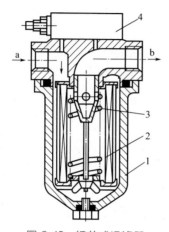

圖 6.13　紙芯式過濾器

1—殼體；2—濾芯；3—彈簧；4—發信裝置

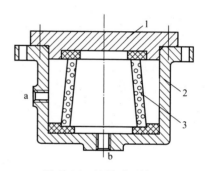

圖 6.14　燒結式過濾器

1—端蓋；2—殼體；3—濾芯

（4）燒結式過濾器

圖 6.14 所示爲燒結式過濾器的結構。此過濾器是由端蓋 1、殼體 2、濾芯 3 組成的，濾芯是由顆粒狀銅粉燒結而成的。其過濾過程是：壓力油從 a 孔進入，經銅顆粒之間的微孔進入濾芯內部，從 b 孔流出。燒結式過濾器的過濾精度與濾芯上銅顆粒之間的微孔的尺寸有關，選擇不同顆粒的粉末，製成厚度不同的濾芯，就可獲得不同的過濾精度。燒結式過濾器的過濾精度爲 0.01～0.001mm，壓力損失爲 0.03～0.2MPa。這種過濾器的特點是強度大，可製成各種形狀，製造簡單，過濾精度高；但難以清洗，金屬顆粒易脫落。其常用於需要精過濾的場合。

（5）磁性過濾器

磁性過濾器的濾芯採用永磁性材料，可將油液中對磁性敏感的金屬顆粒吸附到上面。它常與其他形式的濾芯一起製成複合式過濾器，對金屬加工機床的液壓系統特別適用。

過濾器的圖形符號見表 6.2。

表 6.2　過濾器的圖形符號

粗過濾器	精過濾器	帶發信裝置的過濾器
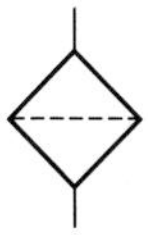		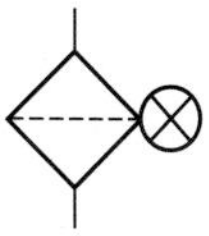

6.3.4　過濾器的選用

選擇過濾器時，主要根據液壓系統的技術要求及過濾器的特點綜合考慮來選擇。主要考慮的因素如下。

（1）系統的工作壓力

系統的工作壓力是選擇過濾器精度的主要依據之一。系統的壓力越高，液壓元件的配合精度越高，所需要的過濾精度也就越高。

（2）系統的流量

過濾器的通流能力是根據系統的最大流量而確定的。一般過濾器的額定流量不能小於系統的流量，否則過濾器的壓力損失會增加，過濾器易堵塞，壽命也縮短。但過濾器的額定流量越大，其體積及造價也越大，因此應選擇合適的流量。

（3）濾芯的強度

過濾器濾芯的強度是一個重要指標。不同結構的過濾器有不同的強度。在高壓或衝擊大的液壓迴路，應選用強度高的過濾器。

6.3.5　過濾器的安裝

過濾器的安裝是根據系統的需要而確定的，一般可安裝在圖 6.5 所示的各種位置上。

（1）安裝在液壓泵的吸油口處

如圖 6.15(a) 所示，在泵的吸油口處安裝過濾器，可以保護系統中的所有元件，但由於受泵吸油阻力的限制，只能選用壓力損失小的網式過濾器。這種過濾器過濾精度低，泵磨損所產生的顆粒將進入系統，對系統其他液壓元件無法完全保護，還需其他過濾器串在油路上使用。

（2）安裝在液壓泵的出油口處

如圖 6.15(b) 所示，這種安裝方式可以有效地保護除泵以外的其他液壓元件，但由於過濾器是在高壓下工作，濾芯需要有較高的強度。爲了防止過濾器堵

塞而引起液壓泵過載或過濾器損壞，常在過濾器旁設置一堵塞指示器或旁路閥加以保護。

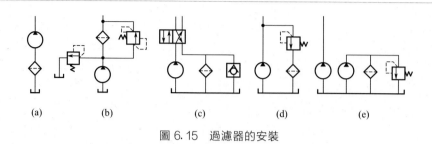

圖 6.15　過濾器的安裝

(3) 安裝在回油路上

如圖 6.15(c) 所示，將過濾器安裝在系統的回油路上。這種方式可以把系統內油箱或管壁氧化層的脫落或液壓元件磨損所產生的顆粒過濾掉，以保證油箱內液壓油的清潔，使泵及其他元件受到保護，由於回油壓力較低，所需過濾器強度不必過高。

(4) 安裝在支路上

這種方式如圖 6.15(d) 所示，主要安裝在溢流閥的回油路上，這時不會增加主油路的壓力損失，過濾器的流量也可小於泵的流量，比較經濟合理。但這種方式不能過濾全部油液，也不能保證雜質不進入系統。

(5) 單獨過濾

如圖 6.15(e) 所示，用一個液壓泵和過濾器單獨組成一個獨立於系統之外的過濾迴路，這樣可以連續清除系統內的雜質，保證系統內清潔。這種方式一般用於大型液壓系統。

6.4　連接件

連接件的作用是連接液壓元件和輸送液壓油。連接件應保證有足夠的強度、沒有泄漏、密封性能好、壓力損失小、拆裝方便等。連接件主要包括油管和管接頭。

6.4.1　油管

(1) 油管的種類

液壓系統常用油管有鋼管、紫銅管、塑膠管、橡膠軟管等。應當根據液壓裝

置工作條件和壓力大小來選擇油管，油管的特點及適用場合如表 6.3 所示。

表 6.3　管道的種類和適用場合

種類		特點和適用場合
硬管	鋼管	耐油、耐高壓、強度高、工作可靠,但裝配時不便彎曲,常在裝拆方便處用作壓力管道。中壓以上用無縫鋼管,低壓用焊接鋼管
	紫銅管	價高,承壓能力低(6.5～10MPa),抗衝擊和振動能力差,易使油液氧化,但易彎曲成各種形狀,常用在儀表和液壓系統裝配不便處
軟管	尼龍管	乳白色半透明,可觀察流動情況。加熱時可任意彎曲成形和擴口,冷卻後即定形,安裝方便。承壓能力因材料而異(2.5～8MPa)。有發展前途
	普通塑膠管	耐油,裝配方便,長期使用會老化,只用作壓力低於 0.5MPa 的回油管和泄油管
	橡膠軟管	用於相對運動部件的連接,分高壓和低壓兩種。高壓軟管由耐油橡膠夾幾層鋼絲編織網(層數越多耐壓越高)製成,價高,用於壓力管路。低壓軟管由耐油橡膠夾帆布製成,用於回油管路

（2）油管的特徵尺寸

油管的特徵尺寸爲通（內）徑 d，它代表油管的通流能力，爲油管的名義尺寸，單位爲 mm。油管的通流能力和特徵尺寸可查相應手冊。

（3）油管尺寸的計算

根據液壓系統的流量和壓力，油管的通徑 d 可按式（6.3）計算：

$$d = 2\sqrt{\frac{q}{\pi v}} \tag{6.3}$$

式中　q——通過油管的流量；

　　　v——流速，推薦值：吸油管取 0.5～1.5m/s，回油管取 1.5～2m/s，壓油管取 2.5～5m/s（壓力高、流量大、管道短時取大值），控制油管取 2～3m/s，橡膠軟管取值應小於 4m/s。

管道壁厚 δ 按式（6.4）計算：

$$\delta = \frac{pd}{2[\sigma]} \tag{6.4}$$

式中　p——工作壓力，Pa；

　　　d——管子內徑，mm；

　　　$[\sigma]$——油管材料的許用應力，對銅管 $[\sigma] \leqslant 25$MPa，對鋼管 $[\sigma] = \sigma_b/n$；

　　　σ_b——管材的抗拉強度；

　　　n——安全係數，當 $p \leqslant 7$MPa 時，取 $n=8$；當 7MPa$< p \leqslant 17.5$MPa 時，取 $n=6$；當 $p > 17.5$MPa 時，取 $n=4$。

計算出的油管內徑和壁厚，應查閱有關手冊圓整爲標準系列值。

6.4.2 管接頭

　　管接頭是油管與油管、油管與液壓元件間的可拆式連接件。管接頭的形式和質量，直接影響系統的安裝質量、油路阻力和連接強度，其密封性能是影響系統外泄漏的重要原因。管接頭與其他元件之間可採用普通細牙螺紋連接（與 O 形橡膠密封圈等合用可用於高壓系統）或錐螺紋連接（多用於中低壓系統）。

　　管接頭的種類很多，按油管與管接頭的連接方式可分爲：擴口式、卡套式、焊接式和快換式等形式，如圖 6.16 所示。

　　擴口式管接頭如圖 6.16(a) 所示。這種管接頭適用於銅管和薄壁鋼管，也可用來連接尼龍管和塑膠管。裝配時先將管擴成喇叭口，角度爲 74°，再用螺母 2 將管套 3 連同接管 6 一起壓緊在接頭體 1 的錐面上形成密封。這種接頭結構簡單，裝拆方便，但承壓能力較低。

　　卡套式管接頭如圖 6.16(b) 所示。它是利用卡套卡住油管進行密封的。這種接頭結構性能良好，軸向尺寸要求不嚴，裝拆方便，廣泛用於高壓系統；缺點是對管道的徑向尺寸和卡套尺寸精度要求較高，需用精度較高的冷拔無縫鋼管。

　　焊接式管接頭如圖 6.16(c) 所示。它用在鋼管連接中。這種管接頭結構簡單，連接牢固，利用球面密封方便可靠，裝拆方便，耐壓能力高，是目前應用較多的一種。其缺點是裝配式球形頭需與油管焊接，因而必須採用厚壁鋼管，而且對焊縫品質要求高。

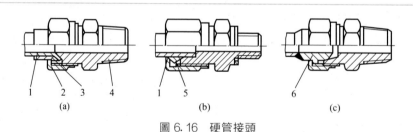

圖 6.16　硬管接頭

1—接頭體；2—接頭螺母；3—管套；4—卡套；5—接管；6—管子

　　快換接頭如圖 6.17 所示。這種接頭能快速裝拆，且無需工具，用於需經常裝拆處。圖 6.17 所示爲兩個接頭體連接時的工作位置，外套 7 把鋼球 6 壓入槽底將兩端頭連接起來，單向閥閥芯 3 和 10 互相擠緊頂開使油路接通。當需拆開時，可用力把外套 7 向左推，同時拉出接頭體 9，管路就斷開了。與此同時，單向閥閥芯 3 和 10 分別在各自的彈簧 2 和 11 的作用下外伸，頂在兩端接頭體的閥底上使兩邊管子內的油封閉在管中不致流出。

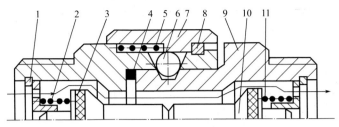

圖 6.17　快換接頭

1, 8—卡環；2, 5, 11—彈簧；3, 10—單向閥閥芯；4—密封圈；6—鋼球；7—外套；9—接頭體

6.5　密封裝置

與常規液壓系統相比，水下液壓系統有很多獨到之處，使用條件也較爲苛刻：

① 水下液壓系統工作在海水環境中，工作深度從幾百米到幾千米，液壓系統不僅要承受内部高壓，還要承受外界海水壓力；

② 水下液壓系統對安全性要求極高，一旦海水滲入到液壓系統内部，輕者使液壓系統不能正常工作，重者導致液壓元件損壞；

③ 水下液壓系統在體積和重量方面都有嚴格限制，體積小、重量輕是提高水下液壓系統功率重量比的關鍵；

④ 水下液壓執行器直接暴露在海水中，密封元件不僅要耐液壓油腐蝕，還要耐海水腐蝕；

⑤ 水下液壓系統不僅在結構設計上要緊凑，在材料選擇上也要考慮海水的腐蝕問題。

考慮到防止海水滲入液壓系統而採取的密封措施有：

① 對於靜密封應盡量採用端面靜密封。

② 對於往復式動密封或徑向密封，常在與海水接觸部分另加設一道 O 形密封圈。

③ 對於旋轉式密封，常在與海水接觸的旋轉部位另加一道相同結構的旋轉密封，以分隔海水。

④ 對於閥件可設計成板式連接的集成油路方式置於密封的閥箱中，以確保密封。

⑤ 在系統中加裝補償器。

6.5.1　O形圈密封

O形圈密封如圖 6.18 所示，密封圈的截面爲圓形。O形圈密封是接觸式密封。O形密封圈是一種使用廣泛的擠壓型密封件，安裝時截面被壓縮變形，堵住了泄漏通道，起到了密封的作用。它具有下列優點：結構簡單、體積小、安裝部位緊湊、裝卸方便、製造容易；具有自密封作用，不需要週期性調整；適用參數範圍寬廣，使用溫度範圍可達 $-60\sim200℃$；用於動密封裝置時，密封壓力可達 35MPa 且價格便宜。O形圈在動密封中應用的不足有：啓動摩擦阻力大，易引起忽滑忽黏的爬行現象；使用不當，易引起 O形圈切、擠、扭、斷等事故；動密封還很難做到無泄漏，只能控制其滲漏量不大於規定許可值。

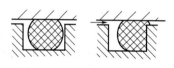

圖 6.18　O形圈密封原理圖

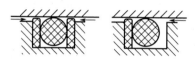

圖 6.19　O形圈密封擋圈設置

密封圈的材料要求具有較好的彈性、適當的機械強度、良好的耐熱耐磨性、小的摩擦係數，且不易與液壓油起化學反應等，目前多用耐油橡膠、尼龍等材料。作爲海洋裝備密封設備使用的材料，不僅要有良好的耐熱性，還要有良好的耐低溫性能，保證在低溫環境下不硬化、脆裂，同時還要求良好的耐海水腐蝕、耐環境高壓的能力。

任何形狀的密封圈在安裝時，都必須保證適當的預壓縮量，過小不能密封，過大則摩擦力增大，且易於損壞，因此，安裝密封圈的溝槽尺寸和表面粗糙度必須按有關手册給出的數據嚴格保證。在動密封中，壓力過大時，可設置密封擋圈以防止 O形圈被擠入間隙中而損壞，如圖 6.19 所示。

同時在海洋環境中，O形密封圈的性質和陸地上也略有不同。海水靜壓會對密封圈造成靜壓力，從而產生形變，壓縮量沿着徑向增大，在 10km 深度的深海中，O形圈的壓縮幅度會達到 $2.0\%\sim4.0\%$；密封槽底部圓角處可能形成的空腔會隨着下潛增加的壓力產生爆炸，爲了防止這一現象，可以適當增大密封槽寬度或者控制 O形圈安裝位置、增大密封槽底部圓角等。

6.5.2　間隙密封

間隙密封是非接觸式密封，它是靠相對運動的配合表面間的微小間隙來實現密封的。這是一種最簡單的密封方式，廣泛應用於液壓閥、泵和液壓馬達中。常

見的結構形式有圓柱面配合（如滑閥與閥套之間）和平面配合（如液壓泵的配流盤與轉子端面之間）兩種。圖 6.20 所示即爲圓柱面配合的間隙密封。

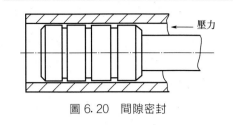

圖 6.20　間隙密封

間隙密封的密封性能與間隙大小、壓力差、配合表面長度、直徑和加工質量等因素有關。其中以間隙大小和均匀性對密封的性能影響最大（泄漏量與間隙的立方成正比），設計時可按有關手册給定的推薦值選用液壓元件的間隙值。

間隙密封的特點是結構簡單、摩擦力小、經久耐用，但對於零件的加工精度要求較高，且難以完全消除泄漏，故適用於低壓系統中。

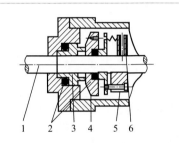

圖 6.21　間隙密封結構和原理圖
1—軸；2—O 形圈；3—靜環；4—動環；
5—傳動螺釘；6—緊定螺釘

其作爲旋轉設備的軸封裝置，廣泛應用於石油、化工、能源、制藥、冶金、機械等許多行業。如圖 6.21 所示，軸帶動動環旋轉，靜環固定不動，依靠靜環和動環之間接觸端面的滑動摩擦保持密封，當端面產生磨損時，彈簧推動動環使動環與靜環的端面緊密貼合而無間隙。爲了防止介質從靜環與殼體之間和動環與軸之間的間隙泄漏，靜環與殼體及動環與軸之間均裝有 O 形圈。間隙密封的特點是：

① 密封性能可靠，泄漏量極小，通常可控制在 3～5L/h。

② 使用範圍廣，適用於各種工況條件，在高速、高壓、高溫、低溫、高真空、腐蝕性介質、高濃度介質等工況下，都有良好的密封效果，壓力可以達到 45MPa，溫度爲 200～450℃，旋轉速度高達 150m/s。

③ 使用壽命長，有的工況可以達到 10 年不需維修，不需經常更換，功耗小。

④ 抗振性強，緩衝性好。

⑤ 結構複雜，裝配較困難，價格較貴。

正是由於這些特點，在中國研發的水下作業系統中很多都採用間隙密封這種密封方式。

6.5.3　壓力補償器

在液壓系統中加裝補償器，是防止海水滲入液壓系統的有效措施，因爲水下液壓系統常常是由油源以及多個閥件、執行器（液壓缸、液壓馬達）通過管路相連而成的，任何一處環節的密封不可靠都會對整個系統帶來危害。加裝補償器，除了可以補償工作油液因本身的彈性模量、溫度及下潛深度而產生的油液體積變化外，更重要的是可以平衡內外壓力，使系統內壓等於工作水深外壓或稍大於外壓，這樣，系統如有滲漏，只能是工作油液的外滲，而確保海水不會滲入液壓系統中。

採用壓力補償器可以解決耐高壓和密封的問題，根據在水下液壓系統中的不同功能，可將壓力補償分成兩類——動態補償和靜態補償。動態補償原理如圖 6.22(a) 所示，在系統回油路中設置壓力補償器，使系統的回油壓力與外界海水壓力相等，構成一個回油壓力隨海水深度變化而自動調節的水下液壓系統。此時壓力補償器不僅能對系統的回油壓力進行補償，還能隨時補償油箱內的液壓油體積變化，這類壓力補償器稱爲動態補償器。

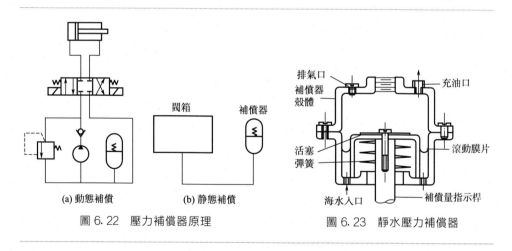

(a) 動態補償　　　　(b) 靜態補償

圖 6.22　壓力補償器原理

排氣口　補償器殼體　充油口　活塞彈簧　滾動膜片　海水入口　補償量指示桿

圖 6.23　靜水壓力補償器

水下液壓系統除了要對系統的回油壓力進行補償外，還需要對閥箱、電氣線路等進行補償，由於閥箱、電氣線路等內部的空腔體積是不變的，因此壓力補償器要補償的液壓油體積也是不變的，主要是由於海水壓力而產生的液壓油體積壓縮量。這類壓力補償器是對閥箱、電氣線路等進行靜態壓力補償，稱爲靜態補償器，如圖 6.22(b) 所示。圖 6.23 所示是靜水壓力補償器，它在結構上是一個由薄膜或浮動活塞隔開的空腔。現有的壓力補償器大多採用滾動膜片作爲彈性元件，滾動膜片是由橡膠等纖維織物複合而成的，既是密封元件又是壓力傳遞的敏

感元件。滾動膜片在自由狀態下的形狀如同一個禮帽，它是由夾有絲布的橡膠製成的，絲布是滾動膜片的骨架，主要起到增加強度的作用，橡膠則起到密封的作用。滾動膜片的頂部通常設有中間孔，用於安裝活塞，活塞帶動滾動膜片在活塞缸內運動，活塞與活塞缸之間留有一定的間隙，活塞運動時，膜片沿着活塞缸內壁作無滑動的滾動，所以稱爲滾動膜片。爲了便於安裝和密封，滾動膜片底部通常設計成 O 形邊或周邊帶孔等形式。

補償器的效率是按照體積、工作油液體積的使用程度、結構的重量係數和隔離器對深度變化的靈敏度來判定的。

壓力補償器還能有效防止海水滲入到液壓系統內部，由於彈簧的預壓縮力作用，使系統的回油壓力略高於外界海水壓力，這樣即使產生泄漏，也只是液壓油向外滲出，外界海水則無法滲入到液壓系統內部，保證了液壓系統的安全。

採用壓力補償可以簡化系統的密封設計，由於採用了壓力補償，泵箱、閥箱等內外壓力平衡，因此不必按高壓密封來設計。

壓力補償器還具有儲備油箱的功能，由於水下液壓系統爲封閉結構，當系統發生少量滲漏時，壓力補償器能夠迅速向系統補充液壓油，從而避免由於滲漏產生負壓而導致油箱破裂。此外，壓力補償器還具有減小脈動、降低雜訊、吸收液壓衝擊等作用。

第7章

海洋液壓基本回路

　　海洋液壓基本迴路是由相關液壓元件組成的用來完成特定功能的典型結構，是組成海洋液壓系統的基本組成單位，任何一個海洋液壓傳動系統，即使再複雜也是由若干個最基本的迴路所組成的[11]。就像一臺機器是由機械部件所組成的，而機械部件是由機械零件所組成的一樣，本章我們介紹的海洋液壓基本迴路就是由前幾章我們介紹的海洋液壓元件所組成的，由這些基本迴路可以組成任意完整的海洋液壓系統。

　　海洋液壓基本迴路按其在迴路中的作用一般可分爲海洋速度控制迴路、海洋壓力控制迴路及海洋方向控制迴路。圖 7.1 所示爲 ROV 水下液壓管路對接裝置液壓系統基本迴路[12]。

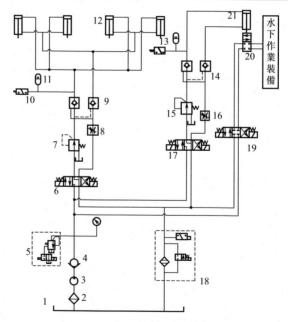

圖 7.1　ROV 水下液壓管路對接裝置液壓系統基本迴路

1—油箱；2, 18—過濾器；3—液壓泵；4—單向閥；5—電磁溢流閥；6, 17, 19—電磁換向閥；
7, 15—減壓閥；8, 16—調速閥；9, 14—液控單向閥；10—艙壓力繼電器；
11, 13—蓄能器；12—抱緊液壓缸；20—液壓接頭；21—對接液壓缸

7.1 海洋壓力控制迴路

海洋壓力控制迴路利用壓力控制閥來控制系統中油液的壓力，以滿足系統中執行元件對力和轉矩的要求。海洋壓力控制迴路主要包括調壓、增壓、減壓、保壓、卸荷、平衡等多種迴路。

7.1.1 海洋調壓迴路

海洋調壓迴路的功用是：使海洋液壓系統整體或某一部分的壓力保持恆定或限定爲不許超過某個數值。海洋調壓迴路又分爲海洋單級調壓和海洋多級調壓迴路。海洋調壓迴路主要是應用溢流閥使系統的壓力滿足需要，液壓泵的供油壓力可由溢流閥調定。可用溢流閥限制變量泵的最高壓力，起安全保護作用，防止系統過載。在系統需要兩種以上壓力時，可採用多級調壓迴路。

(1) 海洋單級調壓迴路

圖 7.2 所示爲海洋單級調壓迴路，這是液壓系統中最爲常見的迴路，在液壓泵的出口處並聯一個溢流閥來調定系統的壓力。

(2) 海洋多級調壓迴路

圖 7.3 所示爲海洋多級調壓迴路。海洋液壓泵 1 的出口處並聯一個先導式溢流閥 2，其遠程控制口上串接一個二位二通電磁換向閥 3 及一個遠程調壓閥 4。當溢流閥 2 的調壓低於遠程調壓閥 4 的調壓時，則系統壓力由溢流閥 2 決定；當溢流閥 2 的調壓高於遠程調壓閥 4 時，則系統的壓力通過二位二通換向閥 3 的換向可得到兩種調定壓力，左位接通則系統壓力由溢流閥 2 決定，右位接通則系統壓力由遠程調壓閥 4 決定。若將溢流閥的遠程控制口接一個多位換向閥，並聯多個調壓閥，則可獲得海洋多級調壓。

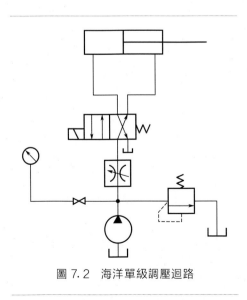

圖 7.2 海洋單級調壓迴路

如果將圖 7.2 所示的迴路中的溢流閥換成比例溢流閥，則可將此迴路變成海

洋無級調壓迴路。

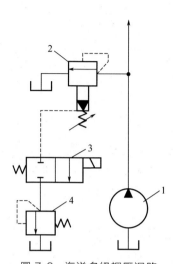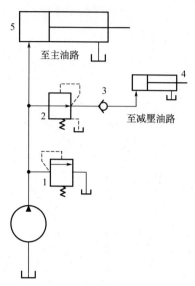

圖 7.3　海洋多級調壓迴路

1—液壓泵；2—先導式溢流閥；3—二位二通電
磁換向閥；4—遠程調壓閥

圖 7.4　海洋減壓迴路

1—溢流閥；2—減壓閥；
3—單向閥；4, 5—液壓缸

7.1.2　海洋減壓迴路

海洋減壓迴路的作用是：使系統中某一部分油路具有較低的穩定壓力。

圖 7.4 所示爲海洋減壓迴路，圖中所示兩個執行元件需要的壓力不一樣，在壓力較低的迴路上安裝一個減壓閥以獲得較低的穩定壓力。單向閥的作用是當主油路的壓力較低時，防止油液倒流，起短時保壓作用。

爲使減壓閥的迴路工作可靠，減壓閥的最低調壓不應小於 0.5MPa，最高壓力至少比系統壓力低 0.5MPa。當迴路執行元件需要調速時，調速元件應安裝在減壓閥的後面，以免減壓閥的泄漏對執行元件的速度產生影響。

7.1.3　海洋增壓迴路

海洋增壓迴路的功用是：提高系統中局部油路中的壓力，使系統中的局部壓力遠遠大於液壓泵的輸出壓力。

① 採用了增壓器的海洋增壓迴路。圖 7.5 所示是一種採用了增壓器的海洋增壓迴路。增壓器的兩端活塞面積不一樣，因此，當活塞面積較大的腔中通入壓

力油時，在另一端，活塞面積較小的腔中就可獲得較高的油液壓力，增壓的倍數取決於大、小活塞面積的比值。

② 採用氣液增壓缸的海洋增壓迴路。圖 7.6 所示是另一種海洋增壓迴路，採用的是氣液增壓缸，該迴路利用氣液增壓缸 1 將較低的氣壓變爲液壓缸 2 中較高的液壓力。

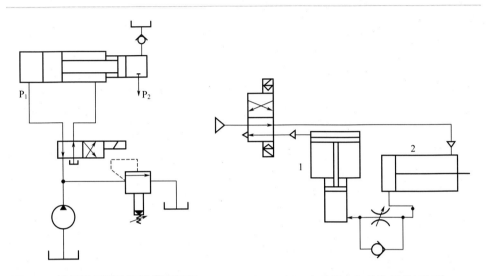

圖 7.5　採用增壓器的海洋增壓迴路　　　圖 7.6　採用氣液增壓缸的海洋增壓迴路
　　　　　　　　　　　　　　　　　　　　　　　1—氣液增壓缸；2—液壓缸

7.1.4　海洋保壓迴路

海洋保壓迴路的作用是使系統在液壓缸不動或僅有極微小位移的情況下維持住壓力。當系統中不需要液壓泵供油，但需要繼續保持壓力時，可應用蓄能器保持系統中的油壓，並使液壓泵卸荷。在液壓夾緊裝置中常應用這種迴路。

如圖 7.7 所示，定量泵輸出的油液經單向閥進入系統，同時也進入蓄能器，當工作部件停止運動時，系統壓力升高，壓力繼電器發出電訊號，使電磁溢流閥通電，於是定量泵輸出的油液即在低壓下經過電磁溢流閥流回油箱，使系統卸荷。這時蓄能器使系統繼續保持壓力，並使單向閥關閉。系統中的泄漏則由蓄能器放出的壓力油進行補償，當蓄能器中壓力過低時，壓力繼電器可以發出電訊號使電磁溢流閥斷電，定量泵再次向系統供油。

　　海洋保壓迴路分爲三類：利用蓄能器的海洋保壓迴路、利用液壓泵的海洋保壓迴路、利用液控單向閥的海洋保壓迴路。

（1）利用蓄能器的海洋保壓迴路

　　圖7.7所示是一種用於夾緊油路的海洋保壓迴路，當三位四通換向閥左位接通時，液壓缸進給，進行夾緊工作，當壓力升至調定壓力時，壓力繼電器發出訊號，使二位二通電磁換向閥換向，液壓泵卸荷。此時，夾緊油路利用蓄能器進行保壓。

（2）利用液壓泵的海洋保壓迴路

　　在系統壓力較低時，大流量泵和小流量泵同時供油；當系統壓力升高時，低壓泵卸荷，高壓泵起保壓作用。

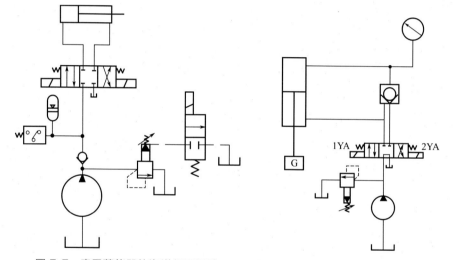

圖7.7　應用蓄能器的海洋保壓迴路　　　　圖7.8　利用液控單向閥的海洋保壓迴路

（3）利用液控單向閥的海洋保壓迴路

　　圖7.8所示是一種採用液控單向閥和電接觸式壓力表的自動補油式海洋保壓迴路，主要是用於保證液壓缸上腔通油時系統的壓力在一個調定的穩定值。當電磁鐵2YA通電時，換向閥右位接通，壓力油進入液壓缸上腔，處於工作狀態。當壓力升至電接觸式壓力表上觸點調定的上限壓力值時，上觸點接通，電磁鐵2YA斷電，換向閥處於中位，系統卸荷；當壓力降至電接觸式壓力表上觸點調定的下限壓力值時，壓力表又發出訊號，電磁鐵2YA通電，換向閥右位又接通，泵向系統補油，壓力回升。

7.1.5　海洋卸荷迴路

海洋卸荷迴路的功用是：使液壓泵處於接近零壓的工作狀態下運轉，以減少功率損失和系統發熱，延長液壓泵和電動機的使用壽命。海洋液壓設備在短時間停止工作時，一般不停液壓泵。這是因為頻繁啓動液壓泵對液壓泵的壽命有影響，但若讓泵輸出的油液經溢流閥流回油箱，又會造成很大的功率損失，使油溫升高。這時，需要海洋卸荷迴路讓液壓泵卸荷。所謂卸荷，是指液壓泵仍在旋轉，而其消耗的功率極小，即讓液壓泵輸出的油液以很低的壓力又流回油箱，這樣的卸荷方式稱為壓力卸荷。

① 採用溢流閥的海洋卸荷迴路。圖 7.9（a）所示的是一種採用溢流閥的海洋卸荷迴路，當二位二通電磁換向閥通電時，溢流閥的遠程控制口與油箱接通，溢流閥打開，泵實現卸荷。

② 採用三位閥的中位機能的卸荷迴路。如圖 7.9（b）所示，當三位閥處於中位時，將回油孔 T 與同泵相連的進油口 P 接通（如 M 型），液壓泵即可卸荷。

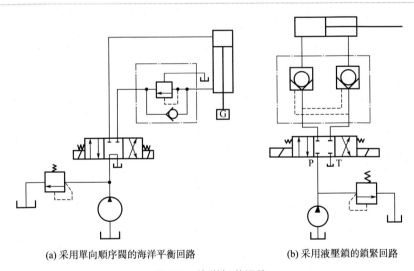

(a) 采用單向順序閥的海洋平衡回路　　(b) 采用液壓鎖的鎖緊回路

圖 7.9　海洋卸荷迴路

7.1.6　海洋平衡迴路

海洋平衡迴路的作用是：防止立式液壓缸及其工作部件因自重而自行下落或在下行運動中因自重造成的運動失控。海洋平衡迴路一般採用平衡閥（單向順序閥）。

圖 7.9(a) 所示就是採用平衡閥實現的海洋平衡迴路。在這個迴路中，當活塞向下運動時，立式液壓缸有桿腔中油液壓力必須大於順序閥的調定壓力才能將順序閥打開，使回油進入油箱中，順序閥可以根據需要調定壓力，以保證系統達到平衡。

7.1.7　海洋鎖緊迴路

海洋鎖緊迴路的作用是：使執行機構在需要的任意運動位置上鎖緊。如圖 7.9(b) 所示的就是一種利用雙向液控單向閥（液壓鎖）的海洋液壓鎖緊迴路。

7.2　海洋速度控制迴路

7.2.1　海洋調速迴路

1）海洋調速迴路的基本概念

海洋調速迴路在液壓系統中佔有突出的重要地位，它的工作性能的好壞對系統的工作性能起着決定性的作用。

對海洋調速迴路的要求：

① 能在規定的範圍內調節執行元件的工作速度。

② 負載變化時，調好的速度最好不變化，或在允許的範圍內變化。

③ 具有驅動執行元件所需的力或力矩。

④ 功率損耗要小，以便節省能量，減小系統發熱。

根據前述，我們知道，控制一個系統的速度就是控制液壓執行機構的速度，在液壓執行機構中：

液壓缸速度
$$v = \frac{q}{A} \tag{7.1}$$

液壓馬達的速度
$$n = \frac{q}{V} \tag{7.2}$$

當液壓缸設計好以後，改變液壓缸的工作面積 A 是不可能的，因此對於液壓缸的迴路來講，就必須通過改變進入液壓缸流量的方式來調整執行機構的速度。而在液壓馬達的迴路中，通過改變進入液壓馬達的流量 q 或改變液壓馬達排量 V 都能達到調速目的。

目前主要的調速方式有：

① 海洋節流調速，由定量泵供油、流量閥調節流量來調節執行機構的速度。

② 海洋容積調速，通過改變變量泵或改變變量馬達的排量來調節執行機構的速度。

③ 海洋容積節流調速，綜合利用流量閥及變量泵來共同調節執行機構的速度。

2）海洋節流調速迴路

海洋節流調速迴路是通過在液壓迴路上採用流量調節元件（節流閥或調速閥）來實現調速的一種迴路，一般又根據流量調節閥在迴路中的位置不同分爲進油海洋節流調速迴路、回油海洋節流調速迴路及旁路海洋節流調速迴路三種。

（1）採用節流閥的進油海洋節流調速迴路

如圖 7.10 所示爲進油海洋節流調速迴路，這種海洋調速迴路採用定量泵供油，在泵與執行元件之間串聯安裝有節流閥，在泵的出口處並聯安裝一個溢流閥。這種迴路在正常工作中，溢流閥是常開的，以保證泵的輸出油液壓力達到一個穩定的狀態，因此，該迴路又稱爲定壓式海洋節流調速迴路。泵在工作中輸出的油液根據需要一部分進入液壓缸，推動活塞運動，一部分經溢流閥溢流回油箱。進入液壓缸的油液流量的大小就由調節節流閥開口的大小來決定。

① 速度負載特性　在進油海洋節流調速迴路中，當液壓缸在穩定工作狀態下時，其運動速度等於進入液壓缸無桿腔的流量除以有效工作面積：

$$v = \frac{q_1}{A_1} \qquad (7.3)$$

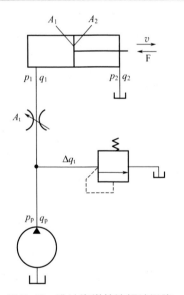

圖 7.10　進油海洋節流調速迴路

從迴路上看，q_1 即是通過串聯於進油路上的節流閥的流量，其值根據第 2 章所述油液流經閥口的流量計算公式有：

$$q_1 = KA_t(\Delta p)^m \qquad (7.4)$$

式中，K 爲節流閥的流量係數；A_t 爲節流閥的開口面積；m 爲節流指數；Δp 爲作用於節流閥兩端的壓力差。

$$\Delta p = p_p - p_1 \qquad (7.5)$$

式中，p_p 爲液壓泵出口處的壓力，是由溢流閥調定的；p_1 是根據作用於活塞桿上的力平衡方程來決定的。

$$p_1 A_1 = F + p_2 A_2 \tag{7.6}$$

式中，F 爲負載力。由於有桿腔的油液通過回油路直接回油箱，因此，p_2 爲零。所以：

$$p_1 = \frac{F}{A_1} \tag{7.7}$$

將式(7.4)、式(7.5)、式(7.7) 代入式(7.3) 中有：

$$v = \frac{KA_t \left(p_p - \dfrac{F}{A_1} \right)^m}{A_1} = \frac{KA_t}{A_1^{m+1}} (p_p A_1 - F)^m \tag{7.8}$$

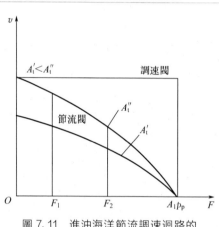

圖 7.11　進油海洋節流調速迴路的
速度負載特性

公式(7.8) 就是進油海洋節流調速迴路的速度負載公式，根據此式繪出的曲線即是速度負載特性曲線。圖 7.11 所示的就是進油海洋節流調速迴路在節流閥不同開口條件下的速度負載曲線。從該圖中可以分析出：在節流閥同一開口條件下，液壓缸負載 F 越小時，曲線斜率越小，其速度穩定性越好；在同一負載 F 條件下，節流閥開口面積越小時，曲線斜率越小，其速度穩定性越好。因此，進油海洋節流調速迴路適用於小功率、小負載的條件。

速度穩定性還常常用速度剛性 K_v 來表示，速度剛性 K_v 是指速度因負載變化而變化的程度，也就是速度負載特性曲線上某點處斜率的負倒數。

$$\frac{\partial}{\partial F} = \frac{CA_t}{A_1^{m+1}} m (p_p A_1 - F)^{m+1} (-1)$$

$$K_v = -\frac{1}{\tan\alpha} = -\frac{\partial F}{\partial} = \frac{p_p A_1 - F}{m} \tag{7.9}$$

由上面分析可知，速度剛性 K_v 越大，說明速度穩定性越好。

② 功率特性　功率特性是指功率隨速度變化而變化的情況，在進油海洋節流調速迴路中，可以分爲兩種情況討論。

第一種情況是在負載一定的條件下。此時，若不計損失，泵的輸出功率 $P_p =$

$p_p q_p$，作用於液壓缸上的有效輸出功率 $P_1 = p_1 q_1$，該迴路的功率損失爲：

$$\Delta P = P_p - P_1 = p_p q_p - p_1 q_1$$
$$= p_p (\Delta q + q_1) - p_1 q_1$$
$$= p_p \Delta q + q_1 (p_p - p_1) \tag{7.10}$$
$$= \Delta P_1 + \Delta P_2$$

式中，ΔP_1 是油液通過溢流閥的功率損失，稱爲溢流損失；ΔP_2 是油液通過節流閥的功率損失，稱爲節流損失。可見，進油海洋節流調速迴路的功率損失是由溢流損失和節流損失兩項組成的，如圖 7.12 所示，隨着速度的增加，有用功率在增加，節流損失也在增加，而溢流損失在減小。這些損失將使油溫升高，因而影響系統的工作。

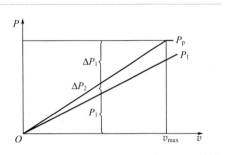

圖 7.12　進油海洋節流調速迴路的功率特性

在外負載一定的條件下，泵壓和液壓缸進口處的壓力都是定值，此時，改變液壓缸的速度是靠調節節流閥的開口面積來實現的。

第二種情況是在外負載變化的條件下。在進油海洋節流調速迴路中，當外負載變化時，則液壓缸的進油壓力 p_1 也隨之變化。此時，溢流閥的調定壓力按最大 p_1 來調定。液壓系統的有效功率爲：

$$P_1 = p_1 q_1 = p_1 K A_t (p_p - p_1)^m = p_1 K A_t \left(p_p - \frac{F}{A_1}\right)^m \tag{7.11}$$

由式(7.11) 可見，P_1 是隨 F 變化的一條曲線，且 $F = 0$ 時，$P_1 = 0$，$F = F_{max} = p_p A_1$ 時，$P_1 = 0$。其最大值出現在曲線的極值點處。若節流閥開口爲薄壁小孔，令 $m = 0.5$，則可求出該迴路中的最大有效功率。

$$\frac{\partial P_1}{\partial F} = \frac{K A_t}{A_1} (p_p - p_1)^{0.5} - \frac{K p_1 A}{A_1} 0.5 (p_p - p_1)^{-0.5}$$

令上式 $= 0$，有：

$$p_p - p_1 = 0.5 p_1$$

即

$$p_1 = \frac{2}{3} p_p \tag{7.12}$$

時有效功率最大。

將式(7.12) 代入式(7.11) 中，再根據式(7.13) 可計算出該迴路的最大效率：

$$\eta=\frac{P_1}{P_p}=\frac{p_1q_1}{p_pq_p}=\frac{\frac{2}{3}p_pq_1}{p_pq_p} \tag{7.13}$$

在式(7.13)中，若令 q_1 最大爲 q_p 的話，則系統的最大效率爲0.66。

從上面分析來看，進油海洋節流調速迴路不宜在負載變化較大的工作情況下使用，這種情況下，速度變化大、效率低，主要原因是溢流損失大。因此，在液壓系統中有兩種速度要求的場合最好用雙泵系統。

(2) 採用節流閥的回油海洋節流調速迴路

回油海洋節流調速迴路就是將節流閥裝在液壓系統的回油路上，如圖 7.13 所示。仿照進油海洋節流調速迴路的討論，我們對回油海洋節流調速迴路的速度負載特性和功率特性討論如下。

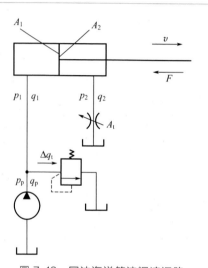

圖 7.13　回油海洋節流調速迴路

① 速度負載特性　在回油海洋節流調速迴路中，當液壓缸在穩定工作狀態下時，其運動速度等於流出液壓缸有桿腔的流量除以有效工作面積：

$$v=\frac{q_2}{A_2} \tag{7.14}$$

從迴路上看，q_2 即是通過串聯於回油路上的節流閥的流量。

$$q_2=KA_t(\Delta p)^m \tag{7.15}$$

式中，Δp 爲作用於節流閥兩端的壓力差。其值爲：

$$\Delta p=p_2 \tag{7.16}$$

根據作用於活塞桿上的力平衡方程有：

$$p_1A_1=F+p_2A_2 \tag{7.17}$$

$$p_2=\frac{p_1A_1-F}{A_2} \tag{7.18}$$

將式(7.15)、式(7.16)、式(7.18) 代入式(7.14) 中，又根據 $p_p=p_1$ 有：

$$v=\frac{KA_t\left(\dfrac{p_1A_1-F}{A_2}\right)^m}{A_2}=\frac{KA_t}{A_2^{m+1}}(p_pA_1-F)^m \tag{7.19}$$

公式(7.19) 就是回油海洋節流調速迴路的速度負載公式。由該公式可知，除了公式分母上的 A_1 變爲 A_2 外，其他與進油海洋節流調速迴路的速度負載公式(7.8) 是相同的，因此，其速度負載特性也一樣。進油海洋節流調速迴路同樣

適用於小功率、小負載的條件下。

② 功率特性　這裏只討論負載一定的條件下，功率隨速度變化而變化的情況。此時，若不計損失，泵的輸出功率 $P_p = p_p q_p$，作用於液壓缸上的有效輸出功率 $P_1 = p_1 q_1 - p_2 q_2$，該迴路的功率損失爲：

$$\begin{aligned}
\Delta P &= P_p - P_1 = p_p q_p - (p_1 q_1 - p_2 q_2) \\
&= p_p (q_p - q_1) + p_2 q_2 \\
&= p_p \Delta q + p_2 q_2 \\
&= \Delta P_1 + \Delta P_2
\end{aligned} \tag{7.20}$$

可見，回油海洋節流調速迴路的功率損失也同進油海洋節流調速迴路的一樣，分爲溢流損失和節流損失兩部分。

③ 進油與回油兩種海洋節流調速迴路的比較　進油節流調速與回油節流調速相比，雖然流量特性與功率特性基本相同，但在使用時還是有所不同，下面討論幾個主要的不同點。

首先，承受負負載的能力不同。所謂負負載就是與活塞運動方向相同的負載，比如起重機向下運動時的重力、銑床上與工作檯運動方向相同的銑削（逆銑）等等。很顯然，回油海洋節流調速迴路可以承受負負載，而進油節流調速則不能，需要在回油路上加背壓閥才能承受負負載，但需提高調定壓力，功率損耗大。

其次，回油海洋節流調速迴路中油液通過節流閥時油液溫度升高，但所產生的熱量直接返回油箱時將散掉；而在進油海洋節流調速迴路中，熱量則進入執行機構中，增加系統的負擔。

第三，當兩種迴路結構尺寸相同時，若速度相等，則進油海洋節流調速迴路的節流閥開口面積要大，因而，可獲得更低的穩定速度。

在海洋調速迴路中，還可以在進、回油路中同時設置節流調速元件，使兩個節流閥的開口能同時聯動調節，以構成進、出油的海洋節流調速迴路，比如由伺服閥控制的液壓伺服系統經常採用這種調速方式。

(3) 採用節流閥的旁路海洋節流調速迴路

如圖 7.14 所示爲旁路海洋節流調速迴路。在這種海洋調速迴路中，將調速元件並聯安裝在泵與執行機構油路的一個支路上，此時，溢流閥閥口關閉，做安全閥使用，只有在過載時才會打開。泵出口處的壓力隨負載變化而變化，因此，也稱爲變壓式海洋節流調速迴路。此時泵輸出的油液（不計損失）一部分進入液壓缸，另一部分通過節流閥進入油箱，調節節流閥的開口可調節通過節流閥的流量，也就是調節進入執行機構的流量，從而來調節執行機構的運行速度。

① 速度負載特性　在旁路海洋節流調速迴路中，當液壓缸在穩定工作狀態

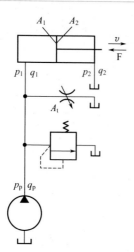

圖 7.14　旁路海洋節流調速迴路

下時，其運動速度等於進入液壓缸無桿腔的流量除以有效工作面積：

$$v = \frac{q_1}{A_1} \qquad (7.21)$$

從迴路上看，q_1 等於泵的流量 q_p 減去通過並聯於油路上的節流閥的流量 q_1：

$$q_1 = q_p - q_1 \qquad (7.22)$$

通過節流閥的流量根據第 2 章所述油液流經閥口的流量計算公式有：

$$q_1 = KA_t(\Delta p)^m \qquad (7.23)$$

式中，Δp 爲作用於節流閥兩端的壓力差，其值爲：

$$\Delta p = p_p \qquad (7.24)$$

p_p 等於 p_1，根據作用於活塞桿上的力平衡方程有：

$$p_1 A_1 = F$$

$$p_1 = \frac{F}{A_1} \qquad (7.25)$$

將式(7.22)～式(7.25) 代入式(7.21) 中有：

$$v = \frac{q_p - KA_t\left(\frac{F}{A_1}\right)^m}{A_1} \qquad (7.26)$$

公式(7.26) 就是旁路海洋節流調速迴路在不考慮泄漏情況下的速度負載公式。但是由於該迴路在工作中溢流閥是關閉的，泵的壓力是變化的，因此泄漏量也是隨之變化的，其執行機構的速度也受到泄漏的影響，因此，液壓缸的速度公式應爲：

$$v = \frac{q_p - K_1\left(\frac{F}{A_1}\right) - KA_t\left(\frac{F}{A_1}\right)^m}{A_1} \qquad (7.27)$$

式中，K_1 爲泵的泄漏係數。同樣，根據此式繪出的曲線即是速度負載特性曲線。圖 7.15 所示的就是旁路海洋節流調速迴路在節流閥不同開口條件下的速度負載曲線。從該圖中可以分析出：液壓缸負載 F 越大時，其速度穩定性越好；節流閥開口面積越小時，其速度穩定性越好。因此，旁路海洋節流調速迴路適用於功率、負載較大的條件下。

根據前述，亦可推出該迴路的速度剛性 K_v：

$$K_v = -\frac{1}{\tan\alpha} = -\frac{\partial F}{\partial}$$

$$= \frac{FA_1}{m(q_p - A_1) + (1-m)K_1\dfrac{F}{A_1}}$$

(7.28)

② 功率特性　在負載一定的條件下，若不計損失，則泵的輸出功率 $P_p = p_p q_p$，作用於液壓缸上的有效輸出功率 $P_1 = p_1 q_1$，該迴路的功率損失爲：

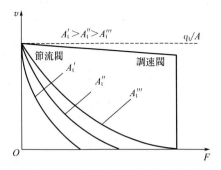

圖 7.15　旁路海洋節流調速迴路的速度負載特性

$$\Delta P = P_p - P_1 = p_p q_p - p_1 q_1$$
$$= p_p(q_p - q_1)$$
$$= p_p q_1$$

(7.29)

可見，該迴路的功率損失只有一項，即通過節流閥的功率損失，稱爲節流損失。其功率特性曲線如圖 7.16 所示。由圖可見，這種迴路隨着執行機構速度的增加，有用功率在增加，而節流損失在減小。迴路的效率是隨工作速度及負載而變化的，並且在主油路中沒有溢流損失和發熱現象，因此適合於速度較高、負載較大、負載變化不大且對運動平穩要求不高的場合。

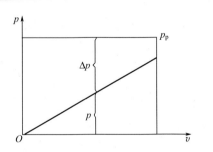

圖 7.16　旁路海洋節流調速迴路的功率特性

(4) 採用調速閥的海洋節流調速迴路

採用節流閥的海洋節流調速迴路，由於節流閥兩端的壓差是隨着液壓缸的負載變化的，因此其速度穩定性較差。如果用調速閥來代替節流閥，由於調速閥本身能在負載變化的條件下保證其通過內部的節流閥兩端的壓差基本不變，因此，速度穩定性將大大提高。如圖 7.11、圖 7.15 中所示爲採用調速閥的海洋節流調速迴路的速度負載特性曲線。當旁路海洋節流調速迴路採用調速閥後，其承載能力也不因活塞速度降低而減小。

在採用調速閥的進、回油海洋節流調速迴路中，由於調速閥最小壓差比節流

閥大，因此，泵的供油壓力相應高，所以，負載不變時，功率損失要大些；在功率損失中，溢流損失基本不變，節流損失隨負載線性下降。此迴路適用於運動平穩性要求高的小功率系統，如組合機床等。

在採用調速閥的旁路海洋節流調速迴路中，由於從調速閥回油箱的流量不受負載影響，因而其承載能力較強，效率高於前兩種。此迴路適用於速度平穩性要求高的大功率場合。

在 ROV 水下液壓管路對接裝置液壓傳動系統中設計選用的是定量泵，所以選擇海洋節流調速迴路。海洋節流調速迴路由定量泵、溢流閥、調速閥和執行元件組成。根據調速閥在油路中的位置不同，分爲進油路、回油路、旁油路海洋節流調速迴路。

進油海洋節流調速迴路將調速閥放在定量液壓泵的出口與液壓缸的入口之間，調節調速閥通流面積，改變進入液壓缸的流量，達到調速目的。定量液壓泵輸出的多餘油液經溢流閥排回油箱。

回油海洋節流調速迴路將調速閥放在液壓缸的出口與油箱之間，即放在回油路上。

旁路海洋節流調速迴路將調速閥和溢流閥直接並聯放在定量液壓泵的出口和油箱的入口之間。

回油節流調速相比進油節流調速的優點是回油節流調速在回油路上有背壓力，因此可以承受負載，而進油節流調速則不能承受負載。

回油節流調速時活塞的運動速度較平穩，經回油路調速閥發熱的油液排回油箱，對液壓缸的泄漏、效率等無影響。進油節流調速時，經調速閥發熱的油液進入液壓缸，液壓缸泄漏增大，活塞運動的平穩性受影響。所以，液壓系統採用回油海洋節流調速迴路。

如圖 7.1 所示，將調速閥放在油箱與液壓缸之間，相應地調節調速閥的通流面積，就可達到調速的目的。

3) 海洋容積調速迴路

海洋容積調速迴路主要是利用改變變量式液壓泵的排量或改變變量式液壓馬達的排量來實現調節執行機構速度的目的，一般分爲變量泵與執行機構組成的迴路、定量泵與變量馬達組成的迴路和變量泵與變量馬達組成的迴路三種。

就迴路的循環形式而言，容積式海洋調速迴路分爲開式迴路和閉式迴路兩種。

在開式迴路中，液壓泵從油箱中吸油，把壓力油輸給執行元件，執行元件排出的油直接回油箱，如圖 7.17(a) 所示。這種迴路結構簡單，冷却好，但油箱尺寸較大，空氣和雜物易進入迴路中，影響迴路的正常工作。

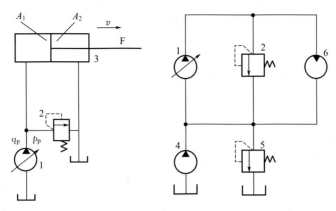

(a) 變量泵-液壓缸(開式回路)　　　(b) 變量泵-定量馬達(閉式回路)

圖 7.17　變量泵-定量執行元件的海洋容積調速迴路

1—變量泵；2, 5—溢流閥；3—液壓缸；4—補液泵；6—定量馬達

在閉式迴路中，液壓泵排油腔與執行元件進油管相連，執行元件的回油管直接與液壓泵的吸油腔相連，如圖 7.17(b) 所示。閉式迴路油箱尺寸小、結構緊湊，且不易污染，但冷却條件較差，需要輔助泵進行換油和冷却。

(1) 變量泵與執行機構組成的海洋容積調速迴路

在這種海洋容積調速迴路中，採用變量泵供油，執行機構爲液壓缸或定量液壓馬達。如圖 7.17 所示，圖 (a) 所示爲液壓缸的迴路，圖 (b) 所示爲定量馬達的迴路。在這兩個迴路中，溢流閥主要用於防止系統過載，起安全保護作用，圖 (b) 中所示的泵 4 爲補液泵，而溢流閥 5 的作用是控制補液泵 4 的壓力。

這種迴路速度的調節主要是依靠改變變量泵的排量。在圖 7.17(a) 中，若不計液壓迴路及泵以外的元件泄漏，其運動速度與負載的關係爲：

$$v = \frac{q_p}{A_1} = \frac{q_t - k_1 \dfrac{F}{A_1}}{A_1} \tag{7.30}$$

式中，q_t 爲變量泵的理論流量；k_1 爲變量泵的泄漏係數。

以此式可繪出該迴路的速度負載特性曲線，如圖 7.18(a) 所示。從圖中可以看出，在這種迴路中，由於變量泵的泄漏，活塞的運動速度會隨着外負載的變化而降低，尤其是在低速下甚至會出現活塞停止運動的情況，可見該迴路在低速條件下的承載能力是相當差的。

圖 7.17(b) 所示是變量泵和定量馬達的海洋調速迴路，在這種迴路中，若

不計損失，則其轉速爲：

$$n_{\mathrm{m}} = \frac{q_{\mathrm{p}}}{V_{\mathrm{m}}} \tag{7.31}$$

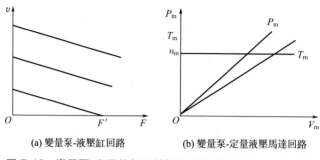

(a) 變量泵-液壓缸回路　　　　　(b) 變量泵-定量液壓馬達回路

圖 7.18　變量泵-定量執行元件的海洋容積調速迴路特性曲線

馬達的排量是定值，因此改變泵的排量，即改變泵的輸出流量，馬達的轉速也隨之改變。從第 3 章可知，馬達的輸出轉矩爲：

$$T_{\mathrm{m}} = \frac{p_{\mathrm{p}} V_{\mathrm{m}}}{2\pi} \eta_{\mathrm{mm}} \tag{7.32}$$

從式(7.32) 中可知，若系統壓力恆定不變，則馬達的輸出轉矩也就恆定不變，因此，該迴路稱爲恆轉矩調速，迴路的負載特性曲線見圖 7.18(b)。該迴路調速範圍大，可連續實現無級調速。

(2) 定量泵與變量馬達組成的海洋容積調速迴路

圖 7.19 所示爲定量泵與變量馬達組成的海洋容積調速迴路。在該迴路中，執行機構的速度是靠改變變量馬達 3 的排量來調定的，泵 4 爲補液泵。

在這種迴路中，液壓泵爲定量泵，若系統壓力恆定，則泵的輸出功率恆定。若不計損失，液壓馬達的輸出轉速與其排量反比，其輸出功率不變，因此，該迴路也稱爲恆功率調速，其速度負載特性曲線如圖 7.19(b) 所示。

這種迴路不能用馬達本身來換向，因爲換向必然經過「高轉速-零轉速-高轉速」，速度轉換困難，也可能低速時帶不動，存在死區，調速範圍較小。

(3) 變量泵與變量馬達組成的海洋容積調速迴路

如圖 7.20 所示爲一種變量泵與變量馬達組成的海洋容積調速迴路，在一般情況下，這種迴路都是雙向調速，改變雙向變量泵 1 的供油方向，可使雙向變量馬達 2 的轉向改變。單向閥 6 和 8 保證補液泵 4 能雙向爲泵 1 補油，而單向閥 7 和 9 能使安全閥 3 在變量馬達正反向工作時都起過載保護作用。這種迴路在工作中，改變泵的排量或改變馬達的排量均可達到調節轉速的目的。從

圖 7.20 中可見，該迴路實際上是上兩種迴路的組合，因此它具有上兩種迴路的特點。在調速過程中，第一階段，固定馬達的排量爲最大，從小到大改變泵的排量，泵的輸出流量增加，此時，相當於恆轉矩調速；第二階段，泵的排量固定到最大，從大到小調節馬達的排量，馬達的轉速繼續增加，此時，相當於恆功率調速。因此該迴路的速度負載特性曲線是上兩種迴路的組合，其調速範圍大大增加。

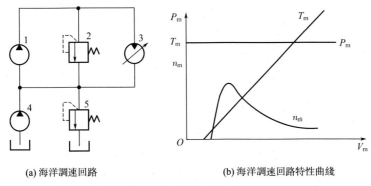

(a) 海洋調速回路　　　　　　　(b) 海洋調速回路特性曲綫

圖 7.19　定量泵-變量馬達的容積海洋節流調速迴路

1—定量泵；2，5—溢流閥；3—變量馬達；4—補液泵

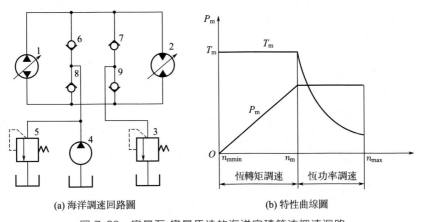

(a) 海洋調速回路圖　　　　　　(b) 特性曲綫圖

圖 7.20　變量泵-變量馬達的海洋容積節流調速迴路

1—雙向變量泵；2—雙向變量馬達；3，5—溢流閥；4—補液泵；6～9—單向閥

4）海洋容積節流調速迴路

海洋容積節流調速迴路就是海洋容積調速迴路與海洋節流調速迴路的組合，一般是採用壓力補償變量泵供油，而在液壓缸的進油或回油路上安裝有流

量調節元件來調節進入或流出液壓缸的流量，並使變量泵的輸出流量自動與液壓缸所需流量相匹配。由於這種海洋調速迴路沒有溢流損失，其效率較高，速度穩定性也比海洋容積調速迴路好，因此適用於速度變化範圍大、中小功率的場合。

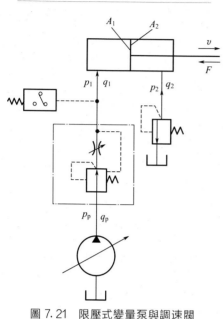

圖 7.21　限壓式變量泵與調速閥
組成的海洋容積節流調速迴路

（1）限壓式變量泵與調速閥組成的海洋容積節流調速迴路

如圖 7.21 所示爲限壓式變量泵與調速閥組成的海洋容積節流調速迴路。在這種迴路中，由限壓式變量泵供油，爲獲得更低的穩定速度，一般將調速閥安裝在進油路中，回油路中裝有背壓閥。

這種迴路具有自動調節流量的功能。當系統處於穩定工作狀態時，泵的輸出流量與進入液壓缸的流量相適應，若關小調速閥的開口，則通過調速閥的流量減小，此時，泵的輸出流量大於通過調速閥的流量，多餘的流量迫使泵的輸出壓力升高，根據限壓式變量泵的特性可知，變量泵將自動減小輸出流量，直到與通過調速閥的流量相等；反之亦

然。由於這種迴路中泵的供油壓力基本恆定，因此，也稱爲定壓式海洋容積節流調速迴路。

（2）差壓式變量泵和節流閥的海洋容積節流調速迴路

如圖 7.22 所示爲差壓式變量泵與節流閥組成的海洋容積節流調速迴路。在這種迴路中，由差壓式變量泵供油，用節流閥來調節進入液壓缸的流量，並使變量泵輸出的油液流量自動與通過節流閥的流量相匹配。

由圖 7.22 中可見，變量泵的定子是在左右兩個液壓缸的液壓力與彈簧力平衡下工作的，其平衡方程爲：

$$p_{\mathrm{p}}A_1 + p_{\mathrm{p}}(A - A_1) = p_1 A + F_{\mathrm{s}} \tag{7.33}$$

故得出節流閥前後的壓差爲：

$$\Delta p = p_{\mathrm{p}} - p_1 = F_{\mathrm{s}}/A \tag{7.34}$$

由式（7.34）中可看出，節流閥前後的壓差基本是由泵右邊柱塞缸上的彈簧力來調定的，由於彈簧剛度較小，工作中的伸縮量也較小，基本是恆定值，因

此，作用於節流閥兩端的壓差也基本恆定，所以通過節流閥進入液壓缸的流量基本不隨負載的變化而變化。由於該迴路泵的輸出壓力是隨負載的變化而變化的，因此，這種迴路也稱為變壓式海洋容積節流調速迴路。

這種海洋調速迴路沒有溢流損失，而且泵的出口壓力是隨着負載的變化而變化的，因此，它的效率較高，且發熱較少。這種迴路適用於負載變化較大、速度較低的中小功率場合。

5）三種海洋調速迴路特性比較

海洋節流調速迴路、海洋容積調速迴路、海洋容積節流調速迴路的特性比較見表 7.1。

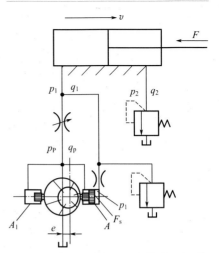

圖 7.22　差壓式變量泵與節流閥組成的海洋容積節流調速迴路

表 7.1　三種海洋調速迴路特性比較

特性 ＼ 種類	海洋節流調速迴路	海洋容積調速迴路	海洋容積節流調速迴路
調速範圍與低速穩定性	調速範圍較大，採用調速閥可獲得穩定的低速運動	調速範圍較小，獲得穩定低速運動較困難	調速範圍較大，能獲得較穩定的低速運動
效率與發熱	效率低，發熱量大，旁路節流調速較好	效率高，發熱量小	效率較高，發熱較小
結構（泵、馬達）	結構簡單	結構複雜	結構較簡單
適用範圍	適用於小功率輕載的中低壓系統	適用於大功率、重載高速的中高壓系統	適用於中小功率、中壓系統

7.2.2　海洋快速運動迴路

海洋快速運動迴路的作用就是提高執行元件的空載運行速度，縮短空行程運行時間，以提高系統的工作效率。常見的海洋快速運動迴路有以下幾種。

（1）液壓缸採用差動連接的海洋快速運動迴路

在前面已介紹過，單桿活塞液壓缸在工作時，兩個工作腔連接起來就形成了

差動連接，其運行速度可大大提高。如圖 7.23 所示就是一種差動連接的迴路，二位三通電磁閥右位接通時，形成差動連接，液壓缸快速進給。這種迴路的最大好處是在不增加任何液壓元件的基礎上提高工作速度，因此，在液壓系統中被廣泛採用。

（2）採用蓄能器的海洋快速運動迴路

如圖 7.24 所示是採用蓄能器的海洋快速運動迴路。在這種迴路中，當三位換向閥處於中位時，蓄能器儲存能量，達到調定壓力時，控制順序閥打開，使泵卸荷。當三位閥換向使液壓缸進給時，蓄能器和液壓泵共同向液壓缸供油，達到快速運動的目的。這種迴路換向只能用於需要短時間快速運動的場合，行程不宜過長，且快速運動的速度是漸變的。

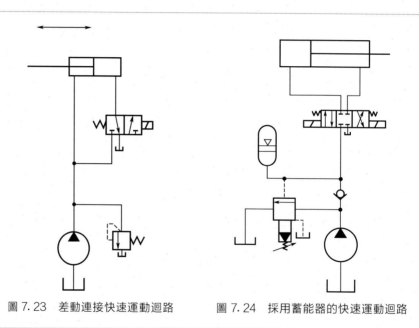

圖 7.23　差動連接快速運動迴路　　圖 7.24　採用蓄能器的快速運動迴路

（3）採用雙泵供油系統的海洋快速運動迴路

如圖 7.25 所示爲雙泵供油系統。泵 1 爲低壓大流量泵，泵 2 爲高壓小流量泵；閥 5 爲溢流閥，用以調定系統工作壓力；閥 3 爲順序閥，在這裏作卸荷閥用。當執行機構需要快速運動時，系統負載較小，雙泵同時供油；當執行機構轉爲工作進給時，系統壓力升高，打開卸荷閥 3，大流量泵 1 卸荷，小流量泵單獨供油。這種迴路的功率損耗小，系統效率高，目前使用得較廣泛。其結構可見第3 章中圖 3.16。

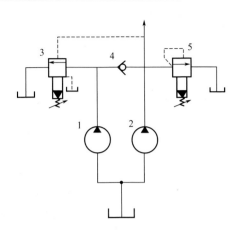

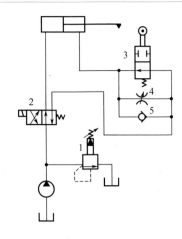

圖 7.25　雙泵供油系統

1—低壓大流量泵；2—高壓小流量泵；

3—順序閥；4—單向閥；5—溢流閥

圖 7.26　採用行程閥的快慢速度換接迴路

1—溢流閥；2—二位四通換向閥；

3—行程閥；4—節流閥；5—單向閥

7.2.3　海洋速度換接迴路

海洋速度換接迴路的作用是在液壓系統工作時，執行機構從一種工作速度轉換爲另一種工作速度。

（1）快速運動轉爲工作進給運動的海洋速度換接迴路

如圖 7.26 所示爲最常見的一種快速運動轉爲工作進給運動的海洋速度換接迴路，是由行程閥 3、節流閥 4 和單向閥 5 並聯而成的。當二位四通換向閥 2 右位接通時，液壓缸快速進給，當活塞上的擋塊碰到行程閥，並壓下行程閥時，液壓缸的回油只能改走節流閥，轉爲工作進給；當二位四通換向閥 2 左位接通時，液壓油經單向閥 5 進入液壓缸有桿腔，活塞反向快速退回。這種迴路同採用電磁閥代替行程閥的迴路比較，其特點是換向平穩、有較好的可靠性、換接點的位置精度高。

（2）兩種不同工作進給速度的海洋速度換接迴路

兩種不同工作進給速度的海洋速度換接迴路一般採用兩個調速閥串聯或並聯而成，如圖 7.27 所示。

圖 7.27(a) 所示爲兩個調速閥並聯，兩個調速閥分別調節兩種工作進給速度，互不干擾。但在這種海洋調速迴路中，一個閥處於工作狀態，另一個閥則無油通過，使其定差減壓閥處於最大開口位置，速度換接時，油液大量進入使執行

元件突然前冲。因此，該迴路不適於在工作過程中的速度換接。

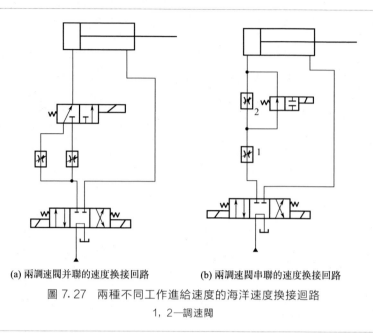

(a) 兩調速閥并聯的速度換接回路　　　(b) 兩調速閥串聯的速度換接回路

圖 7.27　兩種不同工作進給速度的海洋速度換接迴路

1, 2—調速閥

　　圖 7.27(b) 所示爲兩個調速閥串聯。速度的換接是通過二位二通電磁閥的兩個工作位置的換接來實現的。在這種迴路中，調速閥 2 的開口一定要小於調速閥 1，工作時，油液始終通過兩個調速閥，速度換接的平穩性較好，但能量損失也較大。

7.2.4　海洋工程裝備實例

1）新型鑽柱升沉補償液壓系統[13,14]

　　如圖 7.28 所示，該系統對應於海上鑽井的工況，能實現升沉補償功能。補償缸無桿腔連接蓄能器，因爲流量較大，使用插裝閥和電磁換向閥共同工作。當正常鑽進時，截止閥 14 打開，閥 13 關閉，插裝閥 12 打開，液控方向閥 11 在壓力作用下關閉，與其相連的插裝閥 10 打開，蓄能器連接到補償缸無桿腔。當補償缸隨船體上升時，活塞相對於缸體向下運動，此時變量泵 5 通過閥 3 的左位向補償缸有桿腔輸送液壓油，推動活塞運動，同時無桿腔油液在大鈎載荷及有桿腔油壓的作用下流回蓄能器，這樣大鈎相對於船體向下運動，實現補償；當補償缸隨船體下降時，大鈎載荷減小，補償缸活塞在蓄能器的作用下相對於缸體向上運動，同時閥 3 工作在右位，補償缸有桿腔液壓油通過閥 3 及背壓閥 7 回油箱，使得有桿腔壓力下降，活塞在無桿腔和有桿腔的壓差作用下向上運動，補償大鈎的運動。

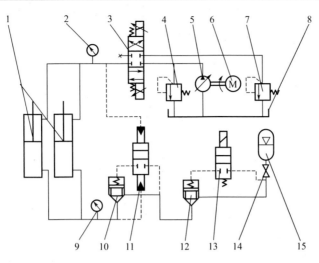

圖 7.28　液壓系統原理圖

1—補償缸；2—有桿腔壓力表；3—電液比例方向閥；4—溢流閥；5—柱塞變量泵；6—電動機；
7—背壓閥；8—油箱；9—無桿腔壓力表；10, 12—二通插裝閥；11—液控方向閥（常開）；
13—電磁換向閥；14—截止閥；15—蓄能器

2）潛器外置設備液壓系統的壓力補償[15]

（1）整個液壓系統都在海水環境中

如圖 7.29（a）所示形式，它的所有機構都在海水中，整個液壓系統也受到海水的包圍。通常情況下，其液壓系統的布置有兩種情況：一是液壓泵站以及所有控制元件都集中布置在一個容器中，容器中充滿油液，作爲油箱使用，泵及控制元件都浸在油中，而只有執行器在海水中；二是只有液壓泵站在封閉式油箱中，而控制元件和執行器都在海水中。

從目前國外已有水下液壓系統來看，上面兩種布置形式又都有直接式布置和封閉式布置兩種方式。所謂直接式布置，是指液壓泵控制閥塊及執行器等整個系統都直接暴露於海水中，結構比較寬鬆。所謂封閉式布置，是指液壓泵浸沒於油箱內，各種控制閥、傳感器等也設於油箱中，而其他的部分也都採取同樣的方式，元件都被分別置於封閉的充滿油液的容器中，結構較緊湊。

（2）液壓泵站及控制元件在常壓環境中，而執行器在海水環境中

液壓泵站或液壓泵站及控制元件在常壓環境中，而執行器在海水環境中，如圖 7.29（b）所示形式。在潛艇耐壓殼體內的控制機構的液壓控制系統，處於常壓環境中，液壓系統的工作狀態和在水面上的艦艇、船舶的是一樣的。但是當把

設備布置到耐壓殼體外時，其液壓控制的執行器部分自然就在海水中了。潛艇外置設備液壓系統就是屬於這種類型的布置形式，其泵源部分被安裝在耐壓殼體內（或泵源與控制元件在耐壓殼體內），其所在的環境壓力爲常壓，泵源用以向耐壓殼體內外的各子系統供油。外置設備的液壓子系統的執行器部分處在海水環境中，環境壓力爲一定深度海水的壓力，則海水環境壓力對液壓系統的影響需要研究。

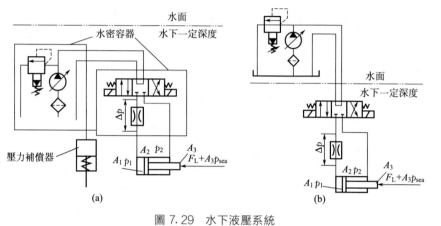

圖 7.29　水下液壓系統

(3) 開式子迴路的水下環境壓力補償方法

圖 7.30(a) 所示是無泄油口的水下液壓執行器（包括水下液壓缸和無泄油口的液壓馬達）的水下環境壓力補償原理。其工作原理是：在其回油路中串接一只能跟隨水下環境壓力變化的水下環境壓力補償裝置或者單位。水下環境壓力補償單位包括水下環境壓力敏感器 9 和壓力補償閥 10 兩部分，水下環境壓力敏感器 9 檢測水下環境壓力，並把檢測到的水下環境壓力傳遞到壓力補償閥 10，使壓力補償閥 10 的輸出補償壓力能夠自動跟隨水下環境壓力的變化。當水下液壓執行器 8 工作時，液壓泵 3 提供的液壓油經調速閥 6 和換向閥 7 到水下液壓執行器，水下液壓子迴路的回油經換向閥 7 通過水下環境壓力補償閥 10 溢流回油箱，使水下液壓子迴路的回油壓力增加一個略高於水下環境壓力的壓力。如果執行器 8 是對稱液壓執行器，則通過執行器 8 的力或扭矩平衡作用，在系統的供油路中也增加一個略高於水下環境壓力的壓力；如果執行器 8 是非對稱液壓執行器，則執行器兩腔的有效工作面積不相等，同樣通過力或扭矩平衡得到進油側的有效工作壓力，使執行器的輸出功率保持壓力補償前後不變。此時，水下環境壓力補償閥是一只溢流壓力隨水下環境壓力變化而變化的壓力控制閥，在水下執行器工作期間處於溢流工作狀態。

　　當水下執行器處於非工作狀態時，水下液壓子迴路中回油流量爲零，由於液壓系統不可避免地存在內泄漏現象，隨着時間的延續，水下液壓子迴路中的液壓油會經內部泄漏通道泄油，回油壓力降低。爲了防止這種現象的發生，在這種情況下需要向回油路中補油，保證回油路中的壓力不會降低，仍然能夠隨水下環境壓力變化而變化。此時，系統壓力油經水下環境壓力補償閥減壓向回油路補油，減壓後的 A 口壓力同樣要隨水下環境壓力變化而變化。這種情況下，液壓泵 3 停止工作，依靠蓄能器 5 向壓力補償閥 10 提供壓力油。

　　圖 7.30(b) 所示是具有單獨泄油口的水下液壓馬達的水下環境壓力補償原理。對於具有泄油口的水下液壓執行器 8，爲了保證它的正常工作，要求它的回油口壓力要略高於泄油口的壓力。由於其工作特性的特殊性，要求它的回油口和泄油口的補償壓力不同。因此，需要在它的回油路上安裝一只能適應其流量要求的水下環境壓力補償閥 10，而在它的泄油路上安裝另一只小流量的直動式水下環境壓力補償閥 11。所安裝的這兩只水下環境壓力補償閥的輸出補償壓力應能滿足液壓馬達兩個油口的最低壓力差的要求。

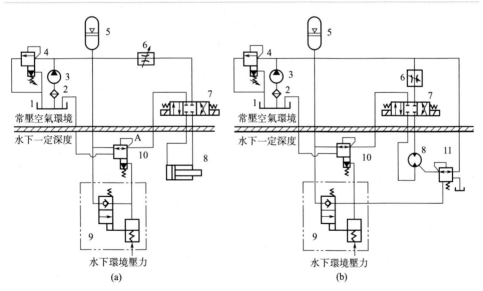

圖 7.30　開式子迴路的水下液壓執行器的水下環境壓力補償方法
1—油箱；2—過濾器；3—液壓泵；4—溢流閥；5—蓄能器；6—調速閥；
7—換向閥；8—水下液壓執行器；9—水下環境壓力敏感器；
10—先導式水下環境壓力補償閥；11—直動式水下環境壓力補償閥

　　對於圖 7.30 中所示主迴路的壓力補償方式，當水下液壓執行器的工作流量較小時，可以應用直動式水下環境壓力補償閥；當流量較大時，就應該採用先導

式水下環境壓力補償閥。

當潛器整個液壓系統中包括多個水下執行器時，如果各個液壓子迴路所補償壓力相同時，多個水下液壓子迴路可以共用一只水下環境壓力補償閥，在它們的總回油路處安裝一只壓力補償閥，以簡化系統結構。

當潛器整個液壓系統中既有外置液壓子迴路又有內置的液壓執行器時，外置液壓子迴路進行了水下環境壓力補償，內部子迴路的回油路是直接回油箱的，不需要進行水下環境壓力補償。各執行器的回油路之間雖不會產生相互干擾，但是，在進行水下環境壓力補償的水下子迴路的回油路上也增加了一個略高於水下環境壓力的壓力，而內置子迴路的回油路上則沒有，由於是共用一個液壓源，因此，內外子迴路必會產生互相干擾現象。

另外，由於水下液壓迴路中增加了一個水下環境壓力，致使系統總有部分功率消耗在水下壓力所引起的無用功上，使系統的效率降低。因此，此種形式的壓力補償方法可應用於潛器工作深度較淺、系統克服水下環境壓力所消耗的無用功對系統效率不致產生較大影響的工作場合。當潛器工作深度較深時，則需要採取措施消除或減小水下環境壓力對系統效率的影響，即需要進行壓力補償後的液壓系統節能設計。

(4) 閉式子迴路的水下環境壓力補償方法

當潛器外置的液壓執行器所在的液壓子迴路爲閉式迴路的形式時，可採取如圖 7.31 所示的水下環境壓力補償方法。

在這個液壓迴路中，雙向變量液壓泵 6 向水下液壓馬達 11 供油，並用於水下液壓馬達的換向和調速。溢流閥 8 經兩只單向閥 9 起安全溢流作用。潛器內部的補液泵 3 經水下環境壓力補償閥 13 和兩只單向閥 7 向閉式迴路的低壓油路補油。液控換向閥 10 則使閉式迴路的多餘油液經水下環境壓力補償閥 15 回油箱。上述兩部分完成了閉式迴路的換油功能。當水下液壓馬達有泄油口時，其泄油路經另一只水下環境壓力補償閥 14 回油箱。在這個閉式迴路中，共安裝了三只水下環境壓力補償閥 13~15。根據閉式迴路的工作原理，這三只水下環境壓力補償閥的工作狀態及補償壓力是不同的。水下環境壓力補償閥 13 完成的是補油功能，實際上該閥處於減壓工作狀態，其輸出壓力即補償壓力隨水下環境壓力變化，它的補償壓力比水下環境壓力補償閥 14 和 15 的都大。水下液壓馬達泄油路所需要的補償壓力最小，要求精度最高，必須嚴格控制閥 14 輸出的補償壓力與水下環境壓力的差恆定，壓力波動小。閥 14 的補償壓力太大，水下液壓馬達殼體中的油液會向水中泄漏；補償壓力一旦低於水下環境壓力，水就會侵入液壓系統，影響液壓系統的正常工作。閥 14 無論水下液壓馬達工作與否，都一直處於小流量的溢流工作狀態。水下環境壓力補償閥 15 在系統工作期間一直處於溢流工作狀態，其輸出補償壓力大於閥 14 的而小於閥 13 的。

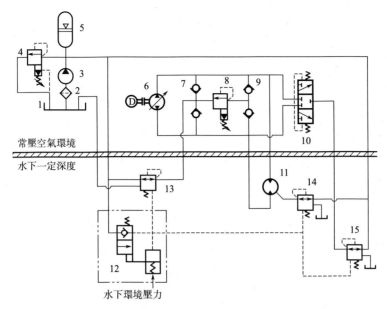

圖 7.31　閉式迴路的水下液壓馬達的水下環境壓力補償方法

1—油箱；2—過濾器；3—補液泵；4—溢流閥；5—蓄能器；6—雙向變量液壓泵；7, 9—單向閥；
8—溢流閥；10—液控換向閥；11—水下液壓馬達；12—水下環境壓力敏感器；
13～15—直動式水下環境壓力補償閥

　　當水下液壓馬達處於非工作狀態情況下，雙向變量液壓泵 6 和補液泵 3 都停止工作，此時，由蓄能器 5 向三只水下環境壓力補償閥提供油源，完成水下子迴路的補油功能。當蓄能器 5 需要補油時，再次啓動小功率的補液泵就可以了。再者，系統中的三只水下環境壓力補償閥中的壓力補償閥 13～15 共用一只水下環境壓力敏感器 12，便於元件的集成及進行水下環境壓力敏感器 12 的冗餘設計。

　　在液壓閉式迴路的水下環境壓力補償中，同樣由於水下液壓馬達 11 的平衡作用，在液壓馬達 11 的進口也增加了一個略高於水下環境壓力的壓力。液壓泵 6 的進口即液壓馬達回油路，液壓泵 6 的出口即液壓馬達進油路。使液壓泵 6 的進出口壓力差在進行水下環境壓力補償前後保持不變，所補償的水下環境壓力被互相抵消，不會出現因進行壓力補償使系統的效率降低的問題。因此，對於閉式液壓迴路進行水下壓力補償明顯地比開式迴路性能好。

　　對於開式與閉式水下液壓子迴路的水下環境壓力補償方法，如圖 7.30 和圖 7.31 所示，與潛器的液壓源比較發現，它們的油箱不同。潛器的油箱是具有一定壓力的密封油箱，而在壓力補償的系統中，水下環境壓力補償閥的回油都要求無壓回油。否則，水下液壓執行器的壓力補償就不能正常進行。假如，水下液

壓馬達是一個帶有泄油口的低速大扭矩內曲線液壓馬達，這是潛器外置液壓系統中常用的液壓執行器。從有關資料中瞭解到，內曲線液壓馬達的殼體壓力即泄油口壓力最大爲 0.1MPa，當超過這一值時，密封就會被破壞。換句話説，即內曲線液壓馬達的內外壓力差不能大於此值。當潛器在水面上工作時，液壓馬達所處環境的水壓爲零，而泄油口的補償壓力一定低於 0.1MPa，那麼，水下環境壓力補償閥的回油壓力必須爲零，才能保證水下液壓子迴路正常工作。

7.3　方向控制迴路

在液壓系統中，控制執行元件的啓動、停止及換向作用的迴路，稱爲方向控制迴路。方向控制迴路分爲簡單方向控制迴路和複雜方向控制迴路。

7.3.1　簡單方向控制迴路

一般的方向控制迴路就是在動力元件與執行元件之間採用換向閥即可實現。簡單的換向迴路只需採用標準的普通換向閥，其中電磁換向閥的換向迴路應用最爲廣泛，如前面的圖 7.26、圖 7.27 所示。

7.3.2　複雜方向控制迴路

複雜方向控制迴路是指執行機構需要頻繁連續地作往復運動或在換向過程上有許多附加要求時採用的換向迴路。它用於解決在機動換向過程中因速度過慢而出現的換向死點問題、因換向速度太快而出現的換向衝擊問題等。常見的複雜方向控制迴路有時間控制式和行程控制式兩種。

（1）時間控制式換向迴路

圖 7.32 所示爲時間控制式換向迴路。該換向迴路是由主換向閥 6 和先導換向閥 3 兩個閥組成的。閥 6 起主油路換向作用，而先導換向閥 3 主要提供主換向閥 6 的換向動力——壓力油。主換向閥 6 兩端的節流閥 5 和 8 用於控制主閥 6 的換向時間。

在圖 7.32 所示位置，先導換向閥 3 的閥芯處於右端，泵輸出的油液通過主換向閥 6 後，與液壓缸的右端接通，活塞向左移動，而回油經主換向閥 6 及節流閥 10 回油箱。當活塞帶動工作檯運動到終點時，工作檯上的擋鐵通過杠桿機構使先導換向閥 3 換向，使先導換向閥 3 的左位接通，液壓泵輸出的控制油經先導換向閥 3、單向閥 4 後進入主換向閥 6 的左端，而右端的控制液壓油經節流閥 8

回油箱。此時，閥 6 的閥芯右移，閥芯上的制動錐面逐漸關小回油通道 b 口，活塞速度減小。當換向閥移動至將閥口 b 全部關閉後，油路關閉，活塞停止運動。可見，換向閥換向時間取決於節流閥 8 的開口大小，調節節流閥 8 的開口即可調節換向時間，因此，該迴路稱爲時間控制式換向迴路。

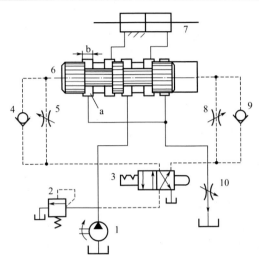

圖 7.32　時間控制式換向迴路

1—液壓泵；2—溢流閥；3—先導換向閥；4，9—單向閥；5—節流閥；6—主換向閥；

7—液壓缸；8，10—可調節流閥

這種迴路的優點是：制動時間可根據主機部件運動速度的快慢、慣性大小、節流閥 5 和節流閥 8 的開口量大小進行調節，以便制動平穩、提高工作效率。這種迴路主要用於工作部件運動速度較高、要求換向平穩、無衝擊、換向精度要求不高的場合，如平面磨床、插床、拉床的液壓系統等。

（2）行程控制式換向迴路

圖 7.33 所示是行程控制式換向迴路。該迴路也是由主換向閥 6 和先導閥 3 兩個閥所組成的。但在這種迴路中，主油路除了受主換向閥 6 的控制外，其回油還要通過先導閥 3，同時受先導閥 3 的控制。

在圖 7.33 所示位置，液壓泵輸出的油液經主換向閥 6 進入液壓缸的右腔，活塞左移；液壓缸左腔的油經主換向閥 6、先導閥 3 及節流閥 10 回油箱。當換向閥換向時，活塞桿上的撥塊撥動先導閥 3 的閥芯移向右端，在移動過程中，先導閥閥芯上 a 口中的制動錐面將主油路的回油通道逐漸關小，實現對活塞的預制動，使活塞的速度減慢。當活塞的速度變得很慢時，換向閥的控制油路才開始切換，控制油通過先導閥 3、單向閥 5 進入主換向閥 6 的左端，而使主換向閥 6 的

　　閥芯向右運動，切斷主油路，使活塞完全停止運動，隨即在相反的方向啓動。可見，此種迴路不論運動部件原來的速度如何，先導閥 3 總是要先移動一段固定行程使工作部件先進行預制動後，再由換向閥來進行換向的。因此，該迴路稱爲行程控制式換向迴路。

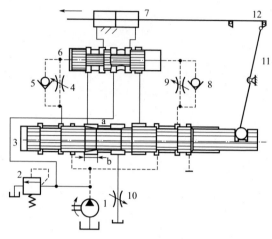

圖 7.33　行程控制式換向迴路

1—單向定量液壓泵；2—溢流閥；3—先導閥；4，9—節流閥；5，8—單向閥；
6—主換向閥；7—液壓缸；10—可調節流閥；11—連桿；12—執行元件

　　這種迴路的優點是換向精度高、冲出量小；但制動時間受運動部件速度快慢的影響，在速度快時，制動時間短，衝擊就大。另外，閥的製造精度較高，這種迴路主要用於運動速度不大、換向精度要求高的場合，如內、外圓磨床的液壓系統中等。

7.4　多執行元件控制迴路

　　在液壓系統中，用一個能源（泵）向多個執行元件（缸或馬達）提供液壓油，並能按各執行元件之間一定的運動關係要求進行控制、完成規定動作順序的迴路，被稱爲多執行元件控制迴路。常見的多執行元件控制迴路有順序動作迴路、同步迴路和多缸工作運動互不干擾迴路。

7.4.1　順序動作迴路

　　在多缸液壓系統中，順序動作迴路可以保證各執行元件嚴格地按照給定的動作順序運動，例如：自動車床中刀架的縱橫向運動、夾緊機構的定位和夾緊等。

順序動作迴路按其控制方式的不同，分爲行程控制式、壓力控制式及時間控制式。其中，前兩類應用較多。

（1）行程控制式順序動作迴路

行程控制式順序動作迴路就是將控制元件安放在執行元件行程中的一定位置，當執行元件觸動控制元件時，就發出控制訊號，繼續下一個執行元件的動作。

圖 7.34 所示是採用行程閥作爲控制元件的行程控制式順序動作迴路。當電磁換向閥 3 通電後，右位接通，液壓油進入液壓缸 1 的無桿腔，缸 1 的活塞向右進給，完成第一個動作。當活塞上的擋塊碰到二位四通行程閥 4 時，壓下行程閥，使其上位接通，液壓油通過行程閥 4 進入液壓缸 2 的無桿腔，液壓缸 2 的活塞向右進給，完成第二個動作。當電磁換向閥 3 斷電後，其左位接通，液壓油進入液壓缸 1 的有桿腔，液壓缸 1 向左後退，完成第三個動作。當缸 1 活塞上的擋塊脫離二位四通行程閥 4 時，行程閥 4 的下位接通，液壓油進入液壓缸 2 的有桿腔，缸 2 隨之向左後退，完成第四個動作。這種迴路的換向可靠，但改變運動順序較困難。

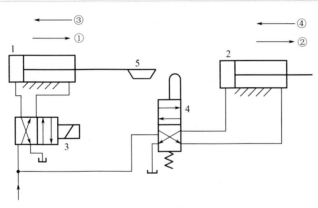

圖 7.34　採用行程閥的雙缸順序動作迴路

1, 2—液壓缸；3—電磁換向閥；4—二位四通行程閥；5—擋塊

圖 7.35 所示是採用電磁換向閥和行程開關的行程控制式順序動作迴路。當二位四通電磁換向閥 7 通電時，其左位接通，液壓油進入液壓缸 6 的無桿腔，缸 6 的活塞向右進給，完成第一個動作。當活塞上的擋塊碰到行程開關 2 時，發出電訊號，使二位四通閥 8 通電，使其左位接通，液壓油進入液壓缸 5 的無桿腔，液壓缸 5 的活塞向右進給，完成第二個動作。當缸 5 活塞上的擋塊碰到行程開關 4 時，發出電訊號，使二位四通閥 7 斷電，使其右位接通，液壓油進入液壓缸 6 的有桿腔，液壓缸 6 的活塞向左退回，完成第三個動作。當缸 6 活塞上的擋塊碰到行程開關 1 時，發出電訊號，使二位四通閥 8 斷電，其右位接通，液壓油進入

液壓缸 5 的有桿腔，液壓缸 5 的活塞向左退回，完成第四個動作。當缸 5 活塞上的擋塊碰到行程開關 3 時，發出電訊號表明整個工作循環結束。

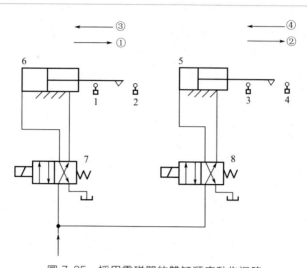

圖 7.35　採用電磁閥的雙缸順序動作迴路
1~4—行程開關；5, 6—液壓缸；7, 8—二位四通電磁換向閥

　　行程控制式順序動作迴路的可靠性取決於行程開關和電磁鐵的質量與精度，對變更液壓缸的動作行程和順序比較方便。同時，這種迴路使用調整方便，便於更改動作順序，更適合採用 PLC 控制，因此得到廣泛的應用。

　　(2) 壓力控制式順序動作迴路

　　壓力控制的順序動作迴路有順序閥控制和壓力繼電器控制兩種形式。

　　圖 7.36 所示是採用順序閥的壓力控制式順序動作迴路。當三位四通電磁換向閥處於左位時，液壓油進入液壓缸 A 的無桿腔，缸 A 向右運動，完成第一個動作。當缸 A 運動到終點時，油液壓力升高，打開順序閥 D，液壓油進入液壓缸 B 的無桿腔，缸 B 向右運動，完成第二個動作。當三位四通電磁換向閥處於右位時，液壓油進入液壓缸 B 的有桿腔，缸 B 向左運動，完成第三個動作。當缸 B 運動到終點時，油液壓力升高，打開順序閥 C，液壓油進入液壓缸 A 的有桿腔，缸 A 向左運動，完成第四個動作。

　　對於採用順序閥的壓力控制式順序動作迴路，其迴路順序動作的可靠性取決於順序閥的性能及其壓力的設定值。為保證順序動作的可靠性，順序閥的設定壓力必須高於前一行程液壓缸的最高工作壓力，以防止產生誤動作。

　　採用壓力繼電器的壓力控制順序動作迴路比較方便、靈活，但由於壓力繼電器的靈敏度高，油路中液壓衝擊容易產生誤動作，因此目前應用較少。

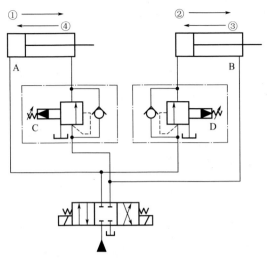

圖 7.36　壓力控制式的雙缸順序動作迴路
A, B—液壓缸；C, D—順序閥

(3) 時間控制式順序動作迴路

　　時間控制式順序動作迴路利用延時元件（如延時閥、時間繼電器等）來預先設定多個執行元件之間順序動作的間隔時間。如圖 7.37 所示是一種採用延時閥

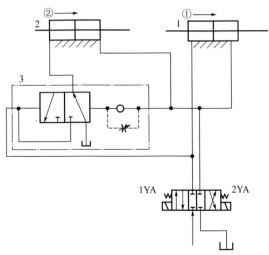

圖 7.37　時間控制式的雙缸順序動作迴路
1, 2—液壓缸；3—延時閥

的時間控制式順序動作迴路。當三位四通電磁換向閥左位接通時，油液進入液壓缸 1，缸 1 的活塞向右運動，而此時，油液必須使延時閥 3 換向後才能進入液壓缸 2，延時閥 3 的換向時間要取決於控制油路（虛線所示）上的節流閥的開口大小，因此實現了兩個液壓缸之間順序動作的延時。

7.4.2　同步迴路

同步迴路的作用是：保證液壓系統中兩個以上執行元件以相同的位移或速度（或一定的速比）運動。

從理論上講，只要保證多個執行元件的結構尺寸相同、輸入油液的流量相同就可使執行元件保持同步動作，但由於泄漏、摩擦阻力、外負載、製造精度、結構彈性變形及油液中的含氣量等因素，很難保證多個執行元件的同步。因此，在同步迴路的設計、製造和安裝過程中，要盡量避免這些因素的影響，必要時可採取一些補償措施。如果想獲得高精度的同步迴路，則需要採用閉環控制系統才能實現。

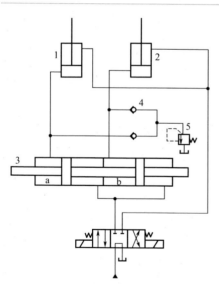

圖 7.38　採用同步液壓缸的同步迴路

1, 2—液壓缸；3—同步液壓缸；

4—單向閥；5—安全閥

(1) 容積式同步運動迴路

這種同步迴路一般是利用相同規格的液壓泵、執行元件通過機械方式連接等方法實現同步動作的。

如圖 7.38 所示是一種採用同步液壓缸的同步迴路，圖中所示的單向閥的作用是當任意一個液壓缸首先運動至終點時，使其進油腔中多餘的液壓油經安全閥 5 返回油箱中。還有採用同步馬達的同步迴路，兩個同軸連接的相同規格的馬達將等量油液提供給兩個液壓缸，此時需要補液系統來修正同步誤差。

(2) 節流式同步運動迴路

如圖 7.39 所示是採用分流閥的同步迴路。分流閥能保證進入兩個液壓缸等量的液壓油以保證兩缸的同步運動，若任意一個液壓缸首先到達終點，則可經過閥內節流口的調節，使油液進入另一個液壓缸內，使其到達終點，以消除積累誤差。

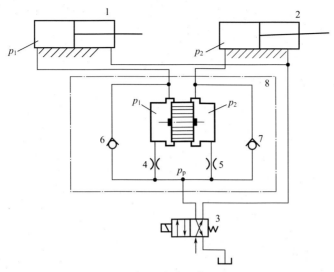

圖 7.39　採用分流閥的同步迴路

1, 2—液壓缸；3—二位四通換向閥；4, 5—節流口；6, 7—單向閥；8—分流閥

（3）採用電液比例閥的同步運動迴路

圖 7.40 所示為採用電液比例閥的同步運動迴路，迴路中調節流量的是普通

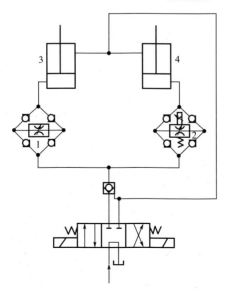

圖 7.40　採用電液比例閥的同步迴路

1—調速閥；2—電液比例調速閥；3, 4—液壓缸

調速閥 1 和電液比例調速閥 2，分別控制兩個液壓缸的運動。當兩個液壓缸出現位置誤差後，檢測裝置會發出訊號，自動調節比例閥的開度，以保證兩個液壓缸的同步。

如果想獲得更高的同步精度，則需採用電液伺服閥。

7.4.3　多缸工作運動互不干擾迴路

在多缸系統中，經常要求快速運動與慢速運動的正常速度互不干擾，這時需要採用多缸工作運動互不干擾迴路。多缸工作運動互不干擾迴路的作用是：防止兩個以上執行機構在工作時因速度不同而引起的動作上的相互干擾，保證各自運動的獨立和可靠。

圖 7.41 所示為雙泵供油的快慢速運動互不干擾迴路。泵 5 是高壓小流量泵，負責兩個液壓缸的工作進給的供油；泵 6 為低壓大流量泵，負責兩個液壓缸快進時的供油。調速閥的作用是在液壓缸工作進給時調節活塞的運動速度。在這種迴路中，每個液壓缸均可單獨實現快進、工進及快退的動作循環，兩個液壓缸的動作之間互不干擾。若採用疊加閥則實現多缸互不干擾更為容易，如圖 7.42 所示，因此在組合機床上被廣泛採用。

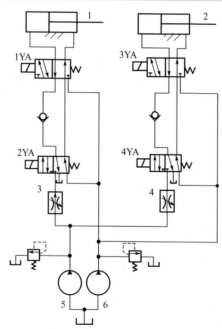

圖 7.41　雙泵供油的多缸快慢速運動互不干擾迴路

1, 2—液壓缸；3, 4—調速閥；5—高壓小流量泵；6—低壓大流量泵

　　圖 7.42 所示的迴路雖然效率較高，但由於蓄能器的容量有限，因此一般只用於缸的容量較小或互不干擾行程較短的場合。

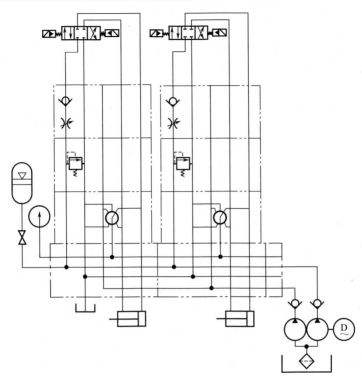

圖 7.42　採用疊加閥的多缸互不干擾迴路

7.5　深海壓力補償技術

　　海水環境壓力對液壓系統的壓力、流量等性能，元件的承載能力及可靠性等方面都有影響。隨着水下深度的不斷變化，海水的壓力也在不斷地變化，如果不採取措施，整個液壓系統的工作就會受到嚴重的影響，深度越深，受影響的嚴重程度也就越大。對於一些液壓元件來說，一旦承受壓力，元件將不能正常工作。由於液壓系統在水中工作，它們要承受系統內部和周圍海水的壓力，如果海水壓力高於內部壓力，海水就很容易進入系統內部，影響設備的運行。海水壓力變化時液壓系統的壓力補償或壓力平衡，就成了水下設備液壓系統要解決的關鍵問題之一。

7.5.1　壓力補償技術

　　所謂壓力補償技術（或稱壓力平衡技術），就是通過彈性元件感應海水壓力，並將其傳遞到液壓系統內部，使液壓系統的回油壓力與海水壓力相等，並隨海水深度變化自動變化。採用壓力補償後的深海水下液壓系統，其系統壓力建立在海水壓力的基礎上，液壓系統的各個部分，包括液壓泵、液壓控制閥、液壓執行器及液壓管路等的工作狀態與常規液壓系統相同，避免了海水壓力的影響。

　　壓力補償裝置一般可以分爲兩類。一是利用彈性元件如膜片（或稱補償膜）、軟囊（或稱皮囊）和波紋管等的變形。當彈性元件受到海水壓力時，就會產生彈性變形，從而將海水壓力傳遞給水下系統內部的油液，使得儀器設備內外壓力平衡。二是利用活塞在海水壓力作用下的移動。當活塞受到海水壓力作用時，通過活塞的移動，將海水壓力通過活塞傳遞給內部油液，從而使得儀器設備內外壓力平衡。滾動膜片式的壓力平衡裝置相當於將活塞和皮囊壓力平衡裝置結合在一起，很好地解決了密封問題，並且已經應用於實際。當採用壓力平衡裝置後，水下儀器設備的殼體和密封元件所受的內外壓差較小，殼體的壁厚可以設計得較小，密封也不會受到大壓力的影響，從而使水下儀器設備變得輕巧、能量消耗少。

7.5.2　深海油箱設計實例

　　深海液壓油箱主要用在帶有液壓驅動系統的深海探測、採樣等設備儀器上，在液壓系統中既作爲油箱又作爲封裝電動機泵組、閥組等元件的隔離艙，囊括了整個動力系統的核心部分，常被稱爲儀器的「心臟」。深海油箱，即是在深海的環境下工作，這就決定了它不僅僅是一個簡單的盛裝液體的容器，鑒於這種特殊的工況，在設計過程中我們就要從多方面、多角度進行綜合考慮[16]。

　　（1）問題分析

　　① 深海的環境壓力（如深度爲 6000m 則有約 60MPa 的海水壓力）的平衡問題。由於深海設備的重量在一定程度上受到限制，因此深海油箱只能從平衡環境壓力角度出發考慮薄壁油箱，不應考慮剛性油箱。

　　② 體積差問題。目前中國深海液壓系統工作介質主要採用的是液壓油，故系統是封閉的，系統中的蓄能器、單出桿缸等在工作過程中造成的體積差會給油箱帶來體積變化；液壓系統工作時工作介質的高速流動會造成油箱體積變化；如果工作介質中存在大量的氣泡，在高壓力下也會引起油箱體積的較大變化；深海

的環境溫度和海面的溫度差異、氣泡的存在也會帶來體積變化。這幾個方面的體積變化都需要採取措施來消除對油箱的影響。

③ 材料的防腐性。油箱的外表面和海水直接接觸，需要考慮材料對海水的防腐性。

④ 工作介質的灌注和排氣問題。

⑤ 油箱的整體剛性，如水流的衝擊、碰撞等。

⑥ 油箱的密封問題，包括整體外密封、輸出接口的密封。

從上面的討論不難看出，設計深海油箱的最大難點是要克服深海的海水壓力和系統內體積的變化。

（2）結構設計

下面 3 種方案的深海油箱，其主要出發點是採用橡膠膜或皮囊的方式來平衡壓力和體積的變化。

圖 7.43(a) 所示是在鋼質圓形油箱的一端加橡膠膜或在方形油箱的 5 個面上開窗口加橡膠膜，利用橡膠膜的伸縮變形進行壓力平衡和克服體積變化，優點是結構簡單、易於加工。但模擬實驗證明橡膠膜的邊緣易出現疲勞斷裂，密封不可靠。

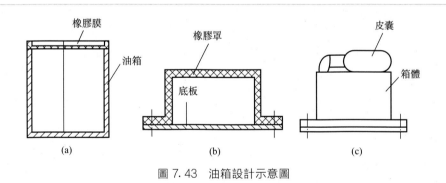

圖 7.43 油箱設計示意圖

圖 7.43(b) 所示的油箱除底面採用鋼質材料外，上面採用整體的橡膠罩，利用其餘 5 面的變形進行壓力平衡和克服體積變化。此種結構製造複雜，成本高，橡膠罩容易變形。

圖 7.43(c) 所示油箱整體採用鋼質材料，在油箱內或油箱外加可變體積的皮囊進行壓力平衡和克服體積變化。此結構製造簡單，皮囊更換方便，維護成本低。

上面 3 種方案都能達到平衡海水壓力和消除容積變化對油箱的影響的目的，但通過實驗和理論對比分析第 3 種方案最優。

7.5.3　壓力補償技術的應用

基於壓力補償技術的深海水下液壓系統如圖 7.44 所示。

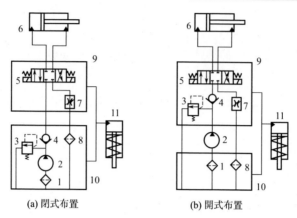

(a) 閉式布置　　　　　　　　(b) 開式布置

圖 7.44　基於壓力補償技術的深海水下液壓系統[17]

1—吸油過濾器；2—液壓泵；3—溢流閥；4—單向閥；5—換向閥；6—水下液壓執行器；
7—調速閥；8—回油過濾器；9—閥箱；10—油箱；11—壓力補償器

該水下液壓系統的組成與常規液壓系統基本相同，除了液壓源、液壓控制單位和液壓執行器外，還在系統中設置了壓力補償器，壓力補償器和油箱相連。由於深海水下液壓系統工作在海水環境中，因此油箱設計成封閉結構。此外，由液壓控制閥、液壓積體電路及電路等組成的液壓控制單位也設計成封閉結構，雖然一些液壓控制閥採用了耐海水腐蝕的材料，可以直接暴露在海水中，但是考慮到電磁鐵、放大電路等不能在海水中工作，因此設計了封閉式的閥箱，將液壓控制單位設置在閥箱內部。為了避免採用耐壓結構，將閥箱與壓力補償器相連，實現了閥箱的內外壓力平衡，大大減輕了系統的重量。

基於壓力補償技術的深海水下液壓系統工作原理如下：水下液壓執行器 6 動作時，液壓泵 2 通過吸油過濾器 1 從油箱 10 中吸油，液壓泵 2 提供的壓力油經單向閥 4 和換向閥 5 到達水下液壓執行器 6，水下液壓執行器 6 的回油經換向閥 5、調速閥 7 和回油過濾器 8 流回油箱 10。壓力補償器 11 不僅與油箱 10 相連，還與閥箱 9 相連。如果水下液壓執行器是對稱液壓執行器，則執行器兩腔的有效作用面積相等，執行器動作時油箱內的液壓油體積是不變的，此時壓力補償器對油箱的壓力補償是靜態的。如果水下液壓執行器是非對稱液壓執行器，則執行器動作時油箱內的液壓油體積是變化的，此時壓力補償器對油箱的壓力補償是動態的。閥箱內的液壓油體積是不變的，因此對閥箱的壓力補償是靜態的。

　　基於壓力補償技術的深海水下液壓系統有閉式和開式兩種布置方式，閉式布置和開式布置的區別主要在液壓源的布置上。閉式布置如圖 7.44（a）所示，液壓泵布置在油箱內，液壓源的其他部分也布置在油箱內，由於液壓源的各個元件均布置在油箱內，因此無需耐海水腐蝕。閉式布置結構緊湊，管路連接簡單，但維修不方便。閉式布置方式通常用於功率較小的深海水下液壓系統。大功率深海水下液壓系統由於電動機和液壓泵體積都較大，液壓泵發熱較快，若採用閉式布置方式，爲了保證散熱油箱的體積會較大，不利於液壓系統的安裝布置，因此大功率深海水下液壓系統多採用開式布置方式。

　　開式布置如圖 7.44(b) 所示，液壓泵暴露在海水中，通過管路與油箱、閥箱等相連。由於液壓泵布置在油箱外，因此大大減小了油箱的體積，並且液壓泵在海水中工作，散熱迅速，避免了溫升過高的問題。不過，液壓泵的表面要做防海水腐蝕的處理。開式布置方式結構簡單、維修方便，但管路較多、安裝複雜。

第8章

海洋裝備典型液壓系統

8.1 液壓系統圖的閱讀和分析方法

8.1.1 液壓系統圖的閱讀

要能正確而又迅速地閱讀液壓系統圖，首先必須掌握液壓元件的結構、工作原理、特點和各種基本迴路的應用，瞭解液壓系統的控制方式、職能符號及其相關標準；其次，結合實際液壓設備及其液壓原理圖多讀多練，掌握各種典型液壓系統的特點，對於今後閱讀新的液壓系統，可起到以點帶面、觸類旁通釄熟能生巧的作用。

閱讀液壓系統圖一般可按以下步驟進行。

① 全面瞭解設備的功能、工作循環和對液壓系統提出的各種要求。

例如組合機床液壓系統圖，它是以速度轉換爲主的液壓系統，除了能實現液壓滑臺的快進→工進→快退的基本工作循環外，還要特別注意速度轉換的平穩性等指標。同時要瞭解控制訊號的來源、轉換以及電磁鐵動作表等，這有助於我們有針對性地進行閱讀。

② 仔細研究液壓系統中所有液壓元件及它們之間的聯繫，弄清各個液壓元件的類型、原理、性能和功用。

對一些用半結構圖表示的專用元件，要特別注意它們的工作原理，要讀懂各種控制裝置及變量機構。

③ 仔細分析並寫出各執行元件的動作循環和相應的油液所經過的路線。

爲便於閱讀，最好先將液壓系統中的各條油路分別進行編碼，然後按執行元件劃分讀圖單位，每個讀圖單位先看動作循環，再看控制迴路、主油路。要特別注意系統從一種工作狀態轉換到另一種工作狀態時，是由哪些元件發出的訊號，又是使哪些控制元件動作並實現的。

閱讀液壓系統圖的具體方法有：傳動鏈法、電磁鐵工作循環表法和等效油路圖法等。

8.1.2　液壓系統圖的分析

在讀懂液壓系統原理圖的基礎上，還必須進一步對該系統進行一些分析，這樣才能評價液壓系統的優缺點，使設計的液壓系統性能不斷完善。

液壓系統圖的分析可考慮以下幾個方面：

① 液壓基本迴路的確定是否符合主機的動作要求？

② 各主油路之間、主油路與控制油路之間有無矛盾和干涉現象？

③ 液壓元件的代用、變換和合併是否合理、可行？

④ 液壓系統的特點、性能的改進方向。

8.2　120kW 漂浮式液壓海浪發電站

8.2.1　概述

隨着石化燃料的日益枯竭和環境污染的日趨加劇，有效利用清潔、可再生的海洋能源，成爲世界各主要沿海國家的戰略性選擇。山東大學開展了 120kW 漂浮式液壓海浪發電站的中試研究，研究成果有助於解決海島居民和海上設施的用電問題，還可以爲西沙、南沙等邊遠駐軍提供清潔能源，具有顯著的社會效益，對改善中國的能源結構，保障能源安全，緩解所面臨的能源緊缺、溫室效應和環境污染等問題都將具有重大的現實意義。

漂浮式液壓海浪發電站的總體方案如圖 8.1 所示，系統主要由頂蓋、主浮筒、浮體、導向柱、發電室、調節艙、底架等部分組成。浮體 3 在海浪的作用下沿導向柱 4 作上下運動，並帶動液壓缸產生高壓油，高壓油驅動液壓馬達旋轉，帶動發電機發電。

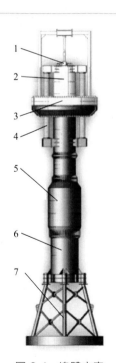

圖 8.1　總體方案
1—頂蓋；2—主浮筒；3—浮體；4—導向柱；
5—發電室；6—調節艙；7—底架

能量轉換過程：波浪能→液壓能→電能。

　　底架主要對主浮筒起到水力約束的作用，在波浪經過時，保持主浮筒基本不產生任何運動。而浮體則在波浪的作用下沿導向柱作往復運動。液壓缸與主浮筒連接在一起，活塞桿與浮體的龍門架連接在一起，浮體與主浮筒的相對運動轉變爲活塞桿與液壓缸的相對運動，從而輸出液壓能。發電室用於放置液壓和發電系統。調節艙用於調節主體平衡位置，通過向調節艙中注水、沙，可以降低主體的位置，增加被淹沒的高度，最終使浮體處於導向柱的中間位置處。由於系統的浮力大於其所受的重力，整體處於漂浮狀態，潮漲潮落時，海浪發電站能夠隨液面高度的變化而變化。

　　各模塊的具體功能如下。

　　① 頂蓋與主浮筒連接。頂蓋上開有可供液壓缸伸出的孔、維修人員進出的人孔和通氣孔。爲防止海水進入主浮筒，頂蓋上的通氣孔設置了倒 U 形彎管，並在頭部錐形上開有多個小孔。

　　② 主浮筒上端與頂蓋相連、下端與發電室相連。主浮筒在提供浮力的同時，固定了液壓缸和導向裝置。在裝置正常工作時，主浮筒上端有部分露出水面。

　　③ 浮體與液壓缸的活塞桿連接，液壓缸與主浮筒連接。浮體在波浪的作用下沿着導向柱作往復移動，從而將所採集到的波浪能轉換爲液壓能。

　　④ 導向柱連接在主浮筒上。導向柱保證了浮體的運動軌跡，減少了浮體對主浮筒的磨損和衝擊。導向柱採用可以用水潤滑的減摩材料，減小了浮體運動的阻力，提高了吸收波浪能的效率。

　　⑤ 發電室上端與主浮筒連接，下端與調節艙連接。發電室用於放置液壓系統和發電系統，同時也爲裝置提供了較大的浮力。

　　⑥ 調節艙上端與發電室相連，下端與底架相連。調節艙主要用於在實際投放時調節主浮筒的平衡位置。在初始狀態時調節艙裏是常壓空氣；在實際投放時，若平衡位置高於預定的位置，則可以通過向調節艙中注水來降低主浮筒露出海面的高度。

　　⑦ 底架上端與調節艙連接，下端與錨鏈連接。底架上的平板能夠起到水力約束的作用，在波浪經過時，能夠減小主浮筒的運動幅度。桁架的作用是降低平板的高度，使得平板所處水域的運動更加平緩。

8.2.2　120kW 漂浮式液壓海浪發電站液壓系統工作原理

　　120kW 海浪發電液壓系統原理如圖 8.2 所示。

　　當雙出桿油缸口上腔吸油時，下腔就是工作腔壓油，此時缸筒上升，下腔的高壓油經過單向閥 3（右側）進入液壓馬達 9，從而驅動發電機 11 進行發電。反

之亦然。在發電液壓系統內部，蓄能器發揮着重要的作用，當系統壓力比較高時，它能有效地存儲瞬時不能利用的能量；當海浪模擬液壓系統中伺服閥換向或者升降臺上升、發電液壓系統內部壓力較低時，蓄能器又能有效地釋放能量對發電系統進行補給，這樣不僅有效地減少了能量浪費，而且有利於系統減振，穩定系統壓力，使發電電壓保持穩定，提高發電品質。

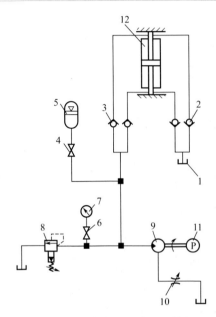

圖 8.2　120kW 海浪發電液壓系統原理圖

1—油箱；2，3—板式單向閥；4—高壓球閥；5—蓄能器；6—測壓軟管；7—耐振壓力表；
8—疊加式溢流閥；9—液壓馬達；10—板式單向節流閥；11—發電機；12—雙出桿油缸

8.3　「蛟龍號」 液壓系統

8.3.1　概述

「蛟龍號」是目前世界上同類產品中工作深度最大的深海載人潛水器，由中國自行設計、集成創新，具有自主知識產權。2012 年 6 月，「蛟龍號」在太平洋馬里亞納海溝共完成了 3 次 7000m 下潛，最大下潛深度爲 7062m，創造了中國載人深潛的新紀錄，實現了中國深海技術發展的新突破和重大跨越，標誌着中國

深海載人技術達到國際領先水平，使中國具備了在全球 99.8% 以上的海洋深處開展科學研究、資源勘探的能力。

8.3.2 「蛟龍號」 液壓系統的工作原理

液壓系統是「蛟龍號」載人潛水器上非常重要的動力源，主要爲應急拋棄系統、主壓載系統、可調壓載系統、縱傾調節系統、作業系統以及導管槳回轉機構等提供液壓動力。它通過有效的壓力補償，可以在高壓環境下工作，而不需要設計堅實的耐壓殼體結構來保護。其安裝在潛水器的非耐壓結構支架上，從而可爲潛水器設計節省更多的耐壓空間，降低耐壓球殼結構設計的難度，同時提高了整個潛水器的安全性和可靠性。

「蛟龍號」載人潛水器液壓系統原理如圖 8.3 所示，主液壓源通過主閥箱爲主從式機械手閥箱、開關式機械手閥箱、縱傾調節系統液壓馬達以及導管槳回轉機構供油。主油箱內設置液位傳感器和溫度傳感器，分別對其液位和溫度進行監測。主閥箱內設置壓力傳感器，監測主液壓源壓力；副液壓源通過副閥箱爲主從式機械手拋棄機構油缸、開關式機械手拋棄機構油缸、主壓載低壓通氣閥油缸、主壓載高壓吹除閥油缸、停止下潛拋載機構油缸、上浮拋載機構油缸、可調壓載海水閥（A、D）油缸、可調壓載海水閥（B、C）油缸以及可調壓載海水閥 E 油缸供油。副油箱內設置液位傳感器和溫度傳感器，分別對其液位和溫度進行監測。副閥箱內設置壓力傳感器，監測副液壓源壓力；應急液壓源內部集成了泵源和閥箱，爲水銀釋放機構油缸、主蓄電池電纜切割機構油缸供油。應急液壓源內設置了壓力傳感器，監測應急液壓源壓力。

8.3.3 「蛟龍號」 液壓系統的特點

系統設置三套液壓源，主液壓源爲大流量液壓用戶提供動力，副液壓源爲小流量液壓用戶提供動力，應急液壓源爲水銀釋放、主蓄電池電纜切割等應急液壓用戶提供動力。應急液壓源採用應急 24V DC 電源供電，在潛水器主蓄電池箱（110V DC）需要應急拋棄或水銀應急拋棄時使用。液壓系統主要技術指標和性能參數如下：

① 工作環境：深海 7000m。

② 具備良好的防腐特性。

③ 主液壓源：工作壓力 18MPa，流量 15L/min，電動機採用 110V DC供電。

④ 副液壓源：工作壓力 21MPa，流量 8L/min，電動機採用 110V DC 供電。

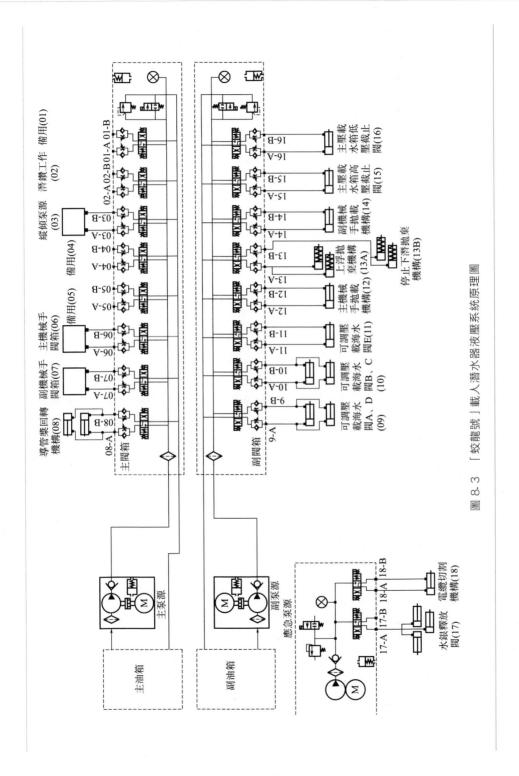

圖 8.3　「蛟龍號」載人潛水器液壓系統原理圖

⑤ 應急液壓源：工作壓力 21MPa，流量 1.2L/min，電動機採用 24V DC 供電。

⑥ 系統具有壓力、溫度、液位監測功能。

⑦ 系統具有輸入輸出管係自動壓力補償功能。

液壓系統最大流量需求發生在主從式機械手或開關式機械手作業時，流量爲 12L/min。

「蛟龍號」深海工作環境水溫基本保持在 1～2℃，屬於超高壓低溫極限工作環境，而系統最高工作溫度可維持在低於 40℃。Shell Tellus 22♯ 液壓油在 1～40℃溫度範圍內滿足使用要求，因此系統採用 Shell Tellus 22♯ 液壓油。

8.4 海底底質聲學現場探測設備液壓系統

8.4.1 概述

海底底質聲學特性在海洋工程勘察、海底資源勘探開發、海底環境監測以及軍事國防建設等領域具有重要的應用價值。目前，聲學探測方法已經廣泛應用於海洋探測和調查工作中，尤其是在大尺度探測、淺地層剖面等領域，已經形成了比較成熟的技術。與樣品的實驗室測試相比，海底底質聲學現場探測對沉積物擾動小，能夠保持現場環境，測量數據可靠，已成爲底質聲學特性測量和調查的發展趨勢，對底質聲學現場探測設備的需求也越來越高。

國家海洋局第一海洋研究所承擔了海底底質聲學特性現場測量系統產品化及深海應用示範項目，研發了海底底質聲學現場探測設備，其中液壓系統是設備的關鍵。

8.4.2 海底底質聲學現場探測設備液壓系統的工作原理

海底底質聲學現場探測設備液壓系統原理如圖 8.4 所示。控制艙發出指令訊號，深水電動機和液壓泵啓動。控制單位控制電磁閥 2DT 通電，液壓油經過單向閥和電磁閥，注入液壓缸無桿腔使活塞桿伸出。通過位移傳感器和壓力傳感器測量到液壓缸的位移及工作壓力，判斷聲學探桿下插深度及貫入力。當聲學探桿下插到設定深度時，深水電動機和液壓泵關閉。工作完成後，深水電動機和液壓泵再次啓動，電磁閥 1DT 通電，高壓油注入液壓缸有桿腔，活塞桿縮回，聲學探桿提起，位移傳感器檢測到位後，深水電動機和液壓泵停止，完成一個工作過程。

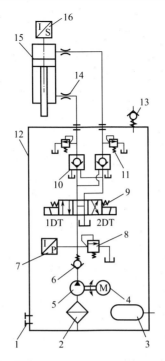

圖 8.4　海底底質聲學現場探測設備液壓系統

1—接口；2—過濾器；3—蓄能器；4—深水電動機；5—液壓泵；6, 10, 13—單向閥；
7, 16—傳感器；8—溢流閥；9, 11—電磁閥；12—艙體；14—節流孔；15—液壓缸

8.5　海水泵架液壓油缸升降系統 [18]

8.5.1　概述

　　海洋石油 161 平臺是中海石油能源發展股份有限公司爲適應海上邊際小油田的勘探開發新研發的一種自升式採油平臺，是新開創的「蜜蜂式」採油模式（採油平臺能像蜜蜂一樣從一塊油田完成採油任務後，轉移到另一塊油田從事新採油作業）的主體項目，是中國「九五」重大技術裝備研發攻關項目。該平臺的設計採用了很多新技術和設計理念，其中海水泵架液壓油缸升降系統的設計就具有獨特的創新性，在國內外首次採用了以液壓油缸爲動力的方式，驅動海水泵架升降。相比於傳統模式升降海水泵架，該方式具有明顯的優勢和特點。

8.5.2 海水泵架液壓油缸升降系統的工作原理

圖 8.5 爲海水泵架液壓油缸升降結構示意圖。相比齒輪齒條升降方式，海水泵架液壓油缸升降系統的工作方式是間斷的，升降速度慢，但造價低、升降安全可靠、不受海水腐蝕影響、設備使用壽命長。特別是海洋石油 161 平臺是自升式採油平臺，平臺在一個生產井位需要長期採油，無需像自升式鑽井、修井平臺那樣在較短週期內頻繁升降移位，因此選用液壓油缸升降海水泵架是最佳方式。

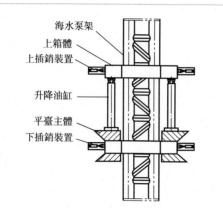

圖 8.5　海水泵架液壓油缸升降結構示意圖

圖 8.6 爲海水泵架液壓油缸升降系統原理圖。在初始狀態下，海水泵架通過兩只下插銷油缸和兩只上插銷油缸固定在平臺上。當需要海水泵架下降到海水中爲平臺供水時，首先從

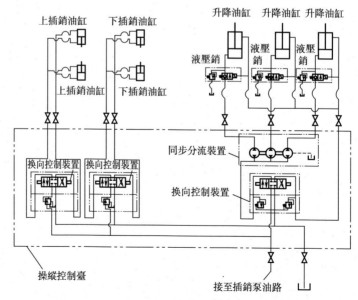

圖 8.6　海水泵架液壓油缸升降系統原理圖

上箱體中拔出兩只上插銷，三只升降油缸帶動上箱體同步伸出一個行程後，插入上插銷，然後拔出下插銷，此時海水泵架依靠三只升降油缸托著，接著升降油缸帶動上箱體縮回一個行程，即可實現海水泵架下降一個行程；此時，插入下插銷，拔出上插銷，升降油缸再帶動上箱體伸出一個行程，即可進入下一個下降循環過程，直至將海水泵架下降到規定的水深。同樣道理，也可將海水泵架從海水中提升到平臺上。

8.5.3　海水泵架液壓油缸升降系統的特點

結構緊湊，節省安裝空間：採油平臺擁有衆多的生產工藝流程，設備的安裝空間非常有限，因而海水泵架液壓油缸升降系統的設計直接利用了平臺主體液壓升降系統的動力源，系統壓力接至插銷泵的輸出油路，省去了液壓油箱和電動機泵站的安裝空間，節約了製造成本。

換向控制與壓力調節：由於系統的負載大小不同，海水泵架的升降負荷爲 34.2t，相比之下插銷阻力很小，因而在換向控制裝置中分別進行了壓力設定。其中升降油缸的上腔和下腔分別設置了不同的壓力調節值，而兩個插銷換向控制裝置中，都各自設置了一個減壓閥進行壓力控制。

同步控制：由於升降過程中需要插銷和拔銷交替進行，如果三只升降油缸不能同步伸縮，就會造成上箱體不平衡，影響到插銷和拔銷的對中性，產生銷子拔不出來或插不進去的問題。因此必須保證上箱體平衡均勻的升降，通過設置的同步分流裝置，有效地控制三只油缸的同步伸縮性。

安全性：海水泵架重量達到三十多噸，在升降換向控制與插銷和拔銷過程中，必須保障不能出現下滑、突然墜落現象，爲此系統中在每只升降油缸的下腔設置了一只液壓鎖，其開啓壓力不低於 2MPa，因而即使出現液壓軟管突然破裂的現象，液壓鎖也能將升降油缸立即鎖住。

8.6　深水水平連接器的液壓系統

8.6.1　概述

深水水平連接器依靠其安裝工具上的液壓系統來實現對海底管匯的連接。深水水平連接器在進行對接、對中、驅動鎖緊和卡爪合攏等過程中，液壓控制系統發揮了重要作用，因此設計一套安全可靠、精確高效的深水液壓系統是研發水平連接器的關鍵環節。

深水水平連接器結構如圖 8.7 所示，主要由轂座、定位板、導向環、卡爪、驅動板、驅動環、對中板、ROV 控制面板、後擋板、二次鎖緊機構及液壓缸組等組成。

水平連接器本體如圖 8.8 所示，主要由轂座、卡爪及驅動環等零部件組成，其功能是通過驅動環對卡爪進行合攏與張開，從而完成對海底管匯的連接與分離。

水平連接器安裝工具如圖 8.9 所示，主要由定位板、導向環、驅動板、對中板、ROV 控制面板、後擋板、二次鎖緊機構及液壓缸組等零部件組成，其功能是通過液壓系統來實現對連接器本體的對中、對接和鎖緊過程。完成管道連接後，連接器安裝工具將撤離海底。

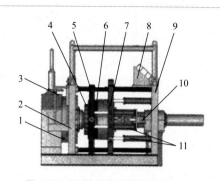

圖 8.7　深水水平連接器結構簡圖
1—轂座；2—定位板；3—導向環；4—卡爪；
5—驅動板；6—驅動環；7—對中板；
8—ROV 控制面板；9—後擋板；
10—二次鎖緊機構；11—液壓缸組

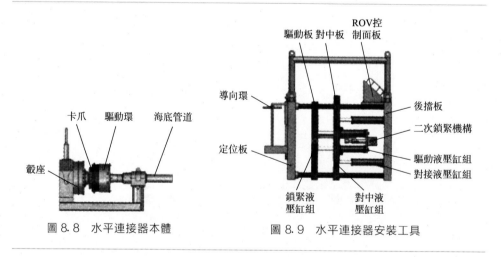

圖 8.8　水平連接器本體　　　　圖 8.9　水平連接器安裝工具

對中板上固定着驅動液壓缸組，並連接着對接液壓缸組的活塞桿，同時對中板內部裝有呈 120° 均勻分佈的對中液壓缸組。對中板通過對接液壓缸組驅動，從而實現卡爪與轂座之間的對接；對中板內部的對中液壓缸組通過調速閥進行微調，從而實現卡爪與轂座之間的精確對中。

驅動板連接着驅動液壓缸組的活塞桿，同時驅動板內部裝有鎖緊液壓缸組。

驅動板通過鎖緊液壓缸組活塞桿末端的卡鉗結構與驅動環綁定在一起，並通過驅動液壓缸組驅動，從而帶動驅動環實現卡爪的合攏與張開。

ROV 控制面板作爲水平連接器液壓系統的控制終端，不僅提供了 ROV 的操作界面，還是液壓閥和液壓油源輸入端口液壓快速接頭的承載體，並通過液壓管線與各個液壓缸連接。

8.6.2 深水水平連接器的液壓系統的工作原理

深水水平連接器的液壓系統原理如圖 8.10 所示。

液壓系統主要包括如下迴路。

（1）方向控制迴路

由二位三通手動換向閥組成液壓系統方向控制迴路。

（2）壓力控制迴路

① 安全迴路由主油路先導型溢流閥組成液壓系統的安全迴路；

② 減壓迴路由先導型定值減壓閥組成液壓系統的減壓迴路；

③ 保壓迴路由二位二通手動換向閥組成液壓系統的保壓迴路；

④ 卸荷迴路由先導型溢流閥和二位二通手動換向閥組成液壓系統的卸荷迴路。

（3）調速迴路

由調速閥組成液壓系統的調速迴路。

（4）同步控制迴路

由分流集流閥組成液壓系統的同步控制迴路。

液壓系統的油源由 ROV 所攜帶的定量液壓泵提供。

液壓系統由兩條幹路同時向四條支路供給液壓油，爲使驅動液壓缸無桿腔油壓高於有桿腔油壓，從而推動活塞進給，在其中一條幹路上設置減壓閥 5，使得此幹路的油壓（由壓力表 7 顯示）小於另外一條幹路的油壓（由壓力表 9 顯示），形成差動式液壓連接。

該液壓系統的具體工作過程如下：

① 連接器對中　系統接通油源後，打開二位二通換向閥 13，系統開始工作，油液經過壓力表 7 所在的幹路進入對中液壓缸組 30～32 的無桿腔，對中液壓缸組帶動連接器本體進行對中，對中過程結束後關閉二位二通換向閥 13。

② 驅動板與驅動環綁定　打開二位二通換向閥 14，油液經過壓力表 9 所在的幹路進入鎖緊液壓缸組 41、42 的無桿腔，鎖緊液壓缸組將驅動板與驅動環綁定在一起，綁定過程結束後關閉二位二通換向閥 14。

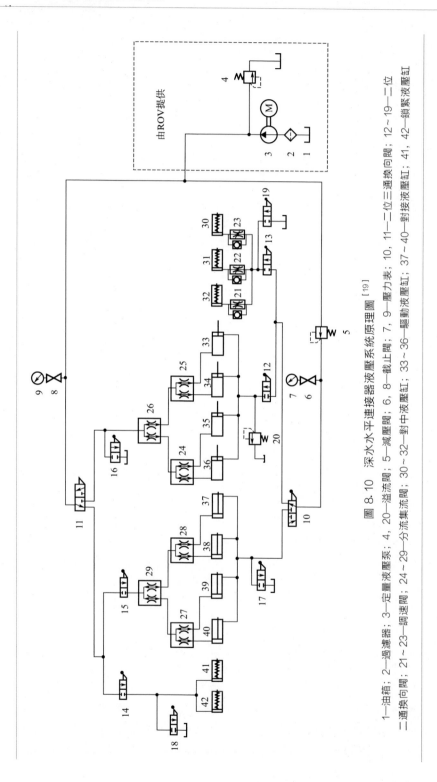

圖 8.10　深水水平連接器液壓系統原理圖[19]

1—油箱；2—過濾器；3—定量液壓泵；4, 20—溢流閥；5—減壓閥；6, 8—截止閥；7, 9—壓力表；10, 11—二位三通換向閥；12～19—二位二通換向閥；21～23—二位換向閥；24～29—分流集流閥；30～32—對中液壓缸；33～36—驅動液壓缸；37～40—對接液壓缸；41, 42—鎖緊液壓缸

③ 連接器對接　打開二位二通換向閥 17 和二位二通換向閥 15，油液經過壓力表 9 所在的幹路進入對接液壓缸組 37～40 的無桿腔，對接液壓缸組帶動連接器進行對接，對接過程結束後關閉二位二通換向閥 17 和二位二通換向閥 15。

④ 卡爪合攏　二位三通換向閥 11 進行換向，油液經過壓力表 9 所在的幹路進入驅動液壓缸組 33～36 的無桿腔，由於在驅動液壓缸組所在支路設置了溢流閥 20（設定溢流值介於兩條幹路的供油壓力之間），當驅動液壓缸組活塞向有桿腔運動，壓縮有桿腔內的油液，有桿腔壓力升高達到溢流值時，溢流閥 20 便接通油箱迴路，實現驅動液壓缸組帶動連接器驅動環完成卡爪合攏過程。

⑤ 解除驅動板與驅動環的綁定　打開二位二通換向閥 18，鎖緊液壓缸組活塞桿在其有桿腔彈簧彈力作用下回撤，解除驅動板與驅動環之間的綁定。

⑥ 驅動板回撤　二位三通換向閥 11 進行換向，打開二位二通換向閥 16 和二位二通換向閥 12，油液經過壓力表 7 所在的幹路進入驅動液壓缸組有桿腔（此時由於油壓未達到溢流閥 20 的溢流值，因此溢流閥 20 並不溢流），驅動液壓缸組帶動驅動板回撤，驅動板回撤過程結束後關閉二位二通換向閥 12。

⑦ 對中液壓缸組回撤打開二位二通換向閥 19，對中液壓缸組活塞桿在其有桿腔彈簧彈力作用下回撤，使對中液壓缸組脫離連接器本體。此時完成液壓系統的全部操作，深水水平連接器連接完畢。

8.7　海洋固定平臺模塊鑽機轉盤的液壓系統

8.7.1　概述

轉盤是鑽機中實現動力傳動及分配、改變動力傳遞方向、旋轉和懸掛鑽具的重要設備。海洋固定平臺模塊鑽機選用的轉盤驅動通常為目前技術相對成熟的電動機驅動，然而電動機驅動具有傳動鏈較長、傳動部件多、傳動裝置複雜、結構尺寸大以及質量大等特點，具體布置時也存在一定限制。海洋固定平臺模塊鑽機由於空間狹小、布局緊湊，因此要求設備具有尺寸小、質量小、集成度高、運行安全可靠等特點。然而電動機驅動的轉盤尺寸經常導致設備不易安裝和操作維修，且導致主機過重，影響主機的移運性能，作業效率也較低，給現場應用帶來較大不便。針對上述問題，國內外研究改進、開發創新了多種新型石油鑽機，涌現出許多新結構、新技術，液壓驅動轉盤就是其中之一。液壓驅動轉盤因為尺寸小、質量小、傳遞扭矩大、傳動鏈短、省去了電控設施等優點，在移動式平臺和鑽井船上的應用遠大於電動機驅動轉盤，技術已經相當成熟，因此在海上固定平

臺模塊鑽機上推廣液壓驅動轉盤具有重要意義。

8.7.2　海洋固定平臺模塊鑽機轉盤液壓系統的工作原理

海洋固定平臺模塊鑽機轉盤液壓系統原理如圖 8.11 所示。液壓驅動轉盤的閉式液壓系統由主液壓迴路、冷却迴路、過濾迴路、補油迴路、控制迴路、制動迴路組成。主液壓迴路由雙向變量柱塞泵、柱塞馬達組成。系統主泵的變量由斜盤控制，液壓轉盤馬達經行星減速器後給轉盤提供旋轉動力，主泵高壓出口處設有雙向溢流閥，用於液壓泵與液壓馬達的過載保護；系統產生的部分熱油經沖洗

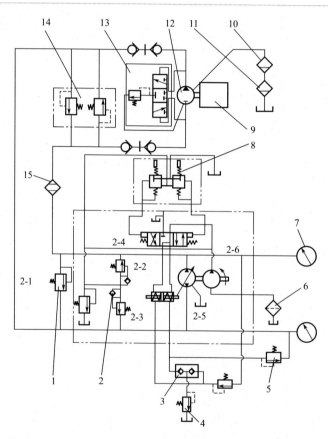

圖 8.11　海洋固定平臺模塊鑽機轉盤液壓系統原理圖[20]

1—高壓溢流閥；2—雙向變量柱塞泵；3—梭閥；4—溢流閥；5—減壓閥；6—粗過濾閥；
7—壓力表；8—先導閥；9—轉盤；10—冷却閥；11—精過濾閥；12—柱塞馬達；
13—沖洗閥；14—雙向溢流閥；15—雙向濾油器

閥、冷却器返回油箱，採用 2-6 齒輪泵作爲補液泵，2-1 爲低壓溢流閥，控制補油壓力；粗過濾器設在補液泵的吸油管路上，精過濾器設在散熱迴路的排油管上。控制迴路：從主管路取壓力訊號，經過減壓閥直接到伺服油缸，改變斜盤擺角，多餘油液經梭閥、溢流閥回油箱。制動迴路：通過先導閥手柄回到中位，封鎖變量泵的進、出油口，使液壓馬達實現靜液壓制動（低扭矩制動）；轉盤高扭矩（反扭矩）釋放時，通過調節高壓溢流閥，使柱塞馬達變成液壓泵工況，通過溢流閥令馬達緩釋鑽桿產生反扭矩。

8.7.3　海洋固定平臺模塊鑽機轉盤液壓系統的特點

　　液壓轉盤採用液壓驅動，具備大扭矩功能，在使設備「瘦身」的同時，優化功能配置；並且，由於功率大幅度減小，成本也隨之大幅度降低，從而提高鑽機整機的性價比。液壓傳動具備良好的變負載自適應能力，即在負載增大時自動減小轉速，輸出適應負載的大扭矩；反之，在負載減小時自動增大轉速，輸出適應負載的小扭矩，在整個負載變化過程中始終保持高效率工作。這一優勢使其非常適用於處理鑽井時的異常負載和進行事故處理。盡管目前海洋模塊鑽機轉盤常採用電驅動方式，液壓驅動轉盤使用頻率較低，但液壓轉盤在滿足海洋鑽井工藝要求的條件下，相比機械驅動和電驅動轉盤突顯尺寸小、結構簡單、安全性能高等優勢，因此越來越受重視，液壓轉盤將會成爲驅動轉盤的發展方向，值得不斷進行深入研究。

第9章

海洋裝備液壓系統的設計與計算

9.1 概述

　　液壓系統的設計是海洋裝備設計的一部分，它除了應符合海洋裝備動作循環和靜、動態性能等方面的要求外，還應當滿足結構簡單、工作安全可靠、效率高、壽命長、經濟性好、使用維護方便等條件。液壓系統的設計沒有固定的統一步驟，根據系統的簡繁、借鑒的多寡和設計人員經驗的不同，在做法上有所差異。各部分的設計有時還要交替進行，甚至要經過多次反覆才能完成。圖9.1所示爲液壓系統設計的基本內容和一般流程，對於初學者可以參照該步驟進行。

9.2 明確系統的設計要求

　　設計要求是做任何設計的依據，液壓系統設計時要明確液壓系統的動作和性能要求，在設計過程中一般需要考慮以下幾個方面。

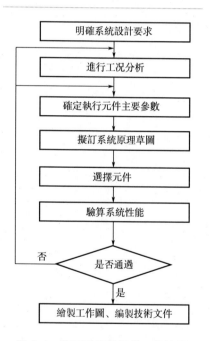

圖 9.1　液壓系統設計的一般流程

　　① 主機概況。主機的用途、總體布局、主要結構、技術參數與性能要求；主機對液壓系統執行元件在位置布置和空間尺寸上的限制；主機的工藝流程或工作循環、作業環境和條件等。

　　② 液壓系統的任務與要求。液壓系統應完成的動作，液壓執行元件的運動

方式（移動、轉動或擺動）、連接形式及其工作範圍；液壓執行元件的負載大小及負載性質，運動速度的大小及其變化範圍；液壓執行的動作順序及連鎖關係，各動作的同步要求及同步精度；對液壓系統工作性能的要求，如運動平穩性、定位精度、轉換精度、自動化程度、工作效率、溫升、振動、衝擊與雜訊、安全性與可靠性等；對液壓系統的工作方式及控制的要求。

③ 液壓系統的工作條件和環境條件。周圍介質、環境溫度、濕度大小、風沙與塵埃情況、外界衝擊振動等；防火與防爆等方面的要求。

④ 經濟性與成本等方面的要求。

9.3 分析工況編制負載圖

對執行元件的工況進行分析，就是查明每個執行元件在各自工作過程中的速度和負載的變化規律。通常是求出一個工作循環內各階段的速度和負載值列錶表示，必要時還應作出速度、負載隨時間（或位移）變化的曲線圖（圖9.2）。

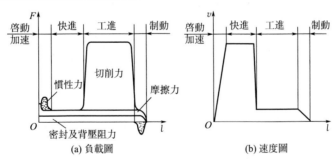

(a) 負載圖　　　　　(b) 速度圖

圖 9.2　液壓系統執行元件的負載圖和速度圖

在一般情況下，液壓傳動系統中液壓缸承受的負載由六部分組成，即工作負載、導軌摩擦負載、慣性負載、重力負載、密封負載和背壓負載，前五項構成了液壓缸所要克服的機械總負載。

（1）工作負載 F_w

不同的機器有不同的工作負載。對於金屬切削機床來說，沿液壓缸軸線方向的切削力即爲工作負載；對於液壓機來說，工件的壓制抗力即爲工作負載。工作負載 F_w 與液壓缸運動方向相反時爲正值，方向相同時爲負值（如順銑加工的切削力）。工作負載既可以爲定值，也可以爲變值，其大小要根據具體情況加以計算，有時還要由樣機實測確定。

（2）導軌摩擦負載 F_f

導軌摩擦負載是指液壓缸驅動運動部件時所受的導軌摩擦阻力，其值與運動部件的導軌形式、放置情況及運動狀態有關。各種形式導軌的摩擦負載計算公式可查閱有關手冊。機床上常用平導軌和 V 形導軌支撐運動部件，其摩擦負載值的計算公式（導軌水平放置時）為：

平導軌：

$$F_f = f(G + F_N) \tag{9.1}$$

V 形導軌：

$$F_f = f \frac{G + F_N}{\sin \frac{\alpha}{2}} \tag{9.2}$$

式中，f 為摩擦係數，其中，靜摩擦係數 f_s 和動摩擦係數 f_d 值參考表 9.1；G 為運動部件的重力；F_N 為垂直於導軌的工作負載；α 為 V 形導軌面的夾角，一般 $\alpha = 90°$。

表 9.1　導軌摩擦係數

導軌種類	導軌材料	工作狀態	摩擦係數
滑動導軌	鑄鐵對鑄鐵	啓動 低速運動（$v < 0.16\text{m/s}$） 高速運動（$v > 0.16\text{m/s}$）	$0.16 \sim 0.2$ $0.1 \sim 0.22$ $0.05 \sim 0.08$
滑動導軌	鑄鐵導軌對滾動體 焠火鋼導軌對滾動體		$0.005 \sim 0.02$ $0.003 \sim 0.006$
靜壓導軌	鑄鐵對鑄鐵		0.005

（3）慣性負載 F_i

慣性負載是運動部件在啓動加速或制動減速時的慣性力，其值可按牛頓第二定律求出，即

$$F_i = ma = \frac{G}{g} \times \frac{\Delta v}{\Delta t} \tag{9.3}$$

式中，g 為重力加速度；Δv 為 Δt 時間內的速度變化值；Δt 為啓動、制動或速度轉換時間，Δt 可取 $0.01 \sim 0.5\text{s}$，輕載低速時取較小值。

（4）重力負載 F_g

垂直或傾斜放置的運動部件，在沒有平衡的情況下，其自重也成為一種負載。傾斜放置時，只計算重力在運動上的分力。液壓缸上行時重力取正值，反之取負值。

(5) 密封負載 F_s

密封負載是指密封裝置的摩擦力，其值與密封裝置的類型和尺寸、液壓缸的製造質量和油液的工作壓力有關。F_s 的計算公式詳見有關手冊。在未完成液壓系統設計之前，不知道密封裝置的參數，F_s 無法計算，一般用液壓缸的機械效率 η_{cm} 加以考慮，η_{cm} 常取 $0.90 \sim 0.97$。

(6) 背壓負載 F_b

背壓負載是指液壓缸回油腔背壓所造成的阻力。在系統方案及液壓缸結構尚未確定之前，F_b 也無法計算，在負載計算時可暫不考慮。表 9.2 列出了幾種常用系統的背壓阻力值。

表 9.2　背壓阻力

系統類型	背壓阻力/MPa	系統類型	背壓阻力/MPa
中低壓系統或輕載節流調速系統	$0.2 \sim 0.5$	採用輔助泵補油的閉式油路系統	$1 \sim 1.5$
回油路帶調速閥或背壓閥的系統	$0.5 \sim 1.5$	採用多路閥的複雜中高壓系統(工程機械)	$1.2 \sim 3$

液壓缸的外負載力 F 及液壓馬達的外負載轉矩 T 計算公式見表 9.3。

表 9.3　液壓缸的外負載力 F 及液壓馬達的外負載轉矩 T 計算公式

工況	計算公式	備註
啟動	$F = \pm F_g + F_n f_s B'v + ks$ $T = \pm T_g + F_n f_s r + B\omega \pm k_g \theta$	F_g、T_g 爲外負載，其前負號指負性負載；F_n 爲法向力；r 爲回轉半徑；f_s、f_d 分別爲外負載與支撐面間的靜、動摩擦係數；m、I 分別爲運動部件的質量及轉動慣量；Δv、$\Delta \omega$ 分別爲
加速	$F = \pm F_g + F_n f_d + m \dfrac{\Delta v}{\Delta t} + B'v + ks + F_b$ $T = \pm T_g + F_n f_d r + I \dfrac{\Delta \omega}{\Delta t} + B\omega + k_g \theta + T_b$	運動部件的速度、角速度變化量；Δt 爲加速或減速時間，一般機械 Δt 取 $0.1 \sim 0.5s$，磨床 Δt 取 $0.01 \sim 0.05s$，行走機械 $\Delta v/\Delta t$ 取 $0.5 \sim$
勻速	$F = \pm F_g + F_n f_d + B'v + ks + F_b$ $T = \pm T_g + F_n f_d r + B\omega + k_g \theta + T_b$	1.5m/s^2；B'、B 均爲黏性阻尼係數；v、ω 分別爲運動部件的速度及角速度；k 爲彈性元件的剛度；k_g 爲彈性元件的扭轉剛度；s 爲彈性元件的線位移；θ 爲彈性元件的角位移；F_b 爲回
制動	$F = \pm F_g + F_n f_d - m \dfrac{\Delta v}{\Delta t} + B'v + ks + F_b$ $T = \pm T_g + F_n f_d r - I \dfrac{\Delta \omega}{\Delta t} + B\omega + k_g \theta + T_b$	油背壓阻力，$F_b = p_2 A$，p_2 背壓阻力，見表 9.2；T_b 爲排油腔的背壓轉矩，$T_b = \dfrac{p_b V}{2\pi}$，其中 V 爲馬達排量，p_b 爲背壓阻力，見表 9.2

9.4 確定系統的主要參數

液壓系統的主要參數設計是指確定液壓執行元件的工作壓力和最大流量。

液壓執行元件的工作壓力可以根據負載圖中的最大負載來選取，見表 9.4；

也可以根據主機的類型來選取，見表9.5。最大流量則由液壓執行元件速度圖中的最大速度計算出來。工作壓力和最大流量的確定都與液壓執行元件的結構參數（指液壓缸的有效工作面積 A 或液壓馬達的排量 V_m）有關。一般的做法是先選定液壓執行元件的類型及其工作壓力 p，再按最大負載和預估的液壓執行元件的機械效率求出 A 或 V_m，並通過各種必要的驗算、修正和圓整成標準值後定下這些結構參數，最後再算出最大流量 q_{max} 來。

表9.4　按負載選擇液壓執行元件的工作壓力

載荷/kN	<5	5～10	10～20	20～30	30～50	>50
工作壓力/MPa	<0.8～1	1.5～2	2.5～3	3～5	4～5	≥5～7

表9.5　按主機類型選擇液壓執行元件的工作壓力

設備類型	機床					農業機械、汽車工業、小型工程機械及輔助機構	工程機械、重型機械、鍛壓設備、液壓支架等	船用系統
	磨床	組合機床、齒輪加工機床、牛頭刨床、插床	車床、銑床、鏜床	研磨機磨床	拉床、龍門刨床			
工作壓力/MPa	≤1.2	<6.3	2～4	2～5	<10	10～16	16～32	14～25

有些主機（例如機床）的液壓系統對液壓執行元件的最低穩定速度有較高的要求。這時所確定的液壓執行元件的結構參數 A 或 V_m 還必須符合下述條件：

液壓缸：
$$\frac{q_{min}}{A} \leqslant V_{min} \tag{9.4}$$

液壓馬達：
$$\frac{q_{min}}{V_m} \leqslant n_{min} \tag{9.5}$$

式中，q_{min} 爲節流閥、調速閥或變量泵的最小穩定流量，由產品性能表查出。

液壓系統執行元件的工況圖是在液壓執行元件結構參數確定之後，根據主機工作循環算出不同階段中的實際工作壓力、流量和功率之後作出的，見圖9.3。工況圖顯示液壓系統在實現整個工作循環時三個參數的變化情況。當系統中有多個液壓執行元件時，其工況圖應是各個執行件工況圖的綜合。

液壓執行元件的工況圖是選擇系統中其他液壓元件和液壓基本迴路的依據，也是擬訂液壓系統方案的依據，原因如下。

① 工況圖中的最大壓力和最大流量直接影響着液壓泵和各種控制閥等液壓元件的最大工作壓力和最大工作流量。

② 工況圖中不同階段內壓力和流量的變化情況決定着液壓迴路和油源形式的合理選用。

③ 工況圖所確定的液壓系統主要參數的量值反映着原來設計參數的合理性，
爲主參數的修改或最後確定提供了依據。

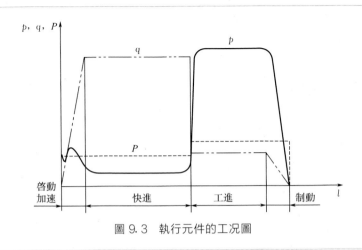

圖 9.3　執行元件的工況圖

9.5　擬訂系統原理圖

系統原理圖是表示系統的組成和工作原理的圖樣。擬訂系統原理圖是設計系統的關鍵，它對系統的性能及設計方案的合理性、經濟性具有決定性的影響。

擬訂系統原理圖包含兩項內容：一是通過分析、對比選出合適的基本迴路；二是把選出的基本迴路進行有機組合，構成完整的系統原理圖。

(1) 確定執行元件的形式

液壓傳動系統中的執行元件主要有液壓缸和液壓馬達，根據主機動作機構的運動要求來確定具體選用哪種形式。通常，直線運動機構一般採用液壓缸驅動，旋轉運動機構一般採用液壓馬達驅動，但也不盡然。總之，要合理地選擇執行元件，綜合考慮液、機、電各種傳動方式的相互配合，使所設計的液壓傳動系統更加簡單、高效。

(2) 確定迴路類型

一般具有較大空間可以存放油箱且不另設散熱裝置的系統，都採用開式迴路；凡允許採用輔助泵進行補油並借此進行冷却油交換來達到冷却目的的系統，都採用閉式迴路。通常節流調速系統採用開式迴路，容積調速系統採用閉式迴路，詳見表 9.6。

表 9.6　開式系統和閉式系統的比較

油液循環方式	開式	閉式
散熱條件	較方便,但油箱較大	較複雜,須用輔泵換油冷卻
抗污染性	較差,但可採用壓力油箱或油箱呼吸器來改善	較好,但油液過濾要求較高
系統效率	管路壓力損失大,用節流調速時效率低	管路壓力損失較小,容積調速時效率較高
限速、制動形式	用平衡閥進行能耗限速,用制動閥進行能耗制動,引起油液發熱	液壓泵由電動機拖動時,限速及制動過程中拖動電動機能向電網輸電,回收部分能量,即是再生限速(可省去平衡閥)及再生制動
其他	對泵的自吸性能要求高	對泵的自吸性能要求低

(3) 選擇合適迴路

在擬訂系統原理圖時,應根據各類主機的工作特點和性能要求,首先確定對主機主要性能起決定性影響的主要迴路。例如對於機床液壓系統,調速和速度換接迴路是主要迴路;對於壓力機液壓系統,調壓迴路是主要迴路。然後再考慮其他輔助迴路,有垂直運動部件的系統要考慮平衡迴路;有多個執行元件的系統要考慮順序動作、同步或互不干擾迴路;有空載運行要求的系統要考慮卸荷迴路等。

具體做法如下。

① 制訂調速控制方案　根據執行元件工況圖上壓力、流量和功率的大小以及系統對溫升、工作平穩性等方面的要求選擇調速迴路。

對於負載功率小、運動速度低的系統,採用節流調速迴路,對於工作平穩性要求不高的執行元件,宜採用節流閥調速迴路;對於負載變化較大、速度穩定性要求較高的場合,宜採用調速閥調速迴路。

對於負載功率大的執行元件,一般都採用容積調速迴路;即由變量泵供油,避免過多的溢流損失,提高系統的效率;如果對速度穩定性要求較高,也可採用容積節流調速迴路。

調速方式決定之後,迴路的循環形式也隨之而定,節流調速、容積節流調速一般採用開式迴路,容積調速大多採用閉式迴路。

② 制訂壓力控制方案　選擇各種壓力控制迴路時,應仔細推敲各種迴路在選用時所需注意的問題以及特點和適用場合。例如卸荷迴路,選擇時要考慮卸荷所造成的功率損失、溫升、流量和壓力的瞬時變化等。

恆壓系統如進口節流和出口節流調速迴路等,一般採用溢流閥起穩壓溢流作用,同時也限定了系統的最高壓力。定壓容積節流調速迴路本身能夠定壓不需壓力控制閥。另外還可採用恆壓變量泵加安全閥的方式。對非恆壓系統,如旁路節

流調速、容積調速和非定壓容積節流調速，其系統的最高壓力由安全閥限定。對系統中某一個支路要求比油源壓力低的穩壓輸出，可採用減壓閥實現。

③ 制訂順序動作控制方案　主機各執行機構的順序動作，根據設備類型的不同，有的按固定程序進行，有的則是隨機的或人爲的。對於工程機械，操縱機構多爲手動，一般用手動多路換向閥控制；對於加工機械，各液壓執行元件的順序動作多數採用行程控制，行程控制普遍採用行程開關控制，因其訊號傳輸方便，而行程閥由於涉及油路的連接，只適用於管路安裝較緊湊的場合。

另外還有時間控制、壓力控制和可編程序控制等。

選擇一些主要液壓迴路時，還需注意以下幾點。

a. 調壓迴路的選擇主要決定於系統的調速方案。在節流調速系統中，一般採用調壓迴路；在容積調速和容積節流調速或旁路節流調速系統中，則均採用限壓迴路。

一個油源同時提供兩種不同工作壓力時，可以採用減壓迴路。

對於工作時間相對輔助時間較短而功率又較大的系統，可以考慮增加一個卸荷迴路。

b. 速度換接迴路的選擇主要依據換接時位置精度和平穩性的要求，同時還應結構簡單、調整方便、控制靈活。

c. 多個液壓缸順序動作迴路的選擇主要考慮順序動作的可變換性、行程的可調性、順序動作的可靠性等。

d. 多個液壓缸同步動作迴路的選擇主要考慮同步精度、系統調整、控制和維護的難易程度等。

（4）編制整機的系統原理圖

整機的系統圖主要由以上所確定的各迴路組合而成，將挑選出來的各個迴路合併整理，增加必要的元件或輔助迴路，加以綜合，構成一個完整的系統。在滿足工作機構運動要求及生產率的前提下，力求所涉及的系統結構簡單、工作安全可靠、動作平穩、效率高、調整和維護保養方便。

此時應注意以下幾個方面的問題。

① 去掉重複多餘的元件，力求使系統結構簡單，同時要仔細斟酌，避免由於某個元件的去掉或並用而引起相互干擾。

② 增設安全裝置，確保設備及操作者的人身安全。如擠壓機控制油路上設置行程閥，只有安全門關閉時才能接通控制油路。

③ 工作介質的淨化必須予以足夠的重視。特別是比較精密、重要的以及24h連續作業的設備，可以單設一套自循環的油液過濾系統。

④ 對於大型的貴重設備，爲確保生產的連續性，在液壓系統的關鍵部位要加設必要的備用迴路或備用元件，例如冶金行業普遍採用液壓泵用一備一，而液

壓元件至少有一路備用。

　　⑤ 爲便於系統的安裝、維修、檢查、管理，在迴路上要適當裝設一些截止閥、測壓點。

　　⑥ 盡量選用標準的高品質元件和定型的液壓裝置。

9.6　選取液壓元件

1) 液壓能源裝置設計

　　液壓能源裝置是液壓系統的重要組成部分。通常有兩種形式：一種是液壓裝置與主機分離的液壓泵站；一種是液壓裝置與主機合爲一體的液壓泵組（包括單個液壓泵）。

　　（1）液壓泵站類型的選擇

　　液壓泵站的類型如圖 9.4 所示。

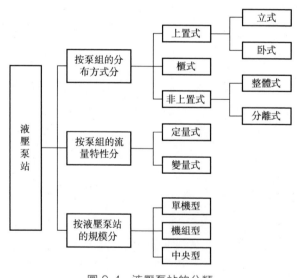

圖 9.4　液壓泵站的分類

　　液壓泵組置於油箱之上的上置式液壓泵站，根據電動機安裝方式不同，分爲立式和臥式兩種，如圖 9.5 所示。上置式液壓泵站結構緊湊、占地小，被廣泛應用於中、小功率液壓系統中。

　　非上置式液壓泵站按液壓泵組與油箱是否共用一個底座而分爲整體式和分離式兩種。整體式液壓泵站的液壓泵組安置形式又有旁置和下置之分，見圖 9.6。

非上置式液壓泵站的液壓泵組置於油箱液面以下，有效地改善了液壓泵的吸入性能，且裝置高度低，便於維修，適用於功率較大的液壓系統。

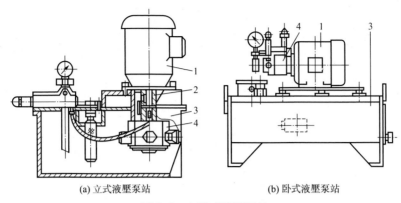

(a) 立式液壓泵站　　　　　　(b) 臥式液壓泵站

圖 9.5　上置式液壓泵站

1—電動機；2—聯軸器；3—油箱；4—液壓泵

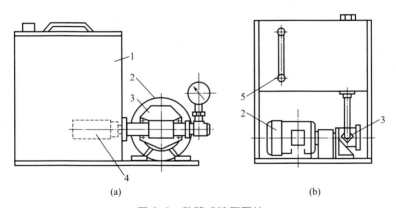

(a)　　　　　　　　　　　　(b)

圖 9.6　整體式液壓泵站

1—油箱；2—電動機；3—液壓泵；4—濾油器；5—液位計

上置式與非上置式液壓泵站的比較見表 9.7。

表 9.7　上置式與非上置式液壓泵站的比較

項目	上置立式	上置臥式	非上置式
振動	較大		小
清洗油箱	較麻煩		容易
占地面積	小		較大
液壓泵工作條件	泵浸在油中,工作條件好,雜訊低	一般	好

續表

項目	上置立式	上置臥式	非上置式
對液壓泵安裝的要求	泵與電動機有同軸度要求	①泵與電動機有同軸度要求 ②應考慮液壓泵的吸油高度 ③吸油管與泵的連接處密封要求嚴格	①泵與電動機有同軸度要求 ②吸油管與泵的連接處密封要求嚴格
應用	中、小型液壓泵站	中、小型液壓泵站	較大型液壓泵站

櫃式液壓泵站是將液壓泵組和油箱整體置於封閉的櫃體內，這種液壓泵站一般都將顯示儀表和電控按鈕布置在面板上，外形整齊美觀；又因液壓泵被封閉在櫃體內，故不易受外界污染；但維修不大方便，散熱條件差，且一般需設有冷卻裝置，因此通常僅被應用於中、小功率的系統。

按液壓泵站的規模大小，可分爲單機型、機組型和中央型三種。單機型液壓泵站規模較小，通常將控制閥組一並置於油箱面板上，組成較完整的液壓系統總成，這種液壓泵站應用較廣。機組型液壓泵站是將一個或多個控制閥組集中安裝在一個或幾個專用閥臺上，然後兩端與液壓泵組和液壓執行元件相連接；這種液壓泵站適用於中等規模的液壓系統中。中央型液壓泵站常被安置在地下室內，以利於安裝配管，降低雜訊，保持穩定的環境溫度和清潔度；這種液壓泵站規模最大，適用於大型液壓系統，如軋鋼設備的液壓系統中。

根據上述分析，按系統的工作特點選擇合適的液壓泵站類型。

(2) 液壓泵站組件的選擇

液壓泵站一般由液壓泵組、油箱組件、過濾器組件、蓄能器組件和溫控組件等組成。根據系統實際需要，經深入分析計算後加以選擇、組合。

下面分別闡述這些組件的組成及選用時要注意的事項。

液壓泵組由液壓泵、原動機、聯軸器、底座及管路附件等組成。

油箱組件由油箱、面板、空氣濾清器、液位顯示器等組成，用以儲存系統所需的工作介質，散發系統工作時產生的一部分熱量，分離介質中的氣體並沉澱污物。

過濾器組件是保持工作介質清潔度必備的輔件，可根據系統對介質清潔度的不同要求，設置不同等級的粗濾油器、精濾油器。

蓄能器組件通常由蓄能器、控制裝置、支承臺架等部件組成。它可用於儲存能量、吸收流量脈動、緩和壓力衝擊，故應按系統的需求而設置，並計算其合理的容量，然後選用之。

溫控組件由傳感器和溫控儀表組成。當液壓系統自身的熱平衡不能使工作介質處於合適的溫度範圍內時，應設置溫控組件，以控制加熱器和冷却器，使介質溫度始終工作在設定的範圍內。

根據主機的要求、工作條件和環境條件，設計出與工況相適應的液壓泵站方

案後，就可計算液壓泵站中主要元件的工作參數。

2）選取液壓元件

（1）液壓泵的計算與選擇

首先根據設計要求和系統工況確定液壓泵的類型，然後根據液壓泵的最大供油量來選擇液壓泵的規格。

① 確定液壓泵的最高供油壓力 p_p　對於執行元件在行程終了才需要最高壓力的工況（此時執行元件本身只需要壓力不需要流量，但液壓泵仍需向系統提供一定的流量，以滿足泄漏流量的需要），可取執行元件的最高壓力作爲泵的最大工作壓力。對於執行元件在工作過程中需要最大工作壓力的情況，可按式（9.6）確定。

$$p_p \geqslant p_1 + \sum \Delta p_1 \tag{9.6}$$

式中，p_1 爲執行元件的最高工作壓力；$\sum \Delta p_1$ 爲從液壓泵出口到執行元件入口之間總的壓力損失。

該值較爲準確的計算需要管路和元件的布置圖確定後才能進行，初步計算時可按經驗數據選取。對簡單系統流速較小時，$\sum \Delta p_1$ 取 $0.2 \sim 0.5$MPa；對複雜系統流速較大時，$\sum \Delta p_1$ 取 $0.5 \sim 1.5$MPa。

② 確定液壓泵的最大供油量 q_p　液壓泵的最大供油量爲：

$$q_p \geqslant k_1 \sum q_{max} \tag{9.7}$$

式中，k_1 爲系統的泄漏修正係數，k_1 一般取 $1.1 \sim 1.3$，大流量取小值，小流量取大值；$\sum q_{max}$ 爲同時動作的執行元件所需流量之和的最大值，對於工作中始終需要溢流的系統，尚需加上溢流閥的最小溢流量，溢流閥的最小溢流量可取其額定流量的 10%。系統中採用蓄能器供油時，q_p 由系統一個工作週期 T 中的平均流量確定。

$$q_p \geqslant \frac{k_1 \sum q_i}{T} \tag{9.8}$$

式中，q_i 爲系統在整個週期中第 i 個階段內的流量。

如果液壓泵的供油量是按工進工況選取的（如雙泵供油方案，其中小流量泵是按供給工進工況流量選取的），其供油量應考慮溢流閥的最小溢流量。

③ 選擇液壓泵的規格型號　根據以上計算所得的液壓泵的最大工作壓力和最大輸出流量以及系統中擬訂的液壓泵的形式，查閱有關手冊或產品樣本即可確定液壓泵的規格型號。但要注意，所選液壓泵的額定流量要大於或等於前面計算所得的液壓泵的最大輸出流量，並且盡可能接近計算值；所選泵的額定壓力應大於或等於計算所得的最大工作壓力。有時尚需考慮一定的壓力儲備，使所選泵的額定壓力高出計算所得的最大工作壓力 $25\% \sim 60\%$。泵的額定流量則宜與 q_p 相當，不要超過太多，以免造成過大的功率損失。

④ 選擇驅動液壓泵的電動機　驅動液壓泵的電動機根據驅動功率和泵的轉速來選擇。

a. 在整個工作循環中，當液壓泵的壓力和流量比較穩定，即工況圖曲線變化比較平穩時，驅動泵的電動機功率 P 爲：

$$P = \frac{p_p q_p}{\eta_p} \tag{9.9}$$

式中，p_p 爲液壓泵的最高供油壓力；q_p 爲液壓泵的實際輸出流量；η_p 爲液壓泵的總效率，數值可見產品樣本，一般有上下限，規格大的取上限，變量泵取下限，定量泵取上限。

b. 限壓式變量葉片泵的驅動功率，可按泵的實際壓力-流量特性曲線拐點處功率來計算。特別需要注意的是，變量柱塞泵的驅動功率按照最大壓力與最大流量乘積的 40% 來計算。

c. 在工作循環中，泵的壓力和流量的變化較大時，即工況圖曲線變化比較大時，可分別計算出工作循環中各個階段所需的驅動功率，然後求其均方根值 P_{cp}：

$$P_{cp} = \sqrt{\frac{P_1^2 t_1 + P_2^2 t_2 + \cdots + P_n^2 t_n}{t_1 + t_2 + \cdots t_n}} \tag{9.10}$$

式中，P_1、P_2、$\cdots$、P_n 爲一個工作循環中各階段所需的驅動功率；t_1、t_2、$\cdots$、t_n 爲一個工作循環中各階段所需的時間。

在選擇電動機時，應將求得的 P_{cp} 值與各工作階段的最大功率值比較，若最大功率符合電動機短時超載 25% 的範圍，則按平均功率選擇電動機；否則應按最大功率選擇電動機。

應該指出，確定液壓泵的電動機時，一定要同時考慮功率和轉速兩個因素。對電動機來説，除電動機功率滿足泵的需要外，電動機的同步轉速不應高出額定轉速。例如，泵的額定轉速爲 1000r/min，則電動機的同步轉速亦應爲 1000r/min，當然，若選擇同步轉速爲 750r/min 的電動機，並且泵的流量能滿足系統需要也是可以的。同理，對於內燃機來説，也不要使泵的實際轉速高於其額定轉速。

(2) 液壓控制元件的選用與設計

一個設計得好的液壓系統應盡可能多地由標準液壓控制元件組成，使自行設計的專用液壓控制元件減少到最低限度。但是，有時因某種特殊需要，必須自行設計專用液壓控制元件時，可參閱有關液壓元件的書籍或資料。這裏主要介紹液壓控制元件的選用。

選擇液壓控制元件的主要依據和應考慮的問題見表 9.8。其中最大流量必要時允許短期超過額定流量的 20%，否則會引起發熱、雜訊、壓力損失等增大和

閥性能的下降。此外，選閥時還應注意結構形式、特性曲線、壓力等級、連接方式、集成方式及操縱控制方式等。

表 9.8　選擇液壓控制元件的主要依據和應考慮的問題

液壓控制元件	主要依據	應考慮的問題
壓力控制元件	閥所在油路的最大工作壓力和通過該閥的最大實際流量	壓力調節範圍、流量變化範圍、所要求的壓力靈敏度和平穩性等
流量控制元件		流量調節範圍、流量-壓力特性曲線、最小穩定流量、壓力與溫度的補償要求、對工作介質清潔度的要求、閥進口壓差的大小以及閥的內泄漏大小等
方向控制元件		性能特點、換向頻率、響應時間、閥口壓力損失的大小以及閥的內泄漏大小等

① 溢流閥的選擇　直動式溢流閥的響應快，一般用於流量較小的場合，宜做制動閥、安全閥用；先導式溢流閥的啓閉特性好，用於中、高壓和流量較大的場合，宜做調壓閥、背壓閥用。

二級同心的先導式溢流閥的泄漏量比三級同心的要小，故在保壓迴路中常被選用。

先導式溢流閥的最低調定壓力一般只能在 0.5～1MPa 範圍內。

溢流閥的流量應按液壓泵的最大流量選取，並應注意其允許的最小穩定流量。一般來說，最小穩定流量爲額定流量的 15％ 以上。

② 流量閥的選擇　一般中、低壓流量閥的最小穩定流量爲 50～100mL/min；高壓流量閥爲 2.5～20mL/min。

流量閥的進出口需要有一定的壓差，高精度流量約需 1MPa 的壓差。

要求工作介質溫度變化對液壓執行元件運動速度影響小的系統，可選用溫度補償型調速閥。

③ 換向閥的選擇

a. 按通過閥的流量來選擇結構形式，一般來說，流量在 190L/min 以上時宜用二通插裝閥；在 190L/min 以下時可採用滑閥型換向閥；在 70L/min 以下時可用電磁換向閥（一般爲 6mm、10mm 通徑），否則需要選用電液換向閥。

b. 按換向性能等來選擇電磁鐵類型，交、直流電磁鐵的性能比較見表 9.9。

表 9.9　交、直流電磁鐵的性能比較

性能	形式		性能	形式	
	交流	直流		交流	直流
響應時間/ms	30	70	壽命	幾百萬次	幾千萬次

續表

性能	形式		性能	形式	
	交流	直流		交流	直流
換向頻率/(次/min)	60	120	價格	較便宜	較貴
可靠性	閥芯卡死時，線圈易燒壞	可靠			

直流濕式電磁鐵壽命長、可靠性高，故盡可能選用直流濕式電磁換向閥。

在某些特殊場合，還要選用安全防爆型、耐壓防爆型、無衝擊型以及節能型電磁鐵等。

c. 按系統要求來選擇滑閥機能。選擇三位換向閥時，應特別注意中位機能，例如，一泵多缸系統，中位機能必須選擇 O 型和 Y 型；若迴路中有液控單向閥或液壓鎖時，必須選擇 Y 型或 H 型。

④ 單向閥及液控單向閥的選擇　應選擇開啓壓力小的單向閥；開啓壓力較大（0.3～0.5MPa）的單向閥可做背壓閥用。

外泄式液控單向閥與內泄式相比，其控制壓力低、工作可靠，選用時可優先考慮。

(3) 輔助元件的選擇

① 蓄能器的選擇　在液壓系統中，蓄能器的作用是用來儲存壓力能，也用於減小液壓衝擊和吸收壓力脈動。在選擇時可根據蓄能器在液壓系統中所起作用，相應地確定其容量；具體可參閱相關手冊。

② 濾油器的選擇　濾油器是保持工作介質清潔、保證系統正常工作所不可缺少的輔助元件。濾油器應根據其在系統中所處部位及被保護元件對工作介質的過濾精度要求、工作壓力、過流能力及其他性能的要求而定，通常應注意以下幾點：

a. 其過濾精度要滿足被保護元件或系統對工作介質清潔度的要求；

b. 過流能力應大於或等於實際通過的流量的 2 倍；

c. 過濾器的耐壓應大於其安裝部位的系統壓力；

d. 適用的場合一般按產品樣本上的說明。

③ 油箱的設計　液壓系統中油箱的作用是：a. 儲油，保證供給充分的油液；b. 散熱，液壓系統中由於能量損失所轉換的熱量大部分由油箱表面散逸；c. 沉澱油中的雜質；d. 分離油中的氣泡，淨化油液。在油箱的設計中具體可參閱相關手冊。

④ 冷却器的選擇　液壓系統如果依靠自然冷却不能保證油溫維持在限定的最高溫度之下，就需裝設冷却器進行強制冷却。

冷却器有水冷和風冷兩種。對冷却器的選擇主要是依據其熱交換量來確定其散熱面積及其所需的冷却介質量的。具體可參閱相關手冊。

⑤ 加熱器的選擇　如果環境溫度過低，使油溫低於正常工作溫度的下限，則需安裝加熱器。具體加熱方法有蒸汽加熱、電加熱、管道加熱。通常採用電加熱器。

使用電加熱器時，單個加熱器的容量不能選得太大；如功率不夠，可多裝幾個加熱器，且加熱管部分應全部浸入油中。

根據油的溫升和加熱時間及有關參數可計算出加熱器的發熱功率，然後求出所需電加熱器的功率。具體可參閱相關手冊。

⑥ 連接件的選擇　連接件包括油管和管接頭。管件選擇是否得當，直接關係到系統能否正常工作和能量損失的大小，一般從強度和允許流速兩個方面考慮。

液壓傳動系統中所用的油管，主要有鋼管、紫銅管、鋼絲編織或纏繞橡膠軟管、尼龍管和塑膠管等。油管的規格尺寸大多由所連接的液壓元件接口處尺寸決定，只有對一些重要的管道才驗算其內徑和壁厚。具體可參閱相關手冊。

在選擇管接頭時，除考慮其有合適的通流能力和較小的壓力損失外，還要考慮到裝卸維修方便、連接牢固、密封可靠、支撐元件的管道要有相應的強度。另外還要考慮使其結構緊湊、體積小、重量輕。

(4) 液壓系統密封裝置選用與設計

在液壓傳動中，液壓元件和系統的密封裝置用來防止工作介質的泄漏及外界灰塵和異物的侵入。工作介質的泄漏會給液壓系統帶來調壓不高、效率下降及污染環境等諸多問題，從而損壞液壓技術的聲譽；外界灰塵和異物的侵入造成對液壓系統的污染，是導致系統工作故障的主要原因。所以，在液壓系統的設計過程中，必須正確設計和合理選用密封裝置和密封元件，以提高液壓系統的工作性能和延長使用壽命。

① 影響密封性能的因素　密封性能的好壞與很多因素有關，下面列舉其主要方面：密封裝置的結構與形式；密封部位的表面加工品質與密封間隙的大小；密封件與結合面的裝配品質與離心程度；工作介質的種類、特性和黏度；工作溫度與工作壓力；密封結合面的相對運動速度。

② 密封裝置的設計要點　密封裝置設計的基本要求是：密封性能良好，並能隨着工作壓力的增大自動提高其密封性能；所選用的密封件應性能穩定、使用壽命長；動密封裝置的動、靜摩擦係數要小而穩定，且耐磨；工藝性好、維修方便、價格低廉。

密封裝置的設計要點是：明確密封裝置的使用條件和工作要求，如負載情況、壓力高低、速度大小及其變化範圍、使用溫度、環境條件及對密封性能的具

體要求等；根據密封裝置的使用條件和工作要求，正確選用或設計密封結構并合理選擇密封件；根據工作介質的種類，合理選用密封材料；對於在塵埃嚴重的環境中使用的密封裝置，還應選用或設計與主密封相適應的防塵裝置；所設計的密封裝置應盡可能符合國家有關標準的規定並選用標準密封件。

9.7　系統性能的驗算

估算液壓系統性能的目的在於評估設計品質或從幾種方案中評選最佳設計方案。估算內容一般包括：系統壓力損失、系統效率、系統發熱與溫升、液壓衝擊等。對於要求高的系統，還要進行動態性能驗算或電腦仿真。目前對於大多數液壓系統，通常只是採用一些簡化公式進行估算，以便定性地說明情況。

(1) 系統壓力損失驗算

液壓系統壓力損失包括管道內的沿程損失和局部損失以及閥類元件的局部損失三項。計算系統壓力損失時，不同的工作階段要分開來計算。回油路上的壓力損失要折算到進油路中去。因此，某一工作階段液壓系統總的壓力損失爲：

$$\Sigma \Delta p = \Sigma \Delta p_1 + \Sigma \Delta p_2 \left(\frac{A_2}{A_1} \right) \tag{9.11}$$

式中，$\Sigma \Delta p_1$ 爲系統進油路的總壓力損失，$\Sigma \Delta p_1 = \Sigma \Delta p_{1\lambda} + \Sigma \Delta p_{1\xi} + \Sigma \Delta p_{1\nu}$；$\Sigma \Delta p_{1\lambda}$ 爲進油路總的沿程損失；$\Sigma \Delta p_{1\xi}$ 爲進油路總的局部損失；$\Sigma \Delta p_{1\nu}$ 爲進油路上閥的總損失，$\Sigma \Delta p_{1\nu} = \Sigma \Delta p_n \left(\frac{q}{q_n} \right)^2$；$\Sigma \Delta p_n$ 爲閥的額定壓力損失，由產品樣本中查到；q_n 爲閥的額定流量；q 爲通過閥的實際流量；$\Sigma \Delta p_2$ 爲系統回油路的總壓力損失，$\Sigma \Delta p_2 = \Sigma \Delta p_{2\lambda} + \Sigma \Delta p_{2\xi} + \Sigma \Delta p_{2\nu}$；$\Sigma \Delta p_{2\lambda}$ 爲回油路總的沿程損失；$\Sigma \Delta p_{2\xi}$ 爲回油路總的局部損失；$\Sigma \Delta p_{2\nu}$ 爲回油路上閥的總損失，計算方法同進油路；A_1 爲液壓缸進油腔有效工作面積；A_2 爲液壓缸回油腔有效工作面積。

由此得出液壓系統的調整壓力（即泵的出口壓力）p_T 應爲：

$$p_T \geqslant p_1 + \Sigma \Delta p \tag{9.12}$$

式中，p_1 爲液壓缸工作腔壓力。

(2) 系統總效率估算

液壓系統的總效率 η 與液壓泵的效率 η_p、迴路效率 η_c 及液壓執行元件的效率 η_m 有關，其計算式爲：

$$\eta = \eta_p \eta_c \eta_m \tag{9.13}$$

其中，各種類型的液壓泵及液壓馬達的效率可查閱有關手冊得到，液壓缸的效率見表 9.10。迴路效率 η_c 按式(9.14) 計算。

$$\eta_c = \frac{\sum p_1 q_1}{\sum p_p q_p} \tag{9.14}$$

式中，$\sum p_1 q_1$ 為同時動作的液壓執行元件的工作壓力與輸入流量乘積之總和；$\sum p_p q_p$ 為同時供液的液壓泵的工作壓力與輸出流量乘積之總和。

系統在一個工作循環週期內的平均迴路效率 $\overline{\eta_c}$ 由式(9.15) 確定。

$$\overline{\eta_c} = \frac{\sum \eta_{ci} t_i}{T} \tag{9.15}$$

式中，η_{ci} 為各個工作階段的迴路效率；t_i 為各個工作階段的持續時間；T 為整個工作循環的週期。

表 9.10　液壓缸空載啓動壓力及效率

活塞密封圈形式	p_{min}/MPa	η_m
O 型、L 型、U 型、X 型、Y 型	0.3	0.96
V 型	0.5	0.94
活塞環密封	0.1	0.985

(3) 系統發熱溫升估算

液壓系統的各種能量損失都將轉化為熱量，使系統工作溫度升高，從而產生一系列不利影響。系統中的發熱功率主要來自液壓泵、液壓執行元件和溢流閥等的功率損失。管路的功率損失一般較小，通常可以忽略不計。

① 系統的發熱功率計算方法之一　液壓泵的功率損失：

$$\Delta P_p = P_p (1 - \eta_p)$$

式中，P_p 為液壓泵的輸入功率；η_p 為液壓泵的總效率。

液壓執行元件的功率損失：

$$\Delta P_m = P_m (1 - \eta_m)$$

式中，P_m 為液壓執行元件的輸入功率；η_m 為液壓執行元件的總效率。

溢流閥的功率損失：

$$\Delta P_y = p_y q_y$$

式中，p_y 為溢流閥的調定壓力；q_y 為溢流閥的溢流量。

系統的總發熱功率：

$$\Delta P = \Delta P_p + \Delta P_m + \Delta P_y \tag{9.16}$$

② 系統的發熱功率計算方法之二　對於迴路複雜的系統，功率損失的環節很多，按上述方法計算較繁瑣，系統的總發熱功率 ΔP 通常採用以下簡化方法進行估算。

$$\Delta P = P_p - P_e \tag{9.17}$$

或
$$\Delta P = P_p(1 - \eta_p \eta_c \eta_m) = P_p(1 - \eta) \tag{9.18}$$

式中，P_p 爲液壓泵的輸入功率；P_e 爲液壓執行元件的有效功率；η_p 爲液壓泵的效率；η_c 爲液壓迴路的效率；η_m 爲液壓執行元件的效率；η 爲液壓系統的總效率。

③ 系統的散熱功率　液壓系統中產生的熱量，一部分使工作介質的溫度升高；一部分經冷却表面散發到周圍空氣中去。因爲管路的散熱量與其發熱量基本持平，所以，一般認爲系統產生的熱量全部由油箱表面散發。因此，可由式(9.19)計算系統的散熱功率。

$$\Delta P_0 = KA(t_1 - t_2) \times 10^{-3} \tag{9.19}$$

式中，K 爲油箱散熱係數，$W/(m^2 \cdot ℃)$，見表 9.11；A 爲油箱散熱面積，m^2；t_1 爲系統中工作介質的溫度，$℃$；t_2 爲環境溫度，$℃$。

表 9.11　油箱散熱係數

散熱條件	散熱係數	散熱條件	散熱係數
通風很差	8～9	風扇冷却	23
通風良好	15～17.5	循環水冷却	110～175

④ 系統的溫升　當系統的發熱功率 ΔP 等於系統的散熱功率 ΔP_0 時，即達到熱平衡。此時，系統的溫升 Δt 爲：

$$\Delta t = \frac{\Delta P}{KA} \times 10^3 \tag{9.20}$$

式中符號的意義同前，$\Delta t = t_1 - t_2$。

表 9.12 給出了各種機械允許的溫升值。當按式(9.20)計算出的系統溫升超過表中所示數值時，就要設法增大油箱散熱面積或增設冷却裝置。

表 9.12　各種機械允許的溫升值　　　　　單位：℃

設備類型	正常工作溫度	最高允許溫度	油和油箱允許溫升
數控機械	30～50	55～70	≤25
一般機床	30～55	55～70	≤30～35
船舶	30～60	80～90	
機車車輛	40～60	70～80	≤35～40
冶金車輛、液壓機	40～70	60～90	
工程機械、礦山機械	50～80	70～90	

⑤ 散熱面積計算　由式(9.20)可計算油箱散熱面積 A 爲：

$$A = \frac{\Delta P \times 10^3}{K \Delta t} \tag{9.21}$$

當油箱三個邊的尺寸比例在 1：1：1 與 1：2：3 之間，液面高度爲油箱高度的 80％，且油箱通風情況良好時，油箱散熱面積 A（單位爲 m^2）還可用式（9.22）估算。

$$A = 6.5 \sqrt[3]{V^2} \qquad (9.22)$$

式中，V 爲油箱有效容積，m^3。

當系統需要設置冷却裝置時，冷却器的散熱面積 A_c（單位爲 m^2）按式（9.23）計算。

$$A_c = \frac{\Delta P - \Delta P_0}{K_c \Delta t_m} \times 10^3 \qquad (9.23)$$

式中，K_c 爲冷却器的散熱係數，$W/(m^2 \cdot ℃)$，由產品樣本查出；Δt_m 爲平均溫升，℃，$\Delta t_m = \dfrac{t_{j1} + t_{j2}}{2} - \dfrac{t_{w1} + t_{w2}}{2}$；$t_{j1}$ 爲工作介質進口溫度，℃；t_{j2} 爲工作介質出口溫度，℃；t_{w1} 爲冷却水（或風）的進口溫度，℃；t_{w2} 爲冷却水（或風）的出口溫度，℃。

（4）液壓衝擊驗算

液壓衝擊不僅會使系統產生振動和雜訊，而且會使液壓元件、密封裝置等誤動作或損壞而造成事故。因此，需驗算系統中有無產生液壓衝擊的部位、產生的衝擊壓力會不會超過允許值以及所採取的減小液壓衝擊的措施是否奏效等。

9.8 繪製工作圖、編制技術文件

液壓系統的工作原理圖確定以後，將液壓系統的壓力、流量、電動機功率、電磁鐵工作電壓、液壓系統用油牌號等參數明確在技術要求中提出，同時要繪製出執行元件動作循環圖、電磁鐵動作順序表等內容。緊接着，繪製工作圖。工作圖包括液壓系統裝配圖、管路布局圖、液壓積體電路、泵架、油箱、自製零件圖等。

（1）液壓系統的總體布局

液壓系統的總體布局方式有兩種：集中式布局與分散式布局。

集中式布局是將整個設備液壓系統的執行元件裝配在主機上，將液壓泵電動機組、控制閥組、附件等集成在油箱上組成液壓站。這種形式的液壓站最爲常見，具有外形整齊美觀、便於安裝維護、外接管路少、可以隔離液壓系統的振動、發熱對主機精度的影響小等優點。分散式布局是將液壓元件根據需要安裝在主機相應的位置上，各元件之間通過管路連接起來，一般主機支撐件的空腔兼作

油箱使用，其特點是占地面積小、節省安裝空間，但元件布局零亂、清理油箱不便。

(2) 液壓閥的配置形式

① 板式配置　這種配置方式是把板式液壓元件用螺釘固定在油路板上，油路板上鑽、攻有與閥口對應的孔，通過油管將各個液壓元件按照液壓原理圖連接起來。其特點是連接方便，容易改變元件之間的連接關係，但管路較多，目前應用越來越少。

② 集成式配置　這種配置方式把液壓元件安裝在積體電路上，積體電路既做油路通道使用，又做安裝板使用。集成式配置有三種方式：第一種方式是疊加閥式，這種形式的液壓元件（換向閥除外）既做控制閥使用，又做通道使用，疊加閥用長螺栓固定在積體電路上，即可組成所需的液壓系統；第二種方式為塊式集成結構，積體電路式通用的六面體，上下兩面是安裝或連接面，四周一面安裝管接頭，其餘三面安裝液壓元件，元件之間通過內部通道連接，一般各積體電路與其上面連接的閥具有一定的功能，整個液壓系統通過螺釘連接起來；第三種方式為插裝式配置，將插裝閥按照液壓基本迴路或特定功能迴路插裝在積體電路上。積體電路再通過螺釘連接起來組成液壓系統。集成式配置方式應用最為廣泛，是目前液壓工業的主流，其特點是外接管路少、外觀整齊、結構緊湊、安裝方便。

(3) 積體電路設計

液壓閥的配置形式一旦確定，積體電路的基本形式也隨之確定。現在除插裝式積體電路外，疊加式、塊式積體電路均已形成了系列化產品，生產週期大幅度縮短。設計積體電路時，除了考慮外形尺寸、油孔尺寸外，還要考慮清理的工藝性、液壓元件以及管路的操作空間等因素。中高壓液壓系統積體電路要確保材料的均勻性和緻密性，常用材料為 45 鍛鋼或熱軋方坯；低壓液壓系統積體電路可以採用鑄鐵材料；積體電路表面經發藍或鍍鎳處理。

(4) 編制技術文件

編制技術文件包括設計計算說明書、液壓系統使用維護說明書、外購、外協、自製件明細、施工管路圖等內容。

第10章

液壓伺服系統

液壓伺服系統，又稱追蹤系統或隨動系統，是根據液壓傳動原理、採用液壓控制元件和液壓執行機構所建立的伺服系統，是控制系統的一種。在該系統中，輸出量（機械位移、速度、加速度或力）能夠快速而準確地自動復現輸入量的變化規律，同時，系統對訊號功率起到放大作用。

液壓伺服系統不僅具有液壓傳動的各種優點，還具有反應快、系統剛性大、伺服精度高等特點，廣泛應用於金屬切削機床、起重機械、汽車、飛機、海洋裝備和軍事裝備等方面。

10.1 概述

10.1.1 液壓伺服系統的工作原理

隨着海洋資源的開發，人們對海洋工程裝備的使用性能要求越來越高。大深度潛水器是進行海洋開發所必需的高技術裝備之一，用於運載人員或設備到達各種深海複雜環境，進行高效勘探、科學考察和開發等作業。浮力調節系統是潛水器的重要子系統之一，潛水器在大深度環境下工作時，眾多因素會引起其重力和浮力的動態變化，爲確保潛水器具有相對穩定的作業姿態，需要對其進行浮力微調，使浮力與重力實現動態的平衡。除了簡易的拋載浮力調節方式外，目前常見的浮力調節還有氣壓浮力調節、油壓浮力調節和海水液壓浮力調節等方式，如圖 10.1 所示。

相比於油壓浮力調節方式，海水液壓浮力調節系統充分利用工作環境中的水介質，省去了易失效的皮囊，使系統得到了簡化，減小體積和重量，提高了浮力的調節範圍，同時，使系統的可靠性及潛水器的下潛深度得到了提高。另外，海水液壓技術由於和海洋環境相容，具有海深壓力自動補償功能、運行成本低、工作介質易處理、難燃、系統組成簡單、清潔等優點，已在國內外的深海裝備中得到了成功應用，是公認的大深度潛水器浮力調節的理想方式，特別是在大潛深、浮力調節範圍寬的情況下，其優越性更加突出。採用海水液壓浮力調節系統代替

油壓和氣壓浮力調節系統，具有結構簡單、性能可靠等優點，是目前大深度潛水器採用的主要形式。

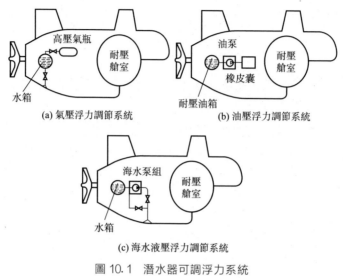

(a) 氣壓浮力調節系統

(b) 油壓浮力調節系統

(c) 海水液壓浮力調節系統

圖 10.1　潛水器可調浮力系統

海水液壓浮力調節系統的原理是在潛水器中放置耐壓水箱，其容積等於所要求的最大浮力調節量。需要調節浮力時，用容積式海水泵將水箱中的水排出，或者從海洋中將海水注入耐壓水箱，使潛水器的重量發生變化，以此來控制潛水器的沉浮。

中國 2007 年建成的「蛟龍」號潛水器採用拋載形式實現下潛與上浮，縱傾調節通過控制水銀的移動，浮力微調採用海水浮力調節系統，如圖 10.2 所示。其工作原理爲：海水的注入、排除由一組 4 個截止閥控制，通過開關閥 1 與開關閥 4 通電（開關閥 2 與開關閥 3 斷電）進行海水的排除動作，反之，進行海水的注入動作。可調壓載艙採用常壓結構，壓載艙內壓力範圍爲 0～3MPa，可調容積爲 310L。

10.1.2　液壓伺服系統的構成

液壓伺服系統的組成元件可分爲功能元件和結構元件，兩者是有區別的，可以一個結構元件獨自完成多種功能，也可以多個結構元件共同完成一個功能，將結構元件劃歸爲哪一類功能元件都是有條件的，主要看是否便於研究問題。

爲方便理解和研究，我們將液壓伺服系統的構成按組成元件的功能概括爲偏差檢測器、轉換放大裝置、執行機構和控制對象四個最基本的組成部分。偏差檢

測器主要由輸入元件、反饋測量元件和比較元件組合在一起構成，如圖 10.3 所示。除此之外，爲了改善系統性能，還可以增加串聯校正裝置和局部反饋裝置，這些組成元件的功能可以通過不同的方法來實現。

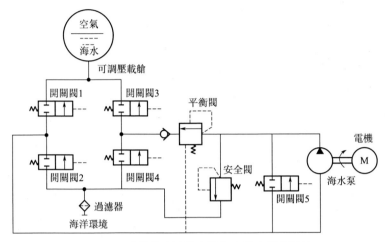

圖 10.2　「蛟龍」號潛水器海水浮力調節系統

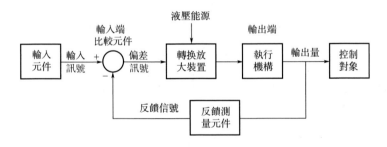

圖 10.3　液壓伺服系統的構成

各功能元件的作用如下：

① 輸入元件給出輸入訊號，加於系統輸入端；

② 反饋測量元件測量輸出訊號並將其轉換成反饋訊號，加於系統輸入端，用以與輸入訊號進行比較，構成反饋控制；

③ 比較元件比較反饋訊號與輸入訊號，產生偏差訊號，加於轉換放大裝置；

④ 轉換放大裝置轉換偏差訊號的能量形式並加以放大後輸入執行機構；

⑤ 執行機構產生調節動作加於控制對象上，完成調節任務。

在液壓伺服系統中，需注意反饋測量元件輸出的反饋訊號應轉換成與輸入訊號相同形式的物理量，以便比較元件進行比較。輸入元件、反饋測量元件、轉換

放大裝置的前置級串聯校正裝置和局部反饋裝置都可以是液壓的、氣動的、電氣的、機械的或它們的組合形式，而轉換放大裝置的輸出級需是液壓形式，執行機構可以是液壓缸、擺動液壓缸或液壓馬達，比較元件有時並不是單獨存在的，而是與輸入元件、反饋測量元件或放大裝置一起由同一結構元件來完成的。

10.1.3　液壓伺服系統的分類

液壓伺服系統的種類很多，同一個系統從不同的角度可劃歸爲不同的類型，每一種分類方法都代表一定的特點。

按系統輸出量的名稱分類，可分爲位置控制系統、速度控制系統、加速度控制系統和力或壓力控制系統。

按系統輸出功率的大小分類，可分爲功率伺服系統和儀器伺服系統（200W以下）。

按拖動裝置的控制方式和控制元件的類型分類，可分爲節流式（主要控制元件爲伺服閥）和容積式（主要控制元件爲變量泵或變量馬達）兩大類。

按系統中訊號傳遞介質的形式分類，可分爲機液伺服系統、電液伺服系統和氣液伺服系統等。

按輸出量是否進行反饋來分類，可分爲閉環液壓伺服系統和開環液壓伺服系統。

10.2　**典型的液壓伺服控制元件**

伺服控制元件是液壓伺服系統中最重要、最基本的組成部分，它起着訊號轉換、功率放大及反饋等控制作用。從結構形式上液壓伺服控制元件可分爲滑閥、射流管閥和噴嘴擋板閥等，下面簡要介紹它們的結構原理及特點。

10.2.1　**滑閥**

滑閥式伺服閥在構造上與前面講過的滑閥式換向閥相類似，也是由彼此可作相對滑動的閥芯和閥體組成的，但它的配合精度較高。換向閥閥芯臺肩與閥體沉割槽間軸向重疊長度是毫米級的，而伺服閥是微米級的，並且公差要求很嚴格。根據滑閥控制邊數（起控制作用的閥口數）的不同，有單邊控制式、雙邊控制式和四邊控制式三種類型的滑閥。

圖10.4所示爲單邊滑閥的工作原理。滑閥控制邊的開口量 x_s 控制着液壓缸右腔的壓力和流量，從而控制液壓缸運動的速度和方向。來自泵的壓力油進入單

桿液壓缸的有桿腔，通過活塞上小孔 a 進入無桿腔，壓力由 p_s 降爲 p_1，再通過滑閥唯一的節流邊流回油箱。在液壓缸不受外負載作用的條件下，$p_1A_1 = p_sA_2$。當閥芯根據輸入訊號往左移動時，開口量 x_s 增大，無桿腔壓力 p_1 減少，於是 $p_1A_1 < p_sA_2$，缸體向左移動。因爲缸體和閥體剛性連接成一個整體，所以閥體左移又使 x_s 減小（負反饋），直至平衡。

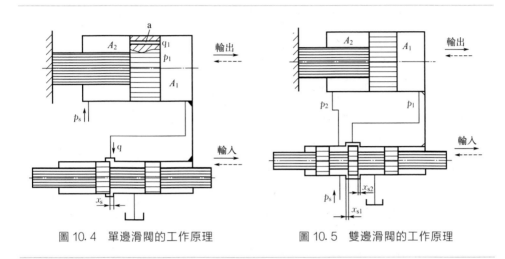

圖 10.4　單邊滑閥的工作原理　　　圖 10.5　雙邊滑閥的工作原理

　　圖 10.5 所示爲雙邊滑閥的工作原理。壓力油一路直接進入液壓缸有桿腔，另一路經滑閥左控制邊的開口 x_{s1} 和液壓缸無桿腔相通，並經滑閥右控制邊的開口 x_{s2} 流回油箱。當滑閥向左移動時，x_{s1} 減小，x_{s2} 增大，液壓缸無桿腔壓力 p_1 減小，兩腔受力不平衡，缸體向左移動；反之缸體向右移動。雙邊滑閥比單邊滑閥的調節靈敏度高，工作精度高。

　　圖 10.6 所示爲四邊滑閥的工作原理。滑閥有四個控制邊，開口 x_{s1}、x_{s2} 分別控制進入液壓缸兩腔的壓力油，開口 x_{s3}、x_{s4} 分別控制液壓缸兩腔的回油。當滑閥向左移動時，液壓缸左腔的進油口 x_{s1} 減小，回油口 x_{s3} 增大，使 p_2 迅速減小；與此同時，液壓缸右腔的進油口 x_{s2} 增大，回油口 x_{s4} 減小，使 p_1 迅速增大，這樣就使活塞迅速左移。與雙邊滑閥相比，四邊滑閥同時控制液壓缸兩腔的壓力和流量，故調節靈敏度更高，工作精度也更高。

　　由上可知，單邊、雙邊和四邊滑閥的控制作用是相同的，均起到換向和節流作用。控制邊數越多，控制品質越好，但其結構工藝性也越差。通常情況下，四邊滑閥多用於精度要求較高的系統；單邊、雙邊滑閥用於一般精度系統。

　　滑閥的初始平衡的狀態下，閥的開口有負開口（$x_s < 0$）、零開口（$x_s = 0$）和正開口（$x_s > 0$）三種形式，如圖 10.7 所示。具有零開口的滑閥，其工作精度最高；具有負開口的滑閥有較大的不靈敏區（死區），較少採用；具有正開口

的滑閥，工作精度較具有負開口的滑閥高，但功率損耗大，穩定性也較差。

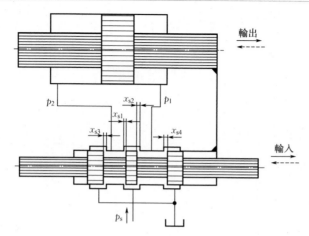

圖 10.6　四邊滑閥的工作原理

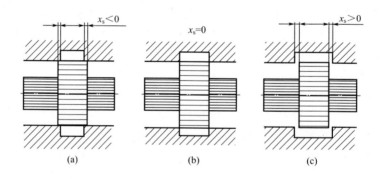

圖 10.7　滑閥的三種開口形式

　　水下作業機械手[21] 有 5 個自由度，由 4 個回轉自由度（包括肩部轉動、大臂擺動、小臂俯仰、手腕俯仰）和 1 個繞腕部軸線旋轉的自由度組成。其中大臂擺動、小臂俯仰和手腕俯仰 3 個自由度採用電液位置伺服系統控制，執行部件爲單出桿液壓缸（即不對稱液壓缸），通過電液伺服閥進行控制。該伺服閥爲零開口對稱閥。位置檢測元件爲電位計（導電塑膠回轉型電位計，線性度爲 0.1%）；腕部旋轉關節和肩部轉動關節採用電磁閥進行開關控制，該腕部旋轉關節可繞軸線在順時針和逆時針兩個方向進行連續轉動。水下作業系統的水下作業工具庫能夠同時攜帶四把水下作業工具。考慮到製造成本，該實驗系統只配備了兩件工具，即夾持器和切割器。工具的一端能夠與機械手的對接腕進行機械和動力的連接。該作業機械手採用鋁合金製造、重量輕，機械手的機構如圖 10.8 所示。

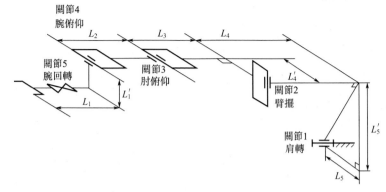

圖 10.8　水下作業機械手機構簡圖

10.2.2　射流管閥

　　圖 10.9 所示爲射流管閥的工作原理。射流管閥由射流管 1 和接收板 2 組成。射流管可繞 O 軸左右擺一個不大的角度，接收板上有兩個並列的接收孔 a、b，分別與液壓缸兩腔相通。壓力油從管道進入射流管後從錐形噴嘴射出，經接收孔進入液壓缸兩腔。當噴嘴處於兩接收孔的中間位置時，兩接收孔內油液的壓力相等，液壓缸不動。當輸入訊號使射流管繞 O 軸向左擺動一小角度時，進入孔 b 的油液壓力就比進入孔 a 的油液壓力大，液壓缸向左移動。由於接收板和缸體連接在一起，接收板也向左移動，形成負反饋，噴嘴恢復到中間位置，液壓缸停止運動。同理，當輸入訊號使射流管繞 O 軸向右擺動一小角度時，進入孔 a 的油液壓力大於進入孔 b 的油液壓力，液壓缸向右移動，在反饋訊號的作用下最終停止。

　　射流管閥的優點是結構簡單、動作靈敏、工作可靠；它的缺點是射流管運動部件慣性較大、工作性能較差、射流能量損耗大、效率較低、供油壓力過高時易引起振動。此種控制閥只適用於低壓小功率場合。

10.2.3　噴嘴擋板閥

　　噴嘴擋板閥有單噴嘴式和雙噴嘴式兩種，兩者的工作原理基本相同。圖 10.10 所示爲雙噴嘴擋板閥的工作原理，它主要由擋板 1、噴嘴 2 和 3、固定節流小孔 4 和 5 等元件組成。擋板和兩個噴嘴之間形成兩個可變截面的節流縫隙 δ_1 和 δ_2。當擋板處於中間位置時，兩縫隙所形成的節流阻力相等，兩噴嘴腔內的油液壓力則相等，即 $p_1 = p_2$，液壓缸不動。壓力經孔 4 和 5、縫隙 δ_1 和 δ_2 流回油箱。當輸入訊號使擋板向左偏擺時，可變縫隙 δ_1 關小、δ_2 開大，p_1 上

升、p_2下降，液壓缸缸體向左移動。因負反饋作用，當噴嘴跟隨缸體移動到擋板兩邊對稱位置時，液壓缸停止運動。

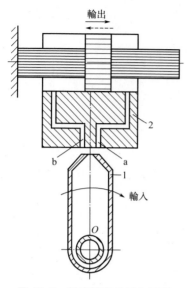

圖 10.9　射流管閥的工作原理

1—射流管；2—接收板

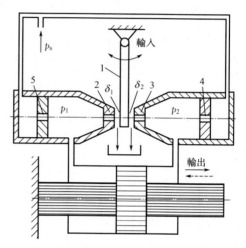

圖 10.10　雙噴嘴擋板閥的工作原理

1—擋板；2，3—噴嘴；4，5—節流小孔

　　噴嘴擋板閥的優點是結構簡單、加工方便、運動部件慣性小、反應快、精度和靈敏度高；缺點是無功損耗大、抗污染能力較差。噴嘴擋板閥常用作多級放大伺服控制元件中的前置級。

　　噴嘴-擋板式水位調節器[22,23] 就是一種典型的機械式水位調節器。此水位調節器的工作原理如圖 10.11 所示。

　　當調節對象的水位處於給定位置時，發信器測量機構的中間膜片處於中間平衡位置，放大器輸出的壓差訊號恰好能使調節閥的開度處於所需位置，海水的輸入量與輸出量相等，水位不變。

　　當調節對象的水位高於給定位置時，發信器測量機構的中間膜片左側腔室壓力增大，使 2 個芯桿同時右移，右噴嘴擋板間隙減小，左噴嘴擋板間隙增大，海水蒸發器系統的調節閥中的芯桿下移，則海水的輸入流量減小，使水面回降。

　　當調節對象的水位低於給定位置時，調節器動作反向，使水位回升。

　　正常工作時，由於調節對象內的氣體壓力同時作用在發信器中間膜片的兩側，相互抵消，因此氣壓變化對調節器的工作無干擾作用。

　　如需調節調節器水位的給定值，只需要調整整定水壺水位即可。調節器因追

蹤整定水壺的水位而將海水蒸發器的水位定位到新的位置上。

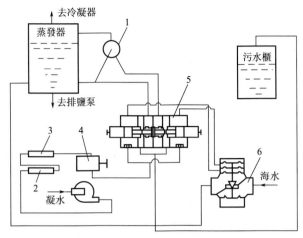

圖 10.11　噴嘴-擋板式水位調節器原理圖

1—整定水壺；2—粗濾器；3—細濾器；4—穩壓器；5—發信器；6—調節閥

　　該水位調節器的優點是：控制精度較高；能對海水蒸發器裏的水位實現連續控制；允許受控水位有較大的波動範圍；消除了惡劣環境下電控所帶來的漏電、觸電或短路等弊端。但它也存在着一些缺點，如：對水溫有一定的要求，需考慮訊號管路的密封、氣阻、堵塞，操作的環境在各個船艦上不統一，等。

10.3　電液伺服閥在海洋裝備液壓系統中的應用

　　電液伺服閥既是電液轉換元件，也是功率放大元件，它能夠將小功率的電訊號輸入轉換爲大功率的液壓能（壓力和流量）輸出，在電液伺服系統中，將電氣部分與液壓部分連接起來，實現電液訊號的轉換與放大。電液伺服閥具有體積小、結構緊湊、功率放大係數高、直線性好、死區小、靈敏度高、動態性能好、響應速度快等優點，因此在海洋工程裝備的電液伺服控制系統中得到了廣泛的應用。

　　海洋裝備中的電液伺服閥和一般陸地工程裝備中的電液伺服閥類似，一般按力矩電動機的形式分爲動圈式和永磁式兩種。傳統的伺服閥大部分採用永磁式力矩電動機，此類伺服閥還可分爲噴嘴擋板式和射流式兩大類。目前國內生產伺服閥的廠家大部分以噴嘴擋板式爲主。由於射流管式伺服閥具有抗污染性能好、高可靠性、高解析度等特點，有些生產廠家也在研發或已推出自己的射流管式產

品。下面重點介紹最普遍的噴嘴擋板式電液伺服閥。

10.3.1　噴嘴擋板式電液伺服閥的組成

　　圖 10.12 所示是電液伺服閥的工作原理及圖形符號，它由電磁和液壓兩個部分組成。電磁部分是永磁式力矩電動機，由永久磁鐵、導磁體、銜鐵、控制線圈和彈簧所組成；液壓部分是結構對稱的兩級液壓放大器，前置級是雙噴嘴擋板閥，功率級是四通滑閥。滑閥通過反饋桿與銜鐵擋板組件相連。

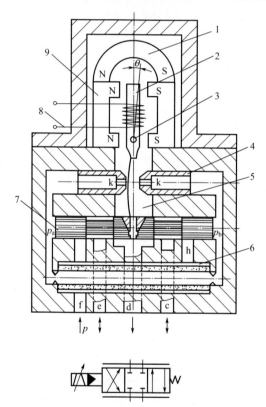

圖 10.12　電液伺服閥工作原理圖及圖形符號
1—永久磁鐵；2—銜鐵；3—扭軸；4—噴嘴；5—擋板；6—濾油器；7—滑閥；8—線圈；9—軛鐵（導磁體）

10.3.2　電液伺服閥的特性

　　力矩電動機把輸入的電訊號（電流）轉換爲力矩輸出。無訊號電流時，銜鐵由彈簧支承在左右導磁體的中間位置，通過導磁體和銜鐵間隙處的磁通都是 Φ_d，

並且方向相同，力矩電動機無力矩輸出。此時，擋板處於兩個噴嘴的中間位置，噴嘴擋板輸出的控制壓力相等，滑閥在反饋桿小球的約束下也處於中間位置，閥無液壓訊號輸出。當有訊號電流輸入時，控制線圈產生控制磁通 Φ_k，其大小和方向由訊號電流的大小和方向決定。如果通入的電流方向使銜鐵上端爲 N 極，下端爲 S 極，如圖 10.13 所示，在右邊氣隙中，Φ_d 與 Φ_k 同向，而在左邊氣隙中，Φ_d 與 Φ_k 反向，因此右邊氣隙合成磁通大於左邊的合成磁通，於是，在銜鐵上產生順時針方向的磁力矩，使銜鐵順時針方向偏轉。同時，使擋板向左偏移，噴嘴擋板的左間隙減小而右間隙增大，控制壓力左大右小，推動

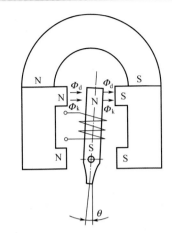

圖10.13　力矩電動機磁通變化情況

滑閥右移。同時，使反饋桿產生彈性變形，對銜鐵擋板組件產生一個逆時針方向的反力矩。當作用在銜鐵擋板組件上的磁力矩、反饋桿上的反力矩等諸力矩達到平衡時，滑閥停止運動，取得一個平衡位置，並有相應的流量輸出。當負載壓差一定時，閥的輸出流量與訊號電流成比例。當輸入訊號電流反向時，閥的輸出流量也反向。所以，這是一種流量控制電液伺服閥。

從上述原理可知，滑閥位置是通過反饋桿變形力反饋到銜鐵上使諸力平衡而決定的，所以稱爲力反饋式電液伺服閥。因爲採用兩級液壓放大，所以又稱爲力反饋兩級電液伺服閥。

電液伺服閥的基本構成可用圖 10.14 中的方塊圖表示。電氣機械轉換器將小功率的電訊號轉變爲閥的運動，然後又通過閥的運動去控制液壓流體動力（壓力和流量）。電氣機械轉換器的輸出力或力矩很小，在流量比較大的情況下無法用它來直接驅動功率閥，此時，需要增加液壓前置放大級，將電氣機械轉換器的輸出加以放大，再來控制功率閥，這就構成了多級電液伺服閥，前置級可以採用滑閥、噴嘴擋板閥或射流管閥，功率級幾乎都是採用滑閥。

值得注意的是，海洋裝備液壓系統採用濕式馬達，即力矩電動機腔裏面充滿了液壓油，力矩電動機周圍油液的壓力即是回油壓力。在深水下，尤其是深海以下，回油壓力會非常高，大大超過一般陸地液壓系統的工作壓力。高壓下液壓油的性質將發生一定變化，這勢必改變力矩電動機的特性，進而對整個伺服閥的工作品質產生影響。因此，在對深海液壓伺服閥分析時必須考慮到液壓油的彈性模量、黏度等性質的變化[24]。

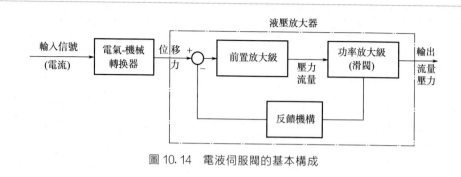

圖 10.14　電液伺服閥的基本構成

10.3.3　電液伺服閥的選用

電液伺服閥主要用在三種伺服系統中：位置伺服系統、壓力或力伺服控制系統、速度控制伺服系統。在電液伺服閥選用中考慮的因素主要有：

① 閥的工作性能、規格；

② 工作可靠、性能穩定、有一定的抗污染能力；

③ 價格合理；

④ 工作液、油源；

⑤ 電氣性能和放大器；

⑥ 安裝結構、外形尺寸等。

電液伺服閥按用途分爲通用型閥和專用型閥。專用型閥使用在特殊應用的場合，例如：高溫閥，防爆閥，高響應閥，餘度閥，特殊增益閥，特殊重疊閥，特殊尺寸、特殊結構閥，特殊輸入、特殊反饋的伺服閥等。

通用型伺服閥還分通用型流量伺服閥和通用型壓力伺服閥。在力（或壓力）控制系統中可以用流量閥，也可以用壓力閥。壓力伺服閥因其帶有壓力負反饋，故壓力增益比較平緩、比較線性，適用於開環力控制系統，用於力閉環系統也是比較好的。但因這種閥製造、調試較爲複雜，生產也比較少，選用困難些。

當系統要求較大流量時，大多數系統仍選用流量控制伺服閥。在力控制系統中用的流量閥，希望它的壓力增益不要像位置控制系統用閥那樣要求較高的壓力增益，盡量減少壓力飽和區域，改善控制性能。

通用型流量伺服閥用得最廣泛，生產量亦最大，可以運用在位置、速度、加速度（力）等各種控制系統中，所以應該優先選用通用型伺服閥。目前用得最多的主要有下面四種類型。

① 雙噴嘴擋板力反饋電液流量伺服閥。

② 射流管式電液流量伺服閥。

③ 動圈式（或動鐵式）電液流量伺服閥。

④ 直接驅動單級伺服閥（DDV）。

雙噴擋閥和射流管閥都是力反饋型伺服閥，銜鐵工作在中位附近，不受伺服閥中間參數影響，線性度好，性能穩定，抗干擾能力強，零漂小，是高性能的伺服閥。雙噴擋閥的擋板與噴嘴間隙小，易被污物卡住；而射流管噴嘴爲最小流通面積處，過流面積大，不易堵塞，抗污染性好，但它的動態性能比雙噴擋閥稍低。射流管閥一般相頻寬可超過 100 Hz，高的亦可達到 200 Hz。射流管閥射流放大器部分壓力效率和容積效率較高，推動閥芯力較大，所以其解析度比雙噴擋閥高得多。射流管閥工作壓力範圍很廣，低壓工作性能優良，甚至可以在 0.5 MPa 供油條件下正常工作。

動圈式電液伺服閥功率輸出級閥芯跟隨控制閥芯，是一種直接反饋式伺服閥，此種閥結構簡單，造價低，外部可調整零位，抗污染能力亦比較強，一般動態性能比較低，是一種較廉價的工業伺服閥。DDV 閥實際上是一級電反饋的脈寬調制閥（PWN），力矩電動機直接驅動閥芯是一級閥，所以它的動態特性與供油壓力沒有直接的關係，是一種伺服比例閥。

電液伺服閥規格的選擇方法如下。

① 估計所需的作用力的大小，決定油缸的作用面積。滿足以最大速度推拉負載的力爲 F_G，考慮到系統可能有不確定的力，最好將 F_G 放大 20%～40%，p_S 爲供油壓力，則面積 A 爲：

$$A = \frac{1.2 F_G}{p_S} \tag{10.1}$$

② 確定負載流量 Q_L（負載運動的最大速度爲 v_L）：

$$Q_L = A v_L \tag{10.2}$$

負載壓力 p_L：

$$p_L = \frac{F_G}{A} \tag{10.3}$$

決定伺服閥供油壓力 p_S：

$$p_L = \frac{2}{3} p_S，p_S = \frac{3}{2} p_L \tag{10.4}$$

③ 確定所需伺服閥的流量規格：

$$Q_N = Q_L \sqrt{\frac{p_N}{p_S - p_L}} \tag{10.5}$$

式中，p_N 爲伺服閥額定供油壓力。該壓力下，額定電流條件下的空載流量就是伺服閥的額定流量 Q_N。爲補償一些未知因素，建議額定流量選擇要大 10%。

總作用力爲：

$$F_G = F_L + F_A + F_E + F_S \tag{10.6}$$

式中，F_L 爲負載力；F_A 爲滿足加速度要求的力；F_E 爲外部干擾力；F_S 爲摩擦力，摩擦力根據油缸工况、密封機構、材料不同，大小差異很大，一般取 $(1\% \sim 10\%)F_G$。

開環控制系統中，伺服閥一般選用相頻大於 $3 \sim 4Hz$ 即可。對於閉環系統，算出系統的負載諧振頻率，一般選相頻大於該頻率 3 倍的伺服閥。另外，一般流量要求比較大、頻率比較高時，建議選擇三級電反饋伺服閥，其電氣線路中有校正環節，因此它的頻寬有時可以比裝在其上的二級閥還高。

10.3.4　電液伺服閥的研究現狀和在海洋裝備中的應用

新型電液伺服閥技術的研究主要集中在新型結構的設計、新型材料的採用及電子化、數位化技術與液壓技術的結合等幾方面。

新型結構設計，比如直動型電液伺服閥，它去掉了一般伺服閥的前置級，利用一個較大功率的力矩電動機直接拖動閥芯，並用一個高精度的閥芯位移傳感器作爲反饋，由於無前置級，提高了伺服閥的抗污染能力，同時去掉了許多難加工的零件，降低了加工成本。另外還有電液比例伺服閥。由伺服閥發展而來的伺服比例閥是對伺服閥結構的簡化，具有高抗污染性、高可靠性、低成本等特點。餘度伺服閥也是一種創新設計，主要特點是將伺服閥的力矩電動機、反饋元件、滑閥副做成多套，發生故障可隨時切換，保證系統的正常工作。

新型材料的運用主要是以壓電元件、超磁致伸縮材料及形狀記憶合金等爲基礎的轉換器的研發開發。例如，壓電陶瓷直動式伺服閥在閥芯兩端通過鋼球分別與兩塊多層壓電元件相連，通過壓電效應使壓電材料產生伸縮驅動閥芯移動，實現電-機械轉換。與傳統伺服閥相比，採用新型材料的電-機械轉換器研發的伺服閥普遍具有高頻響、高精度、結構緊湊的優點。

電子化、數位化技術在電液伺服閥技術上的運用主要有兩種方式：一種是在電液伺服閥模擬控制元器件上加入 D/A 轉換裝置實現數位控制；另種是直動式數位控制閥。另外，通過採用新型傳感器和電腦技術，研發出了機械、電子、傳感器及電腦自我管理（故障診斷、故障排除）爲一體的智能化新型伺服閥。

爲適應液壓伺服系統向高性能、高精度和自動化方向發展的需要，電液伺服閥的主要發展趨勢如下。

① 虛擬化。利用 CAD/CAM 技術全面支持伺服閥從概念設計、外觀設計、性能設計、可靠性設計到零部件詳細設計的全過程，並把電腦輔助設計（CAD）、電腦輔助分析（CAE）、電腦輔助工藝規劃（CAPP）、電腦輔助測試

（CAT）和現代管理系統集成在一起，建立電腦集成製造系統（CIMS），使設計與製造技術有了一個突破性的發展。

② 數位化。電子技術與液壓技術的結合是一個大方向，通過把電子控制裝置安裝於伺服閥內或改變閥的結構等方法，形成種類眾多的數位產品。閥的性能由軟件控制，可通過改變程序，方便地改變設計方案，實現數位化補償等多種功能。

③ 智能化。發展內藏式傳感器和帶有電腦、自我管理機能（故障診斷、故障排除）的智能化伺服閥，進一步開發故障診斷專家系統通用工具軟件，實現自動測量和診斷；開發自補償系統，包括自調整、自潤滑、自校正等；藉助現場總線，實現高水準的資訊系統，從而簡化伺服閥的使用、調節和維護。

④ 綠色化。減少能耗、泄漏控制、污染控制；發展降低內耗和節流損失技術以及無泄漏元件，如實現無管連接、研發新型密封等；發展耐污染技術和新的污染檢測方法，對污染進行在線測量；採用生物降解速度快的壓力液體，如菜油基和合成脂基的傳動用介質，減少漏油對環境的危害。

電液伺服閥由於其體積小、結構緊湊、功率放大係數高、直線性好、死區小、靈敏度高、動態性能好、響應速度快等優點，廣泛應用於海洋工程裝備。

① 水下航行器舵機的液壓伺服系統[25]，如圖 10.15 所示。

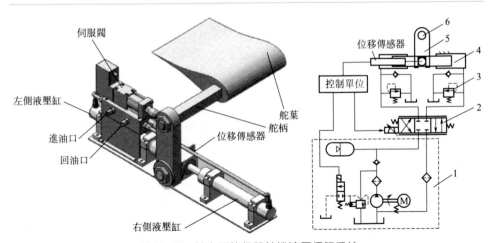

圖 10.15　某水下航行器舵機液壓伺服系統

1—泵站；2—電液伺服閥；3—安全閥；4—液壓缸；5—撥叉；6—舵柄

該液壓伺服系統控制單位由電液伺服閥、液壓缸、雙向安全閥和高精度位移傳感器組成。該單位有四套完全相同且相對獨立的舵機系統（圖 10.15 中只給出了一套系統，由於艙內本身的結構特點，前水平舵的左右舵共用一套液壓系統驅

動，後水平舵的左右舵共用一套液壓系統驅動，垂直舵的上下舵各用了一套液壓系統驅動），通過四個位移傳感器分別實時檢測液壓缸活塞桿的位移，通過位移與舵角的對應關係，推算出舵的實際轉角，然後根據操舵指令，由電控單位控制伺服閥的開啓方向、大小，驅動液壓缸運動，液壓缸驅動舵轉動，從而實現舵的角度控制。雙向安全閥設定系統過載時的最大承受壓力，可以避免由於外部負載力產生過載壓力而造成液壓缸和伺服閥的損壞。液壓缸結構採用撞桿式雙液壓缸結構，液壓缸與舵柄連接採用撥叉式結構，該結構布局對稱、受力合理，廣泛應用於船舶舵機上。電液伺服閥選用美國 moog 公司的 D633 系列伺服閥，其額定流量 $Q_R = 5L/min$，外形如圖 10.16 所示，頻率響應曲線如圖 10.17 所示，頻寬約爲 90Hz。具體性能參數如表 10.1 所示。

圖 10.16　D633 伺服閥

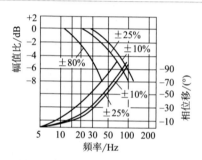

圖 10.17　D633 伺服閥特性曲線

表 10.1　D633 伺服閥具體性能參數

項目	數據	項目	數據
最大工作壓力	35MPa	額定流量	5L/min 單邊 3.5MPa 閥壓降
工作介質	礦物油	過濾精度	<10μm
質量	2.5kg	響應時間	<12ms
滯環	<0.2%	零位泄漏	0.15L/min
驅動電流	4~20mA	介質溫度	-20~80℃

② 海洋波浪補償器的力伺服液壓控制系統[26]，如圖 10.18 所示。

力伺服液壓控制迴路由伺服閥、力傳感器、液壓馬達、伺服放大器等主要液壓元件組成。工作原理是以船舶豎直升降爲輸入訊號 U 和經過力傳感器 k_f 反饋的鋼纜的拉力訊號 U_f 進行比較，得到偏差訊號 ΔU，再將此訊號通過伺服放大器控制伺服閥的開口的大小和方向，進而控制液壓馬達的輸出扭矩 T_m 來減小繩索所受的交變載荷 F。在控制繩索所受的交變載荷 F 的同時，控制了起吊重物的速度。圖 10.19 爲其控制過程的方框圖，作用在液壓馬達上的外負載力矩 T_L

是影響馬達輸出扭矩的干擾因素。

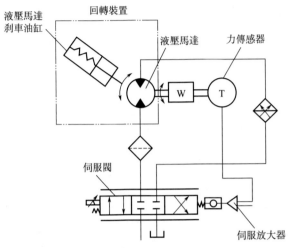

圖 10.18　力伺服液壓控制補償迴路

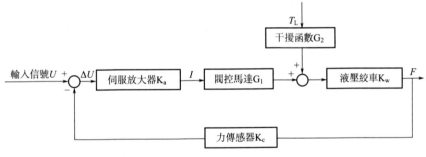

圖 10.19　力伺服液壓控制過程方框圖

附　錄

附錄 1　常用液壓與氣動元（輔）件圖形符號（摘自 GB/T 786. 1—2009）

附表 1.1　基本符號、管路及連接

名稱	符號	名稱	符號
工作管路		管端連接於油箱底部	
控制管路		密閉式油箱	
連接管路		直接排氣	
交叉管路		帶連接措施的排氣口	
軟管總成		帶單向閥的快換接頭(連接狀態)	
組合元件線		不帶單向閥的快換接頭(連接狀態)	
管口在液面以上的油箱		單通路旋轉接頭	
管口在液面以下的油箱		三通旋轉接頭	

附表 1.2　控制機構和控制方法

名稱	符號	名稱	符號
按鈕式人力控制	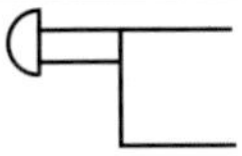	雙作用電磁鐵	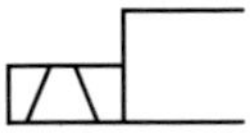
手柄式人力控制	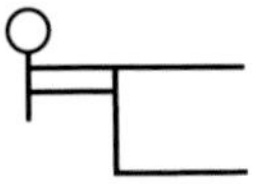	比例電磁鐵	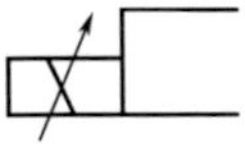
踏板式人力控制	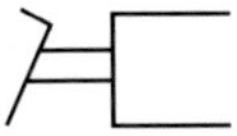	加壓或泄壓控制	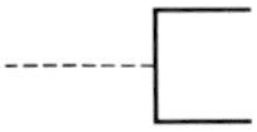
頂桿式機械控制	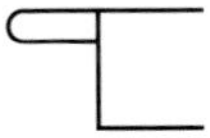	內部壓力控制	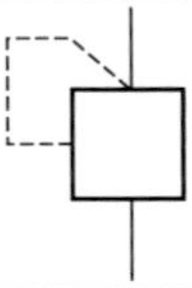
彈簧控制		外部壓力控制	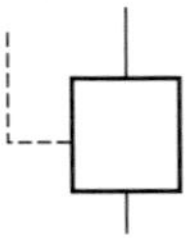
滾輪式機械控制	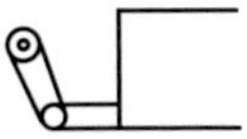	液壓先導控制	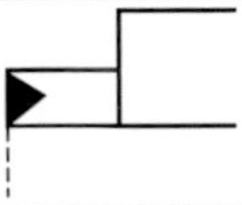
單作用電磁鐵	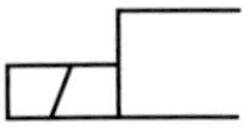	電-液先導控制	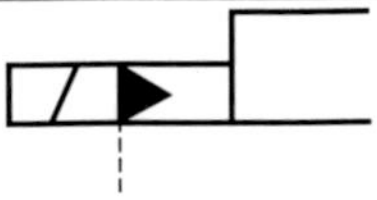
氣壓先導控制	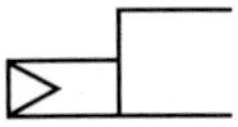	電-氣先導控制	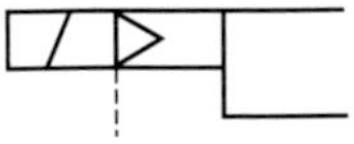

附表 1.3　泵、馬達和缸

名稱	符號	名稱	符號
單向定量液壓泵	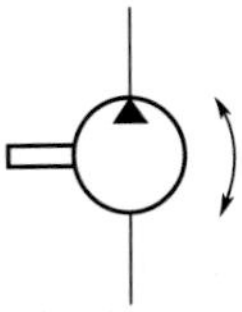	單向變量液壓泵	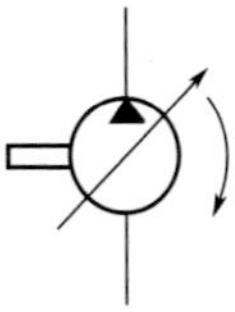
雙向定量液壓泵	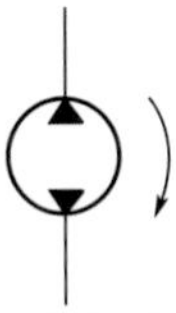	雙向變量液壓泵	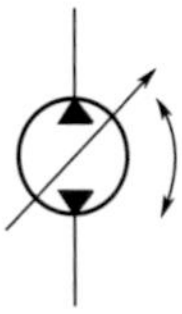

名稱	符號	名稱	符號
單向定量馬達		擺動馬達	
雙向定量馬達		單作用彈簧復位缸	
單向變量馬達		單作用伸縮缸	
雙向變量馬達		雙作用單桿缸	
定量液壓泵-馬達		雙作用雙桿缸	
變量液壓泵-馬達			
液壓源			
壓力補償變量泵		雙向緩衝缸(可調)	
單向緩衝缸(可調)		雙作用伸縮缸	

附表 1.4　控制元件

名稱	符號	名稱	符號
直動型溢流閥		先導型減壓閥	
先導型溢流閥		直動型順序閥	
先導型比例電磁溢流閥		先導型順序閥	
直動型減壓閥		卸荷閥	
雙向溢流閥		溢流減壓閥	
不可調節流閥		旁通型調速閥	詳細符號　　簡化符號
可調節流閥	詳細符號　　簡化符號	單向閥	詳細符號　　　　簡化符號

續表

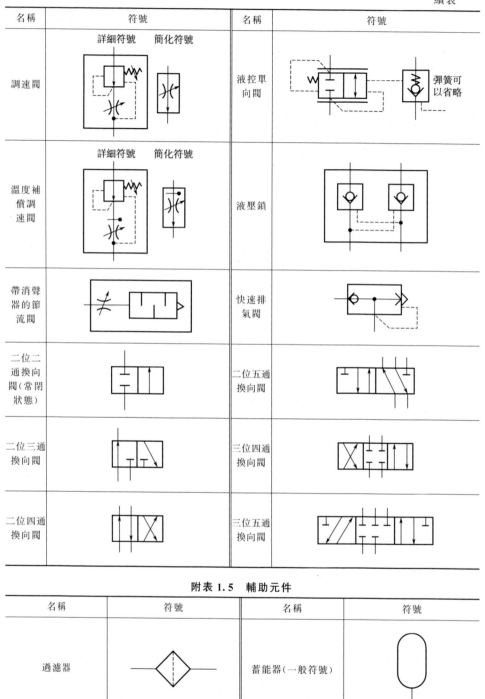

名稱	符號	名稱	符號
調速閥	詳細符號　簡化符號	液控單向閥	彈簧可以省略
溫度補償調速閥	詳細符號　簡化符號	液壓鎖	
帶消聲器的節流閥		快速排氣閥	
二位二通換向閥（常閉狀態）		二位五通換向閥	
二位三通換向閥		三位四通換向閥	
二位四通換向閥		三位五通換向閥	

附表 1.5　輔助元件

名稱	符號	名稱	符號
過濾器		蓄能器（一般符號）	

續表

名稱	符號	名稱	符號
磁芯過濾器		蓄能器(隔膜式充氣)	
污染指示過濾器		壓力表	
冷卻器(不帶冷卻液流道指示)		液位計	
加熱器		溫度計	
流量計		電動機	
壓力繼電器	詳細符號　一般符號	原動機	
壓力指示器		行程開關	詳細符號　一般符號
分水排水器		空氣乾燥器	
		油霧器	
空氣過濾器		氣源處理裝置	
		消聲器	
油霧分離器		氣-液轉換器	
		氣壓源	

附錄 2　常見液壓元件、迴路、系統故障與 排除措施 [27, 28]

（1）液壓元件故障及其排除措施（附表 2.1～附表 2.13）

附表 2.1　齒輪泵（含泵的共性）常見故障及其排除措施

故障現象	原因分析	關鍵問題	排除措施
輸油量不足	①吸油管或過濾器堵塞 ②油液黏度過大 ③泵轉速過高 ④端面間隙或周向間隙過大 ⑤溢流閥等失靈	①吸油不暢 ②嚴重泄漏 ③旁通回油	①過濾器應常清洗,通油能力要爲泵流量的兩倍 ②油液黏度、泵的轉速、吸油高度等應按規定選用 ③檢修泵的配合間隙 ④檢修溢流閥等元件
壓力提不高	①端面間隙或周向間隙過大 ②溢流閥等失靈 ③供油量不足	①泄漏嚴重 ②流量不足	①檢修使泵輸油量和配合間隙達到規定要求 ②檢修溢流閥等元件,消除泄漏環節
雜訊過大	①泵的製造品質差,如齒形精度不高、接觸不良、困油槽位置誤差、齒輪泵內孔與端面不垂直、泵蓋上兩軸承孔軸線不平行等 ②電動機的振動、聯軸器安裝時的同軸度誤差 ③吸油管安裝時密封不嚴、油管彎曲、伸入液面以下太淺、泵安裝位置太高 ④吸油黏度過高 ⑤過濾器堵塞或通流能力小 ⑥溢流閥等動作遲緩	雜訊與振動有關,可歸納爲三類因素: ①機械 ②空氣(氣穴現象) ③油液(液壓衝擊等)	①提高泵的製造精度 ②電動機裝防振墊,聯軸器安裝時同軸度誤差應在 0.1mm 以下 ③吸油管安裝要嚴防漏氣,油管不要彎曲,油管伸入液面應爲油深的 2/3,泵的吸油高度應不大於 500mm ④油液黏度選擇要合適 ⑤定期清洗過濾器 ⑥拆除溢流閥,使閥芯移動靈活
過熱	①油液黏度過高或過低 ②齒輪和側板等相對運動件摩擦嚴重 ③油箱容積過小,泵散熱條件差	①泵內機件、油液因摩擦、攪動和泄漏等能量損失過大 ②散熱性能差	①更換成黏度合適的液壓油 ②修復有關零件,使機械摩擦損失減少 ③改善泵和油箱的散熱條件
泵不打油	①泵轉向有誤 ②油面過低 ③過濾器堵塞	泵的密封工作容積由小變大時要從油箱吸油,由大變小時要排油	①驅動泵的電動機轉向應符合要求 ②保證吸油管能進油

續表

故障現象	原因分析	關鍵問題	排除措施
主要磨損件	①齒頂和兩側面 ②泵體內壁的吸油腔側 ③側蓋端面 ④泵軸與滾針的接觸處	①泵內機件受到不平衡的徑向力 ②軸孔與端面垂直度較差	①減小不平衡的徑向力 ②提高泵的製造精度 ③端面間隙應控制在 0.02～0.05mm

附表 2.2　葉片泵常見故障及其排除措施

故障現象	原因分析	排除措施
輸油量不足、壓力提不高	①配油盤端面和內孔嚴重磨損 ②葉片和定子內表面接觸不良或磨損嚴重 ③葉片與葉片槽配合間隙過大 ④葉片裝反	①修磨配油盤 ②修磨或重配葉片 ③修復定子內表面、轉子葉片槽 ④重裝葉片
泵不打油	①葉片與葉片槽配合太緊 ②油液黏度過大 ③油液太髒 ④配油盤安裝後變形，使高低壓油區連通	①保證葉片能在葉片槽內靈活移動，形成密封的工作容積 ②過濾油液，油的黏度要合適 ③修整配油盤和殼體等零件，使之接觸良好
雜訊過大	①配油盤上未設困油槽或困油槽長度不夠 ②定子內表面磨損或刮傷 ③葉片工作狀態較差	①配油盤上應按要求開設困油槽 ②拋光修復定子內表面 ③研磨葉片使其與轉子葉片槽、定子、配油盤等接觸良好
主要磨損件	①定子內表面 ②轉子兩端面和葉片槽 ③葉片頂部和兩側面 ④配油盤端面和內孔	①定子可拋光修復或翻轉 180°後使用 ②採用研磨或磨削的方法修復轉子 ③葉片採用磨削法修復，葉片頂部磨損嚴重時可調頭使用 ④配油盤可採用研磨或磨削法修復，內孔磨損嚴重時可將內孔擴大後鑲上軸套

附表 2.3　軸向柱塞泵常見故障及其排除措施

故障現象	原因分析	排除措施
供油量不足、壓力提不高	①配油盤與缸體的接觸面嚴重磨損 ②柱塞與缸體柱塞孔的配合面受到磨損 ③泵或系統有嚴重的內泄漏 ④控制變量機構的彈簧沒有調整好	①修復或更換磨損零件 ②緊固各管接頭和結合部位 ③調整好變量機構彈簧
泵不打油	①泵的中心彈簧損壞，柱塞不能伸出 ②變量機構的斜盤傾角太小，在零位卡死 ③油液黏度過高或工作溫度過低	①更換中心彈簧 ②修復變量機構，使斜盤傾角變化靈活 ③選擇合適的油液黏度，控制工作油溫在 15℃ 以上
雜訊過大	①泵內零件嚴重磨損或損壞 ②回油管露出油箱油面 ③吸油阻力過大 ④吸油管路有空氣進入	①修復或更換零件 ②回油管應插入油面以下 200mm ③加大吸油管徑 ④將潤滑脂塗在管接頭上進行檢查，重新緊固後并排除空氣

續表

故障現象	原因分析	排除措施
變量機構失靈	①變量機構閥芯卡死 ②變量機構閥芯與閥套間的磨損嚴重或遮蓋量不夠 ③變量機構控制油路堵塞 ④變量機構與斜盤間的連接部位磨損嚴重,轉動失靈	①拆開清洗,必要時更換閥芯 ②修復有關的連接部件
主要磨損件	①柱塞磨損後成腰鼓形 ②缸體柱塞孔、缸體與配油盤接觸的端面 ③配油盤端面 ④斜盤與滑履的摩擦面	①更換柱塞 ②以缸體外圓爲基準進行精磨和拋光端面,柱塞孔可採用珩磨法修復 ③可在平板上研磨修復斜盤和配油盤的磨損面,表面粗糙度值不高於 0.2μm,平面度應在 0.005mm 以內

附表 2.4　液壓馬達常見故障及其排除措施

故障現象	原因分析	關鍵問題	排除措施
輸出轉速較低	①液壓馬達端面間隙、徑向間隙等過大,油液黏度過小,配合件磨損嚴重 ②形成旁通,如溢流閥失靈	①泄漏嚴重 ②供油量少	①油液黏度、泵的轉速等應符合規定要求 ②檢修液壓馬達的配合間隙 ③修復溢流閥等元件
輸出轉矩較低	①液壓馬達端面間隙等過大或配合件磨損嚴重 ②供油量不足或旁通 ③溢流閥等失靈	①密封容積泄漏,影響壓力提高 ②調壓過低	①檢修液壓馬達的配合間隙或更換零件 ②檢修泵和溢流閥等元件,使供油壓力正常
雜訊過大	①液壓馬達製造精度不高,如齒輪液壓馬達的齒形精度、接觸精度、內孔與端面垂直度、配合間隙等 ②個別零件損壞,如軸承保持架、滾針軸承的滾針斷裂,扭力彈簧變形,定子內表面刮傷等 ③聯軸器鬆動或同軸度差 ④管接頭漏氣、過濾器堵塞	雜訊與振動有關,主要由機械雜訊、流體雜訊和空氣雜訊三大部分組成	①提高液壓馬達的製造精度 ②檢修或更換已損壞的零件 ③重新安裝聯軸器 ④管件等連接要嚴密,過濾器應經常清洗

附表 2.5　液壓缸常見故障及其排除措施

故障現象	原因分析	關鍵問題	排除措施
移動速度下降	①泵、溢流閥等有故障,系統未供油或供油量少 ②缸體與活塞配合間隙過大、活塞上的密封件磨壞、缸體內孔圓柱度超差、活塞左右兩腔互通 ③油溫過高、油液黏度太低 ④流量元件選擇不當,壓力元件調壓過低	①供油量不足 ②嚴重泄漏 ③外載過大	①檢修泵、閥等元件,並進行合理選擇和調節 ②提高液壓缸的製造和裝配精度 ③保證密封件的質量和工作性能 ④檢查發熱溫升原因,選用合適的液壓油黏度

續表

故障現象	原因分析	關鍵問題	排除措施
推力不足	①液壓缸內泄漏嚴重,如密封件磨損、老化、損壞或唇口裝反 ②系統調定壓力過低 ③活塞移動時阻力太大,如缸體與活塞、活塞桿與導向套等配合間隙過小,液壓缸製造、裝配等精度不高 ④髒物等進入滑動部位	①缸內工作壓力過低 ②移動時阻力增加	①更換或重裝密封件 ②重新調整系統壓力 ③提高液壓缸的製造和裝配精度 ④過濾或更換油液
工作檯產生爬行	①液壓缸內有空氣或油液中有氣泡,如從泵、缸等負壓處吸入外界空氣 ②液壓缸無排氣裝置 ③缸體內孔圓柱度超差、活塞桿局部或全長彎曲、導軌精度差、楔鐵等調得過緊或彎曲 ④導軌潤滑不良,出現干摩擦	①液壓缸內有空氣 ②液壓缸工作系統剛性差 ③摩擦力或阻力變化大	①擰緊管接頭,減少進入系統的空氣 ②設置排氣裝置,在工作之前應先將缸內空氣排除 ③缸至換向閥間的管道容積要小,以免該管道中存氣排不盡 ④提高缸和系統的製造和安裝精度 ⑤在潤滑油中加添加劑
缸的緩衝裝置故障,即終點速度過慢或出現撞擊雜訊	①固定式節流緩衝裝置配合間隙過小或過大 ②可調式節流緩衝裝置調節不當,節流過度或處於全開狀態 ③緩衝裝置製造和裝配不良,如鑲在缸蓋上的緩衝環脫落、單向閥裝反或閥座密封不嚴	①緩衝作用過大 ②緩衝裝置失去作用	①更換不合格的零件 ②調節緩衝裝置中的節流元件至合適位置並緊固 ③提高緩衝裝置製造和裝配品質
缸有較大外泄漏	①密封件品質差,活塞桿明顯拉傷 ②液壓缸製造和裝配品質差,密封件磨損嚴重 ③油溫過高或油的黏度過低	①密封失效 ②活塞桿拉傷	①密封件品質要好,保管、使用要合理,密封件磨損嚴重時要及時更換 ②提高活塞桿和溝槽尺寸等的製造精度 ③油的黏度要合適,檢查溫升原因并排除故障

附表 2.6　方向閥常見故障及其排除措施

故障現象	原因分析	關鍵問題	排除措施
閥芯不能移動	①閥芯卡死在閥體孔內,如閥芯與閥體幾何精度差,配合過緊,表面有毛刺或刮傷,閥體安裝後變形,復位彈簧太軟,太硬或扭曲 ②油液黏度太高、油液過髒、油溫過高、熱變形卡死 ③控制油路無油或控制壓力不夠 ④電磁鐵損壞等	①機械故障 ②液壓故障 ③電氣故障	①提高閥的製造、裝配和安裝精度 ②更換彈簧 ③油的黏度、溫升、清潔度、控制壓力等應符合要求 ④修復或更換電磁鐵

故障現象	原因分析	關鍵問題	排除措施
電磁鐵線圈燒壞	①供電電壓過高或過低或電壓類型不對 ②線圈絕緣不良 ③推桿過長 ④電磁鐵鐵芯與閥芯的同軸度誤差 ⑤閥芯卡死或回油口背壓過高	①電壓不穩定或電氣品質差 ②閥芯不到位	①電壓的變化值應在額定電壓的 10% 以內,明確交、直流電壓 ②盡量選用直流電磁鐵 ③修磨推桿 ④重新安裝,保證同軸度 ⑤防止閥芯卡死,控制背壓
換向衝擊、振動與雜訊	①採用大通徑的電磁換向閥 ②液動閥閥芯移動可調裝置有故障 ③電磁鐵鐵芯的吸合面接觸不良 ④推桿過長或過短 ⑤固定電磁鐵的螺釘鬆動	①閥芯移動速度過快 ②電磁鐵吸合不良	①大通徑時採用電液換向閥 ②修復或更換可調裝置中的單向閥和節流閥 ③修復並緊固電磁鐵 ④推桿長度要合適
通過的流量不足或壓降過大	①推桿過短 ②復位彈簧太軟	開口量不足	更換合適的推桿和彈簧
液控單向閥油液不逆流	①控制壓力過低 ②背壓力過高 ③控制閥芯或單向閥芯卡死	單向閥打不開	①背壓高時可採用複式或外泄式液控單向閥 ②消除控制管路的泄漏和堵塞 ③修復或清洗,使閥芯移動靈活
單向閥類逆方向不密封	①密封錐面接觸不均勻,如錐面與導向圓柱面軸線的同軸度誤差較大 ②復位彈簧太軟或變形	①密封帶接觸不良 ②閥芯在全開位置上卡死	①提高閥的製造精度 ②更換彈簧,修復密封帶 ③過濾油液

附表 2.7　先導型溢流閥常見故障及其排除措施

故障現象	原因分析	關鍵問題	排除措施
無壓力或壓力升不高	①先導閥或主閥彈簧漏裝、折斷、彎曲或太軟 ②先導閥或主閥錐面密封性差 ③主閥芯在開啓位置卡死或阻尼孔被堵 ④遥控口直接通油箱或該處有嚴重泄漏	主閥閥口開得過大	①更換彈簧 ②配研密封錐面 ③清洗閥芯,過濾或更換油液,提高閥的製造精度 ④設計時不能將遥控口直接通油箱
壓力很高調不下來	①進、出油口接反 ②先導閥彈簧彎曲等使該閥無法打開 ③主閥芯在關閉狀態下卡死	主閥閥口閉死	①重裝進、出油管 ②更換彈簧 ③控制油的清潔度和各零件的加工精度

續表

故障現象	原因分析	關鍵問題	排除措施
壓力波動不穩定	①配合間隙或阻尼孔時而被堵，時而髒物被油液冲走 ②閥體變形、閥芯劃傷等原因使主閥芯運動不規則 ③彈簧變形,閥芯移動不靈 ④供油泵的流量和壓力脈動	主閥閥口的變化不規則	①過濾或更換油液 ②修復或更換有關零件 ③更換彈簧 ④提高供油泵的工作性能
振動和雜訊	①閥芯配合不良、閥蓋鬆動等 ②調壓彈簧裝偏、彎曲等,使錐閥產生振盪 ③回油管高出油面或貼近油箱底面 ④系統有空氣混入	存在機械振動、液壓衝擊和空氣	①修研配合面,擰緊各處螺釘 ②更換彈簧,提高閥的裝配質量 ③回油管應距油箱底面 50mm 以上 ④緊固管接頭、排除系統空氣

附表 2.8　減壓閥常見故障及其排除措施

故障現象	原因分析	關鍵問題	排除措施
出口壓力過高,不起減壓作用	①調壓彈簧太硬、彎曲或變形,先導閥打不開 ②主閥閥芯在全開位置上卡死 ③先導閥的回油管道不通,如未接油箱、堵塞或背壓	主閥閥口開得過大	①更換彈簧 ②修復或更換零件,過濾或更換油液 ③回油管應單獨接入油箱,防止細長、彎曲等使阻力過大
出口壓力過低,不易控制與調節	①先導錐閥處有嚴重內、外泄漏 ②調壓彈簧漏裝、斷裂或過軟 ③主閥閥芯在接近閉死狀態時卡住	主閥閥口開得過小	①配研錐閥的密封帶,結合面處螺釘應擰緊以防外泄 ②更換彈簧 ③修復或更換零件,提高油的清潔度
出口壓力不穩定	①配合間隙和阻尼小孔時堵時通 ②彈簧太軟及變形,使閥芯移動不靈 ③閥體和閥芯變形、刮傷、幾何精度差等	主閥閥芯移動不規則	①過濾或更換油液 ②更換彈簧 ③修復或更換零件

附表 2.9　順序閥常見故障及其排除措施

故障現象	原因分析	關鍵問題	排除措施
始終通油,不起順序作用	①主閥閥芯在打開位置上卡死 ②單向閥在打開位置上卡死或單向閥密封不良 ③調壓彈簧漏裝、斷裂或太軟	閥口常開	①修配零件使閥芯移動靈活,單向閥密封帶應不漏油 ②過濾或更換油液 ③更換彈簧或補裝

續表

故障現象	原因分析	關鍵問題	排除措施
該通油時打不開閥口	①主閥閥芯在關閉位置卡死 ②控制油路堵塞或控制壓力不夠 ③調壓彈簧太硬或調壓過高 ④泄漏管中背壓太高	閥口閉死	①提高零件的製造精度和油液的清潔度 ②清洗管道,提高控制壓力,防止泄漏 ③更換彈簧,調壓適當 ④泄漏管應單獨接入油箱
壓力控制不靈	①調壓彈簧變形、失效 ②彈簧調定值與系統不匹配 ③滑閥移動時阻力變化太大	①調壓不合理 ②彈簧力、摩擦力等變化無規律	①更換彈簧 ②各壓力元件的調整值之間不應有矛盾 ③提高零件的幾何精度,調整修配間隙,使閥芯移動靈活

附表 2.10　壓力繼電器常見故障及其排除措施

故障現象	原因分析	關鍵問題	排除措施
無訊號輸出	①進油管變形,管接頭漏油 ②橡皮薄膜變形或失去彈性 ③閥芯卡死 ④彈簧出現永久變形或調壓過高 ⑤接觸螺釘、杠桿等調節不當 ⑥微動開關損壞	壓力訊號沒有轉換成電訊號	①更換管子,擰緊管接頭 ②更換薄膜片 ③清洗、配研閥芯 ④更換彈簧,合理調整 ⑤合理調整杠桿等的位置 ⑥更換微動開關
靈敏度差	①閥芯移動時摩擦力過大 ②轉換機構等裝配不良,運動件失靈 ③微動開關接觸行程過長	訊號轉換遲緩	①裝配、調整要合理,使閥芯等動作靈活 ②合理調整杠桿等的位置
易誤發訊號	①進油口阻尼孔過大 ②系統衝擊壓力過大 ③電氣系統設計不當	出現不該有的訊號轉換	①適當減小阻尼孔 ②在控制管路上增設阻尼管以減弱壓力衝擊 ③電氣系統設計應考慮必要的連鎖等

附表 2.11　流量控制閥常見故障及其排除措施

故障現象	原因分析	關鍵問題	排除措施
不起節流作用或調節範圍小	①閥的配合間隙過大,有嚴重的內泄漏 ②單向節流閥中的單向閥密封不良或彈簧變形 ③流量閥在大開口時閥芯卡死 ④流量閥在小開口時節流口堵塞	通過流量閥的液體過多	①修復閥體或更換閥芯 ②研磨單向閥閥座,更換彈簧 ③拆開清洗並修復 ④沖刷、清洗、過濾油液

續表

故障現象	原因分析	關鍵問題	排除措施
執行機構運動速度不穩定,有時快時慢或跳動的現象	①節流口堵塞的週期性變化,即時堵時通 ②泄漏的週期性變化 ③負載的變化 ④油溫的變化 ⑤各類補償裝置(負載、溫度)失靈,不起穩速作用	通過閥的流量不穩定	①嚴格過濾油液或更換新油 ②對負載變化較大、速度穩定性要求較高的系統應採用調速閥 ③控制油升,在油溫升高和穩定後,再調一次節流閥開口 ④修復調速閥中的減壓閥或溫度補償裝置

附表 2.12　過濾器常見故障及其排除措施

故障現象	原因分析	關鍵問題	排除措施
系統產生空氣和雜訊	①對過濾器缺乏定期維護和保養 ②過濾器的過濾能力選擇較小 ③油液太髒	泵進口過濾器堵塞	①定期清洗過濾器 ②泵進口過濾器的過流能力應比泵的流量大一倍 ③油液使用 2000～3000h 後應更換新油
過濾器濾芯變形或擊穿	①過濾器嚴重堵塞 ②濾網或骨架強度不夠	通過過濾器的壓降過大	①提高過濾器的結構強度 ②採用帶有堵塞發信裝置的過濾器 ③設計帶有安全閥的旁通油路
網式過濾器金屬網與骨架脫焊	①採用錫鉛焊料,熔點僅為 183℃ ②焊接點數少,焊接品質差	焊料熔點較低,結合強度不夠	①改用高熔點的銀鎘焊料 ②提高焊接品質
燒結式過濾器濾芯掉粒	①燒結品質較差 ②濾芯嚴重堵塞	濾芯顆粒間結合強度差	①更換濾芯 ②提高濾芯製造品質 ③定期更換油液

附表 2.13　密封件常見故障及其排除措施

故障現象	原因分析	關鍵問題	排除措施
內、外泄漏	①密封圈預變形量小,如溝槽尺寸過大、密封圈尺寸過小 ②油壓作用下密封圈不起密封作用,如密封件老化、失效,唇形密封圈裝反	密封處接觸應力過小	①密封溝槽尺寸與選用的密封圈尺寸應配套 ②重裝唇形密封圈,密封件保管、使用要合理 ③V 形密封圈可以通過調整來控制泄漏

故障現象	原因分析	關鍵問題	排除措施
密封件過早損壞	①裝配時孔口稜邊劃傷密封圈 ②運動時刮傷密封圈,如密封溝槽、沉割槽等處有銳邊,配合表面粗糙 ③密封件老化,如長期保管、長期停機等 ④密封件失去彈性,如變形量過大、工作油溫太低	使用、維護等不符合要求	①孔口最好採用圓角 ②修磨有關銳邊,提高配合表面質量 ③密封件保管期不宜長於一年,堅持早進早出、定期開機 ④密封件變形量應合理,適當提高工作油溫
密封件扭曲、擠入間隙等	①油壓過高,密封圈未設支承環或擋圈 ②配合間隙過大	受側壓過大,變形過度	①增加擋圈 ②採用 X 形密封圈,少用 Y 形或 O 形密封圈

（2）液壓迴路和系統故障及其排除措施（附表 2.14～附表 2.26）

附表 2.14　供油迴路常見故障及其排除措施

故障現象	原因分析	關鍵問題	排除措施
泵不出油	①液壓泵的轉向有誤 ②過濾器嚴重堵塞,吸油管路嚴重漏氣 ③油的黏度過高,油溫太低 ④油箱油面過低 ⑤泵內部故障,如葉片卡在轉子槽中,變量泵在零流量位置上卡住 ⑥新泵啟動時,空氣被堵,排不出去	不具備泵工作的基本條件	①改變泵的轉向 ②清洗過濾器,擰緊吸油管 ③油的黏度、溫度要合適 ④油面應符合規定要求 ⑤新泵啟動前最好先向泵內灌油,以免乾摩擦磨損等 ⑥在低壓下放走排油管中的空氣
泵的溫度過高	①泵的效率太低 ②液壓迴路效率太低,如採用單泵供油、節流調速等,導致油溫太高 ③泵的泄油管接入吸油管	過大的能量損失轉換成熱能	①選用效率高的液壓泵 ②選用節能型的調速迴路、雙泵供油系統,增設卸荷迴路等 ③泵的外泄管應直接回油箱 ④對泵進行風冷
泵源的振動與雜訊	①電動機、聯軸器、油箱、管件等的振動 ②泵內零件損壞,困油和流量脈動嚴重 ③雙泵供油合流處液體撞擊 ④溢流閥回油管液體衝擊 ⑤過濾器堵塞,吸油管漏氣	存在機械、液壓和空氣三種雜訊因素	①注意裝配品質和防振、隔振措施 ②更換損壞零件,選用性能好的液壓泵 ③合流點距泵口應大於 200mm ④增大回油管直徑 ⑤清洗過濾器,擰緊吸油管

附表 2.15　方向控制迴路常見故障及其排除措施

故障現象	原因分析	關鍵問題	排除措施
執行元件不換向	①電磁鐵吸力不足或損壞 ②電液換向閥的中位機能呈卸荷狀態 ③復位彈簧太軟或變形 ④內泄式閥形成過大背壓 ⑤閥的製造精度差、油液太髒等	①推動換向閥閥芯的主動力不足 ②背壓阻力等過大 ③閥芯卡死	①更換電磁鐵，改用液動閥 ②液動換向閥採用中位卸荷時，要設置壓力閥，以確保啓動壓力 ③更換彈簧 ④採用外泄式換向閥 ⑤提高閥的製造精度和油液清潔度
三位換向閥的中位機能選擇不當	①一泵驅動多缸的系統，中位機能誤用 H 型、M 型等 ②中位停車時要求手調工作檯的系統誤用 O 型、M 型等 ③中位停車時要求液控單向閥立即關閉的系統，誤用了 O 型機能，造成缸停止位置偏離指定位置	不同的中位機能油路連接不同，特性也不同	①中位機能應採用 O 型、Y 型等 ②中位機能應採用 Y 型、H 型等 ③中位機能應採用 Y 型等
鎖緊迴路工作不可靠	①利用三位換向閥的中位鎖緊，但滑閥有配合間隙 ②利用單向閥類鎖緊，但錐閥密封帶接觸不良 ③缸體與活塞間的密封圈損壞	①閥內泄漏 ②缸內泄漏	①採用液控單向閥或雙向液壓鎖，鎖緊精度高 ②單向閥密封錐面可用研磨法修復 ③更換密封件

附表 2.16　壓力控制迴路常見故障及其排除措施

故障現象	原因分析	關鍵問題	排除措施
壓力調不上去或壓力過高	各壓力閥的具體情況有所不同	各壓力閥本身的故障	詳見各壓力閥的故障及排除
YF 型高壓溢流閥，當壓力調至較高值時，發出尖叫聲	三級同心結構的同軸度較差，主閥閥芯貼在某一側作高頻振動，調壓彈簧發生共振	機、液、氣各因素產生的振動和共振	①安裝時要正確調整三級結構的同軸度 ②選用合適的黏度，控制溫升
利用溢流閥遙控口卸荷時，系統產生強烈的振動和雜訊	①遙控口與二位二通閥之間有配管，它增加了溢流閥的控制腔容積，該容積越大，壓力越不穩定 ②長配管中易殘存空氣，引起大的壓力波動，導致彈性系統自激振動	機、液、氣各因素產生的振動和共振	①配管直徑宜在 φ6mm 以下，配管長度應在 1m 以內 ②可選用電磁溢流閥實現卸荷功能
兩個溢流閥的回油管道連在一起時易產生振動和雜訊	溢流閥爲內卸式結構，因此回油管中壓力衝擊、背壓等將直接作用在導閥上，引起控制腔壓力的波動，激起振動和雜訊		①每個溢流閥的回油管應單獨接回油箱 ②回油管必須合流時應加粗合流管 ③將溢流閥由內泄式改爲外泄式

故障現象	原因分析	關鍵問題	排除措施
減壓迴路中減壓閥的出口壓力不穩定	①主油路負載若有變化,則當最低工作壓力低於減壓閥的調整壓力時,減壓閥的出口壓力下降 ②減壓閥外泄油路有背壓時其出口壓力升高 ③減壓閥的導閥密封不嚴,則減壓閥的出口壓力要低於調定值	控制壓力有變化	①減壓閥後應增設單向閥,必要時還可加蓄能器 ②減壓閥的外泄管道一定要單獨回油箱 ③修研導閥的密封帶 ④過濾油液
壓力控制原理的順序動作迴路有時工作不正常	①順序閥的調整壓力太接近先動作執行件的工作壓力,與溢流閥的調定值也相差不多 ②壓力繼電器的調整壓力同樣存在上述問題	壓力調定值不匹配	①順序閥或壓力繼電器的調整壓力應高於先動作缸工作壓力 0.5～1MPa ②順序閥或壓力繼電器的調整壓力應低於溢流閥的調整壓力 0.5～1MPa
	某些負載很大的工況下,按壓力控制原理工作的順序動作迴路會出現 I 缸動作尚未完成而已發出使 II 缸動作的誤訊號	設計原理不合理	①改爲按行程控制原理工作的順序動作迴路 ②可設計成雙重控制方式

附表 2.17　速度控制迴路常見故障及其排除措施

故障現象	原因分析	關鍵問題	排除措施
快速不快	①差動快速迴路調整不當等,未形成差動連接 ②變量泵的流量沒有調至最大值 ③雙泵供油系統的液控卸荷閥調壓過低	流量不夠	①調節好液控順序閥,保證快進時實現差動連接 ②調節變量泵的離心距或斜盤傾角至最大值 ③液控卸荷閥的調整壓力要大於快速運動時的油路壓力
快進轉工進時衝擊較大	快進轉工進採用二位二通電磁閥	速度轉換閥的閥芯移動速度過快	用二位二通行程閥來代替電磁閥
執行機構不能實現低速運動	①節流口堵塞,不能再調小 ②節流閥的前後壓力差調得過大	通過流量閥的流量無法調小	①過濾或更換油液 ②正確調整溢流閥的工作壓力 ③採用低速、性能更好的流量閥
負載增加時速度顯著下降	①節流閥不適用於變載系統 ②調速閥在迴路中裝反 ③調速閥前後的壓差減小,其減壓閥不能正常工作 ④泵和馬達的泄漏增加	進入執行元件的流量減小	①變速系統可採用調速閥 ②調速閥在安裝時一定不能接反 ③調壓要合理,保證調速閥前後的壓差爲 0.5～1MPa ④提高泵和馬達的容積效率

附表 2.18　液壓系統執行元件運動速度故障及其排除措施

故障現象	原因分析	關鍵問題	排除措施
快速不快	見附表 2.17		
快進轉工進時衝擊較大			
低速性能差			
速度穩定性差	見附表 2.11、附表 2.17		
低速爬行	見附表 2.5		
工進速度過快,流量閥調節不起作用	①快進用的二位二通行程閥在工進時未全部關閉 ②流量閥內泄嚴重	進入缸的流量太多	①調節好行程擋塊,務必在工進時關閉二位二通行程閥 ②更換流量閥
工進時缸突然停止運動	單泵多缸工作系統,快慢速運動的干擾現象	壓力取決於系統中的最小載荷	採用各種干擾迴路
磨床類工作檯往復進給速度不相等	①缸兩端泄漏不等或單端泄漏 ②往復運動時摩擦阻力差距大,如油封鬆緊調得不一樣	往復運動時兩腔控制流量不等	①更換密封件 ②合理調節兩端油封鬆緊
調速範圍較小	①低速調不出來 ②元件泄漏嚴重 ③調壓太高使元件泄漏增加,壓差增大	最高速度和最低速度都不易達到	①見附表 2.17 ②更換磨損嚴重的元件 ③壓力不可調得過高

附表 2.19　液壓系統工作壓力故障及其排除措施

故障現象	原因分析	關鍵問題	排除措施
系統無壓力	見附表 2.7、附表 2.16		
壓力調不高			
壓力調不下來			
缸輸出推力不足	見附表 2.5		
打壞壓力表	①啓動液壓系統時,溢流閥彈簧未放鬆 ②溢流閥進、出油口接反 ③溢流閥在閉死位置卡住 ④壓力表的量程選擇過小	衝擊壓力過高	①系統啓動前,必須放鬆溢流閥的彈簧 ②正確安裝溢流閥 ③提高閥的製造精度和油液清潔度 ④壓力表的量程最好比泵的額定壓力高 1/3
系統工作壓力從 40MPa 降至 10MPa 後無法再調上去	①內密封件損壞 ②合用並聯的二位二通閥未切斷 ③閥的安裝連接板內部串油	某部位嚴重泄漏	①更換密封件 ②調整好二位二通閥的切換機構 ③更換安裝連接板

續表

故障現象	原因分析	關鍵問題	排除措施
系統工作不正常	①液壓元件磨損嚴重 ②系統泄漏增加 ③系統發熱溫度升高 ④引起振動和雜訊	系統壓力調整過高	系統調壓要合適
磨床類工作檯往復推力不相等	①缸的製造精度差 ②缸安裝時其軸線與導軌的平行度有誤差 ③缸兩側的油封鬆緊不一	往復運動時摩擦阻力不等	①提高液壓缸的製造精度 ②軸線固定式液壓缸一定要調整好它與導軌的平行度 ③合理調節兩側油封的鬆緊度

附表 2.20　液壓系統油溫過高及其控制方法

原因分析	關鍵問題	控制方法
①油路設計不合理,能耗太大 ②油源系統壓力調整過高 ③閥類元件規格選擇過小 ④管道尺寸過小、過長或彎曲過多 ⑤停車時未設計卸荷迴路 ⑥油路中過多地使用調速閥、減壓閥等元件 ⑦油液黏度過大或過小	液壓元件和液壓迴路等效率低、發熱嚴重	①見附表 2.14 ②在滿足使用前提下,壓力應調低 ③閥類元件的規格應按實際工作情況選擇 ④管道設計宜粗、短、直 ⑤增設卸荷迴路 ⑥使用液壓元件應注意節能 ⑦選用合適的油液黏度
①油箱容積設計較小,箱內流道設計不利於熱交換 ②油箱散熱條件差,如某自動線油箱全部設在地下不通風 ③系統未設冷卻裝置或冷卻系統損壞	系統散熱條件差	①油箱容積宜大,流道設計要合理 ②油箱位置應能自然通風,必要時可設冷卻裝置,並加強維護 ③液壓系統適宜的油溫最好控制在 20～55℃,也可放寬至 15～65℃

附表 2.21　液壓系統泄漏及其控制方法

原因分析	關鍵問題	控制方法
①各管接頭處結合不嚴,有外泄漏 ②元件結合面處接觸不良,有外泄漏 ③元件閥蓋與閥體結合面處有外泄漏 ④活塞與活塞桿連接不好,存在泄漏 ⑤閥類元件殼體等存在各種鑄造缺陷	靜連接件間出現間隙	①擰緊管接頭,可塗密封膠 ②接觸面要平整,不可漏裝密封件 ③接觸面要平整,緊力要均勻,可塗密封膠或增設軟墊、密封件等 ④連接牢固並加密封件 ⑤消除鑄件的鑄造缺陷

原因分析	關鍵問題	控制方法
①間隙密封的間隙量過大,零件的幾何精度和安裝精度較差 ②活塞、活塞桿等處密封件損壞或唇口裝反 ③黏度過低,油溫過高 ④調壓過高 ⑤多頭的特殊液壓缸,易造成活塞上密封件損壞 ⑥選用的元件結構陳舊,泄漏量大 ⑦其他詳見附表 2.13	動連接件間配合間隙過大或密封件失效	①嚴格控制間隙密封的間隙量,提高相配件的製造精度和安裝精度 ②更換密封件,注意帶唇口密封件的安裝方位 ③黏度選用應合適,降低油溫 ④壓力調整合理 ⑤盡量少用特殊液壓缸,以免密封件過早損壞 ⑥選用性能較好的新系列閥類 ⑦見附表 2.13

附表 2.22　液壓系統的振動、雜訊及其控制方法

原因分析	關鍵問題	控制方法
液壓泵和泵源的振動和雜訊	振動和雜訊來自機械、液壓、空氣三個方面	①見附表 2.1～附表 2.3、附表 2.12 和附表 2.14 ②高壓泵的雜訊較大,必要時可採用隔離罩或隔離室
液壓馬達的振動和雜訊		見附表 2.4
液壓缸的振動和雜訊		見附表 2.5
液壓閥的振動和雜訊		見附表 2.6、附表 2.7
壓力控制迴路的振動和雜訊		①見附表 2.16 ②在液壓迴路上可安裝消聲器或蓄能器
①管道細長互相碰擊 ②管道發生共振 ③油箱吸油管距回油管太近		①加大管子間距離 ②增設管夾等固定裝置 ③吸油管應遠離回油管 ④在振源附近可安裝一段減振軟管

附表 2.23　液壓系統的衝擊及其控制方法

原因分析	關鍵問題	控制方法
換向閥迅速關閉時的液壓衝擊: ①電磁換向閥切換速度過快,電磁換向閥的節流緩衝器失靈 ②磨床換向迴路中先導閥、主閥等制動過猛 ③中位機能採用 O 型	由液流和運動部件的慣性造成	①見附表 2.6 ②減小制動錐錐角或增加制動錐長度 ③中位機能從 O 型改爲 H 型 ④縮短換向閥至液壓缸的管路
活塞在行程中間位置突然被制動或減速時的液壓衝擊: ①快進或工進轉換過快 ②液壓系統調壓過高 ③溢流閥動作遲緩		①電磁閥改爲行程閥,行程閥閥芯的移動可採用雙速轉換 ②調壓應合理 ③採用動態特性好的溢流閥 ④可在缸的出入口設置反應快、靈敏度高的小型安全閥或波紋型蓄能器,也可局部採用橡膠軟管
液壓缸行程終點產生的液壓衝擊		採用可變節流的終點緩衝裝置

續表

原因分析	關鍵問題	控制方法
液壓缸負載突然消失時產生的衝擊	運動部件產生加速衝擊	迴路應增設背壓閥或提高背壓力
液壓缸內存有大量空氣		排除缸內空氣

附表 2.24　液壓卡緊及其控制方法

原因分析	關鍵問題	控制方法
①閥設計有問題,使閥芯受到不平衡的徑向力 ②閥芯加工成倒錐,且安裝有離心 ③閥芯有毛刺、碰傷凸起、彎曲、幾何公差超差等品質問題 ④乾式電磁鐵推桿動密封處摩擦阻力大,復位彈簧太軟	閥芯受到較大的不平衡徑向力,產生的摩擦阻力可大到幾百牛頓	①設計時盡量使閥芯徑向受力平衡,如可在閥芯上加工出若干條環形均壓槽 ②允許閥芯有小的順錐,安裝應同心 ③提高加工品質,進行文明生產 ④採用濕式電磁鐵,更換彈簧
①過濾器嚴重堵塞 ②液壓油長期不更換,老化、變質	油液中雜質太多	①清洗過濾器,採用過濾精度為 $5\sim25\mu m$ 的精過濾器 ②更換新油
①閥芯與閥體間配合間隙過小 ②油液溫升過大	閥芯熱變形後尺寸變大	①運動件的配合間隙應合適 ②降低油溫,避免零件熱變形後卡死

附表 2.25　液壓系統的氣穴、汽蝕及其控制方法

原因分析	關鍵問題	控制方法
①液壓系統存在負壓區,如自吸泵進口壓力很低,液壓缸急速制動時有壓力衝擊腔,也有負壓腔 ②液壓系統存在減壓區和低壓區,如減壓閥進、出口壓力之比過大,節流口的喉部壓力值降到很低	溶解在油中的空氣分離出來	①防止泵進口過濾器堵塞,油管要粗而短,吸油高度小於 500mm,泵的自吸真空度不要超過泵本身所規定的最高自吸真空度 ②防止局部地區壓降過大、下游壓力過低,因為氣體在液體中的溶解量與壓力成正比,一般應控制閥的進、出口壓力之比不大於 3.5
①回油管露出液面 ②管道、元件等密封不良 ③在負壓區空氣容易侵入	外界空氣混入系統	①回油管應插入油面以下 ②油箱設計應利於氣泡分離 ③在負壓區要特別注意密封和擰緊管接頭
氣穴的產生和破滅會造成局部地區高壓、高溫和液體衝擊,使金屬表面呈蜂窩狀而逐漸剝落(氣蝕)	避免產生氣穴,提高液壓件材料的強度和耐腐蝕性能	①青銅和不鏽鋼材料的耐氣蝕性比鑄鐵和碳素鋼好 ②提高材料的硬度也能提高它的耐腐蝕性能

續表

附表 2.26　液壓系統工作可靠性問題及其控制方法

故障環節	工作可靠性問題	控制方法
設計	①單泵多缸工作系統易出現各缸快、慢速相互干擾 ②採用時間控制原理的順序動作迴路工作可靠性差 ③採用調速閥的流量控制同步迴路工作可靠性差 ④設計的各缸連鎖或轉換等控制訊號不符合工藝要求 ⑤選用的液壓元件性能差 ⑥迴路設計考慮不周 ⑦設計時對系統的溫升、泄漏、雜訊、衝擊、液壓卡緊、氣穴、污染等考慮不周	①採用快、慢速互不干擾迴路 ②順序動作迴路應採用壓力控制原理或行程控制原理 ③同步迴路宜採用容積控制原理或檢測反饋式控制原理 ④應按工藝特點進行設計，必要時可設置雙重訊號控制 ⑤採用新系列的液壓元件 ⑥盡可能用最少的元件組成最簡單的迴路，對重要部位可增設一套備用迴路 ⑦設計時應充分考慮影響系統正常工作的各種因素
製造、裝配和安裝	①液壓元件製造品質差，如複合閥中的單向閥不密封等 ②裝配時閥芯與閥體的同軸度差、彈簧扭曲、個別零件漏裝或反裝等 ③安裝時液壓缸軸線與導軌不平行，元件進、出油口反裝等	確保各元件和機構的製造、裝配和安裝配合精度
調整	①順序閥的開啓壓力調整不當，造成自動工作循環錯亂或動作不符合要求 ②壓力繼電器調整不當，造成誤發或不發訊號 ③溢流閥調壓過高，造成系統溫升、低速性能差、元件磨損等 ④行程閥擋塊位置調整不當，使閥口開閉不嚴	①調壓要合適 ②擋塊位置要調準
使用和維護	①不注意液壓油的品質 ②油箱或活塞桿外伸部位等混進雜質、水分或灰塵 ③使用者缺乏對液壓傳動的瞭解，如壓力調得過高、不會排除缸內空氣等	①採用黏度合適的通用液壓油或抗磨液壓油，不使用性能差的機械油 ②應定期清洗過濾器和更換油液 ③避免系統的各部位進入有害雜質 ④使用液壓設備者應具有必要的液壓知識

參考文獻

［1］ 張祝新，張雅琴．關於液壓傳動教材中幾個問題的探討[J]．液壓與氣動，2006（8）．

［2］ 董林福，趙豔春．液壓與氣壓傳動[M]．北京：化學工業出版社，2006．

［3］ 劉延俊．液壓與氣動傳動．3 版[M]．北京：機械工業出版社，2012．

［4］ 劉延俊．液壓與氣動傳動[M]．北京：清華大學出版社，2010．

［5］ 劉延俊．液壓與氣動傳動[M]．北京：高等教育出版社，2007．

［6］ 陳清奎，劉延俊，等．液壓與氣壓傳動[M]．北京：機械工業出版社，2017．

［7］ 劉延俊．液壓元件使用指南[M]．北京：化學工業出版社，2007．

［8］ 劉延俊，等．對丁基膠塗布機液壓系統的分析與改進[J]．液壓與氣動，2001（12）：5-6．

［9］ 劉延俊，等，微機控制比例閥-缸液壓系統的緩衝與定位置[J]．機床與液壓，1997（6）：21-22．

［10］ 劉延俊，等．φ800 錐度磨漿機控制系統的設計[J]．機電一體化，2002，8（4）：35-37．

［11］ 劉延俊．液壓迴路與系統[M]．北京：化學工業出版社，2009．

［12］ 李明．ROV 與水下作業機具液壓管路對接裝置的研究[D]．哈爾濱：哈爾濱工程大學，2009．

［13］ 白鹿．鑽柱液壓升沉補償系統設計研究[D]．青島：中國石油大學（華東），2009．

［14］ 黃魯蒙，張彥廷，等．海洋浮式鑽井平臺絞車升沉補償系統設計[J]．石油學報，2013，34（3）：569-573．

［15］ 李延民．潛器外置設備液壓系統的壓力補償研究[D]．杭州：浙江大學，2005．

［16］ 房延，郭遠明．深海液壓油箱的設計[J]．液壓與氣動，2005（11）：13-15．

［17］ 顧臨怡，羅高生，周峰，等．深海水下液壓技術的發展與展望[J]．液壓與氣動，2013，（12）：1-7．

［18］ 賈芳民．海洋石油 161 平臺海水泵架液壓油缸升降系統的設計[J]．液壓與氣動，2011（8）：77-78．

［19］ 薑宇飛，趙宏林，李博，等．深水水平連接器的液壓系統設計[J]．液壓與氣動，2013（9）：92-95．

［20］ 羅立臣，馬冬輝，孟慶元．液壓驅動轉盤在海洋固定平臺模塊鑽機上的設計與應用[J]．船舶，2015（2）：74-78．

［21］ 杜維傑．水下作業機械手與工具自動對接技術研究[D]．哈爾濱：哈爾濱工程大學，2005．

［22］ 周振興．電動式水位調節器控制系統研究[D]．哈爾濱：哈爾濱工程大學，2013．

［23］ 韓偉實，劉春雨，沈明啟，等．噴嘴-擋板式水位調節器：200910073368.X[P]．2009-12-08．

［24］ 呂文平．深海伺服閥控缸系統研究[D]．沈陽：東北大學，2011．

［25］ 黎飛．某水下航行器舵機液壓伺服控制系統研究[D]．武漢：華中科技大學，2011．

［26］ 周明健，史良馬．波浪補償器的力伺服液壓系統研究[J]．井岡山大學學報（自然科學版），2014（4）：62-66．

［27］ 劉延俊．液壓系統使用與維修[M]．第 2 版．北京：化學工業出版社，2015．

［28］ 劉延俊．液壓元件及系統的原理、使用與維修[M]．北京：化學工業出版社，2010．

海洋智慧裝備液壓技術

編　　著：劉延俊、薛剛

發 行 人：黃振庭

出 版 者：崧燁文化事業有限公司

發 行 者：崧燁文化事業有限公司

E-mail：sonbookservice@gmail.com

粉 絲 頁：https://www.facebook.com/
　　　　　sonbookss/

網　　址：https://sonbook.net/

地　　址：台北市中正區重慶南路一段六十一號八
　　　　　樓 815 室

Rm. 815, 8F., No.61, Sec. 1, Chongqing S. Rd.,
Zhongzheng Dist., Taipei City 100, Taiwan

電　　話：(02) 2370-3310

傳　　真：(02) 2388-1990

印　　刷：京峯彩色印刷有限公司（京峰數位）

律師顧問：廣華律師事務所 張珮琦律師

國家圖書館出版品預行編目資料

海洋智慧裝備液壓技術 / 劉延俊，
薛剛編著 . -- 第一版 . -- 臺北市：
崧燁文化事業有限公司 , 2022.03
　　面；　公分
POD 版
ISBN 978-626-332-111-3(平裝)
1.CST: 液壓控制 2.CST: 海洋工程
448.917　111001496

電子書購買

臉書

定　　價：600 元

發行日期：2022 年 03 月第一版

◎本書以 POD 印製